EQUITARIS

Stars der deutschen Reitponyzucht 3

Tanja Becker · Mareile Oellrich-Overesch

Impressum

Herausgeber:
Agentur Equitaris
Dr. Tanja Becker
Fasanenstraße 44 · 49377 Vechta
GERMANY
Tel. + 49 (0) 4441-9056-195
Mobil + 49 (0) 160-4402257
Fax + 49 (0) 4441-9056-197
www.equitaris.de
tanja_becker@equitaris.de

Mitarbeiter:
Dr. Tanja Becker, Mareile Oellrich-Overesch (Recherche), Karin Hammer, Lutz Becker, Heike Landherr

Gestaltung:
Sarah Nöllenheidt, buero noc, Berlin
Kristin Howe, howedesign, Hamburg

Satz:
Agentur Equitaris

Produktion:
Printmanagement Plitt GmbH, Oberhausen

Titelfoto:
Steendieks Champ of Glory,
Foto: www.pferdephotografie.de
Rückseite: 1. Reihe Tackmann's Croissant, Foto: Becker
2. Reihe: Headliner, Foto: PFERDkreativ, Nutrix, Foto: Becker
3. Reihe: Dancing Dynamic, Foto: Becker
4. Reihe: FS Numero Uno, Foto: Becker

März 2012

ISBN 978-3-00-036918-6

Ein Wort zuvor

Das Equitaris-Angebot ist größer geworden. Im Mai 2010, kurz nach Erscheinen von „Stars der deutschen Reitponyzucht 2", fiel der Startschuss für das neue Pony-Internetportal www.equitaris.de. Damit sollte die Informationslücke geschlossen werden, die durch den zweijährigen Erscheinungsrhythmus des Ponyhengstbuches entsteht. Tagtäglich finden hier Ponyfreunde die neuesten Nachrichten – was auf eine überwältigende Resonanz traf. Besonders dankbar sind wir für die aktive Mitgestaltung durch Hinweise und Meldungen unserer User. In der Zukunft soll der Service der Equitaris-Website noch weiter ausgebaut werden, wobei wir aber unserem Grundsatz stets treu bleiben, Sport und Zucht miteinander vereint zu präsentieren.

Mögen die Züchter heute bei ihren Anpaarungsüberlegungen vor allem den Fohlenkäufer im Kopf haben, so darf doch nie der „Endverbraucher" aus dem Blick geraten – und das sind vorzugsweise Kinder. Für diese Kinder müssen bedienbare Ponys zur Verfügung stehen. Was nützen bodenverachtende Tritte und Hochhaussprünge, wenn Kinder sie nicht aus ihren Ponys heraus kitzeln können? Züchter und Ausbilder von Ponys haben es gleichermaßen in der Hand, schon bei ganz jungen Reitern eine meist lebenslange Begeisterung zu säen.

Deswegen möchten wir Sie herzlich einladen, die Informationsfülle, die Ihnen die „Stars der deutschen Reitponyzucht" auch in dieser nun vorliegenden Ausgabe bieten, für ihre züchterischen Entscheidungen zu nutzen.

Mareile Oellrich-Overesch und ich sprechen an dieser Stelle all denjenigen ein herzliches Dankeschön aus, die zum Gelingen dieses Buchprojekts beigetragen haben.

Dr. Tanja Becker

Inhaltsverzeichnis

Impressum ... 2
Ein Wort zuvor ... 3
Inhaltsverzeichnis ... 4-5
Erläuterungen zur Beschreibung ... 6-7
Adressenliste der Verbände ... 8-9
A new Star ... 10-11
Airman *VDH* xx ... 12
Baltic Dream ... 13
Baltic's Golden Boy ... 14-15
Porträt Bavarottie ... 16-18
Bavarottie ... 19
Barolo ... 20
Blickfang ... 21
Equitaris ... 22
Big Light *WE* ... 23
Frisian Brenin ... 24
Calvin Klein ... 25
Cassini ... 26-27
Steendieks Champ of Glory ... 28-29
Promise Charly Braun ... 30
Chattanooga ... 31
Pferdestammbuch Weser-Ems ... 32
Churchill *E* ... 33
Coldplay ... 34
Compliment ... 35
Corbinian ... 36
Cordici *K WE* ... 37
FS Cracker Jack ... 38
Steendieks Cream of Glory ... 39
Porträt Cyriac *WE* ... 40-42
Venustas Crazy Boy ... 43
Tackmann's Cremeschnitte ... 44
Tackmann's Croissant ... 45
Cullerauge *MSH* ... 46-47
Cyrill *WE* ... 48-49
FS Daddy Cool ... 50-51
Porträt Dance Star *AT* ... 52-54
Dance Star *AT* ... 55
Dancing Dynamic ... 56-57
Gleisberg Daiquiry ... 58
Dancing Energy ... 59
David *L* ... 60
De Long ... 61
Del Estero *AT* ... 62-63
Deinhard *B* ... 64
Dear Max ... 65
Del Piero ... 66
Der feine Lord *AT* ... 67
Destino ... 68-69
Diablo ... 70
Diego ... 71
Dimension *AT* ... 72
Dip Be*AT* ... 73
Domino Dancing ... 74-75
Don Joan ... 76
Don Johnson ... 77
Tackmann's Donut ... 78-79
Don Juan de Marco ... 80
Dr. Doolittle ... 81
Dreidimensional *AT* ... 82
Big Dresscode ... 83
Dressman I ... 84
Durango *S* ... 85
Heike Landherr ... 86
Dynamit Harry ... 87
Dynastie *AT* ... 88
Going East ... 89
Hesselteichs Grimaldi ... 90
Groovy Jack Flash ... 91
Headliner ... 92-93
Halifax ... 94
Holsteins Harlekin ... 95
Kick Down ... 96-97
Kaiser Bonaparte *WE* ... 98
Kronprinz ... 99
Schierensees Mando Diao ... 100-101
Steendieks Mr. Mo ... 102-103
Porträt Munser II ... 104-106
Monet ... 107
Porträt *The Braes* My Mobility ... 108-110
FS Mr. Right ... 111
Maja's Mobility ... 112
Nancho's Highlight ... 113
PAV Nemax ... 114
Fehkamps Nightley ... 115
No Problem ... 116
Friedrichshof Notre Amour ... 117
Ferienhof Stücker ... 118
FS Numero Uno ... 119
Nutrix ... 120-121
Noah de Luxe ... 122
Oky Doky ... 123
Olivier *K* ... 124-125
Online Ixes ... 126
Molenhorn's Pasja ... 127
Proud Raffaelo ... 128-129
Payman ... 130
Proud Rhett Bull ... 131
Porträt Oosteinds Ricky ... 132-134
Proud Rocketti ... 135
Porträt *Welcome* Sympatico ... 136-138
Sirtaki *BEVS* ... 139
Equitaris ... 140
Silvertop's As ... 141
Strahlemann ... 142

Redaktionelle Beiträge   Inserenten

AMD Superb 143
Towerlands Anglezarke 144
Vom Feinsten *G* 145
Porträt Vivaldi 146-148
Voodoo *CR* 149
Index 150-159

© Becker

Erläuterungen

zur Beschreibung der Hengste

Aufgenommen wurden in dieses Buch ausschließlich gekörte Hengste der Rasse Deutsches Reitpony und für die Deutsche Reitponyzucht zugelassene Deckhengste.

Information und Lesevergnügen –
„Stars der deutschen Reitponyzucht 3"
bietet Ihnen nicht nur eine Fülle von Fakten zur Abstammung, Eigenleistung und Vererbung von 100 ausgewählten Deckhengsten der deutschen Reitponyzucht, sondern legt auch Wert auf deren lesbare Darstellung. Aus diesem Grund werden die Leistungen von Vererbergrößen wie Dressman I auf die Beschreibung der Söhne verteilt. Ein vollständiges Bild der Vererbungsleistung dieser Stempelhengste ergibt sich aus der Lektüre der Porträts ihrer Nachkommen in diesem Buch.

Name: Gemäß Zuchtverbandsordnung kann es für Ponys und Kleinpferde eine Präfix-/Suffixregelung geben. Dem Hengstnamen wird dabei ein Wort voran- oder nachgestellt, das auf die Zuchtstätte oder den Züchter Bezug nimmt. Um die Bedeutung der Abstammung des Hengstes hervorzuheben, wird das Präfix/Suffix einige Schriftgrade kleiner vor oder hinter dem Namen geschrieben. Die alphabetische Sortierung richtet sich aber nach dem Zuchtnamen. Bsp: Venustras Crazy Boy findet sich unter „C" und nicht unter „V".

Sportname: Einige Hengste tragen im Sport weitere Namenszusätze, die allerdings nichts mit der oben genannten Prä-/Suffixregelung zu tun haben. Die Sportnamenszusätze werden ebenfalls einige Schriftgrade kleiner geschrieben: bei Kaiser Bonaparte WE.

Lebensnummer: Entgegen allen anderen deutschen Lebensnummern, bei denen die beiden letzten Ziffern das Geburtsjahr des Hengstes angeben, gilt für die bayerischen des Geburtsjahrganges 1999 und z.T. für die von 2000, dass die Zahlen einer verbandsinternen, fortlaufenden Nummerierung folgen.

Stockmaß: (Stm.)

Deckeinsatz (DS) über:
NS – Natursprung, FS – Frischsperma, TG – Tiefgefriersperma

Körung (gek.): Angegeben wird lediglich Datum und Ort der Erstkörung, sofern die Angaben zur Verfügung stehen, und der erstkörende Verband. Die darüber hinaus gehende Anerkennung/Zulassung für weitere Zuchtgebiete muss beim Hengsthalter erfragt werden.

Eigenleistung (EL): Ein positives Körurteil wird unter der Bedingung ausgesprochen, dass der Hengst bis zu einem bestimmten Zeitpunkt seine Eigenleistung erbracht hat. Körung und Eigenleistung sind Voraussetzungen für die Eintragung ins Hengstbuch I. Die genauen Voraussetzungen zur Eintragung ins Hengstbuch I und damit die Zuchtzulassung ist bei den Verbänden z.T. unterschiedlich geregelt und muss gegebenenfalls dort erfragt werden (siehe Adressenliste der Verbände S. 8). Die Eigenleistung kann als Stationsprüfung, als Turniersportprüfung oder in Kombination Kurztest und Qualifikation zum Bundeschampionat absolviert werden.

© Becker

1. Stationsprüfung (HLP)
Der Hengst absolviert im Alter von bis zu fünf Jahren erfolgreich eine 30 Tage dauernde Stationsprüfung, bei der das Interieur, die Grundgangarten Schritt, Trab und Galopp, die Rittigkeit und die Springanlage (Freispringen und Parcoursspringen) geprüft werden und eine Geländeprüfung absolviert werden muss. Veröffentlicht werden teilweise die Einzelergebnisse und eine Gesamtnote bzw. der Gesamtindex.

2. Kurzprüfung (KP)
Der Hengst absolviert im Alter von drei oder vier Jahren einen zweitägigen Leistungstest, bei dem der Hengst unter dem eigenen Reiter vorgestellt und in den Merkmalen Trab, Galopp, Schritt, Rittigkeit, Springanlage (Freispringen und Parcoursspringen) sowie von zwei Fremdreitern hinsichtlich seiner Rittigkeit getestet wird. Veröffentlicht werden die Einzelergebnisse und eine Gesamtnote. Anschließend muss sich der Hengst für das Bundeschampionat qualifizieren (siehe 3.5).

3. Turniersportprüfung
Alternativ zur Stationsprüfung kann die Eigenleistung auch durch Erfolge in Turniersportprüfungen erbracht werden. Folgende Turniersportergebnisse werden berücksichtigt: die fünfmalige Platzierung an erster bis dritter Stelle in
3.1 Dressur Kl. L oder
3.2 Springen Kl. L oder

3.3 Vielseitigkeit Kl. VA oder im Fahren Kl. M (Einspänner, kombinierte Prüfung) oder in Kombination mit einer Kurzprüfung der Nachweis der Qualifikation für das Bundeschampionat des fünf- oder des sechsjährigen Deutschen Dressurponys, Deutschen Springponys oder Deutschen Vielseitigkeitsponys

Zur Legende im Buch: Die Angabe von z.B. „HLP 2009 in Adelheidsdorf 8,46 (1./26)" bedeutet, dass der Hengst seinen 30 Tage-Test (HLP) 2009 in Adelheidsdorf mit einer Gesamtnote von 8,46 abgelegt hat und damit Bester von 26 Teilnehmern war.

Generell gilt: Die HLP-Resultate der meist zum Prüfungstermin noch in der Entwicklung stehenden Hengste dürfen nur als eine Momentaufnahme des augenblicklichen Leistungsvermögens verstanden werden. Eine Vergleichbarkeit der reinen Indizes ist nur innerhalb derselben Prüfungsgruppe möglich, nicht aber zwischen verschiedenen Prüfungsanstalten und auch nicht von Jahr zu Jahr.

Pedigree: Im Pedigree stehen die Eltern des Hengstes gleichberechtigt untereinander: oben der Vater, darunter die Mutter

St.Pr.St. – Staatsprämienstute
St.Pr.A. – Staatsprämienanwärterin
Verb.Pr.St. – Verbandsprämienstute
El.St. – Elitestute

Vererbungsdaten: Die Lebensgewinnsummen sind dem „Jahrbuch Zucht 2011" (herausgegeben von der Deutschen Reiterlichen Vereinigung (FN) in 48231 Warendorf) entnommen. Die E (= Eigen)-Lebensgewinnsumme 2011 (E-LGS) umfasst alle Gewinngelder des Hengstes im Turniersport bis einschließlich 30. September 2011.
Die N (= Nachkommen)-Lebensgewinnsumme 2011 (N-LGS) umfasst alle Gewinngelder der Nachkommen des Hengstes aus dem Turniersport bis einschließlich 30. September 2011.

Abkürzungen im Textteil: Da für die Texte zur Beschreibung der Abstammung, Eigenleistung und Vererbung nur ein begrenzter Platz zur Verfügung stand, wurde – um möglichst viel Information unterzubringen – mit im Pferdesport und der Pferdezucht gängigen Abkürzungen gearbeitet.

A-Dr. – A-Dressur
A-Spr. – A-Springen
Bch. – Bundeschampionat
DLG – Deutsche Landwirtschafts Gesellschaft
DM – Deutsche Meisterschaft
Dpf. – Dressurpferdeprüfungen
Dr. – Dressur
E-LGS – Eigen-Lebensgewinnsumme
EM – Europameisterschaft
Epf. – Eignungsprüfung
F. – Fahren
FN – Deutsche Reiterliche Vereinigung
GAG – Generalausgleichsgewicht
H. – Hengste
HLP – Hengstleistungsprüfung
Inter I o. II – Intermédiaire I o. II
intern. – international
L-Dr. – L-Dressur
L-Spr. – L-Springen
Lch. – Landeschampionat
M-Dr. – M-Dressur
M-Spr. – M-Springen
MV – Muttervater
N-LGS – Nachkommen-Lebensgewinnsumme
Rpf. – Reitpferdeprüfung
S-Dr. – S-Dressur
S-Spr. – S-Springen
SLP – Stutenleistungsprüfung
Spf. – Springpferdeprüfungen
Spr. – Springen
St. u. W. – Stuten und Wallache
Teiln. – Teilnahme
VS – Vielseitigkeit
WM – Weltmeisterschaft
1-Sp. – Einspänner
2-Sp. – Zweispänner
4-Sp. – Vierspänner
3j. – dreijährig
4j. – vierjährig
5j. – fünfjährig
6j. – sechsjährig

Generell gilt: Alle Hengst-Daten beruhen im wesentlichen auf Angaben der Besitzer, ihre Richtigkeit wurde zwar, soweit möglich, überprüft, dennoch kann vorsorglich für diese Angaben keine Gewähr übernommen werden. Stichtag für die Erfassung der Daten ist der 31. Januar 2012.

Rasseschlüssel

AA - Anglo-Araber
Ahblt. - Halbblutaraber
Angl.N. – Anglo-Normanne
Arab. – Araber
Conne. Connemara
DR – Deutsches Reitpony
GB – Englisches Reitpony
Hafl. - Haflinger
Hann. – Hannover
Holst. – Holstein
Lew. - Lewitzer
NF – New Forest
NiPo – Niederländisches Pony
Old. - Oldenburger
ox - Arabisches Vollblut
ShA - Shagya-Araber
SF – Selle Francais
Trak. - Trakehner
WA – Welsh A
WB – Welsh B
WD bzw. WCob – Welsh Cob
Wildb. - Wildbahn
WK – Welsh Kombiniert
Welpb – Welsh Partbred
xx - Englisches Vollblut
ZfdP – Zuchtverband für deutsche Pferde

Farbschlüssel
Dunkelbr. - Dunkelbraun
Schwarzbr. - Schwarzbraun

Adressenliste der deutschen Zuchtverbände

für die Ponyzucht

© Archiv Assmann

Verband der Züchter und Freunde
des **Arabischen Pferdes** e.V.
Bissendorfer Str. 9
30625 Hannover
Tel.: 0511-388118-0
Fax: 0511-388118-18
Email: info@vzap.org
www.vzap.org

Pferdezuchtverband **Baden-Württemberg** e.V.
Am Dolderbach 11
72532 Gomadingen-Marbach
Tel.: 07385-96902-0
Fax: 07385-96902-20
Email: poststelle@pzv.bwl.de
www.pzv-bw.de

Bayerischer Zuchtverband
für Kleinpferde und Spezialpferderassen e.V.
Landshamer Str. 11
81929 München
Tel.: 089-926967-350
Fax: 089-926967-355
Email: info@kleinpferde-und-spezialpferderassen.de
www.kleinpferde-und-spezialpferderassen.de und
www.spezialpferderassen.de

Pferdezuchtverband **Brandenburg-Anhalt** e.V.
Geschäftsleitung:
Hauptgestüt 10 a
16845 Neustadt/Dosse
Tel.: 033970-13201
Fax: 033970-13949
Email: neustadt@pzvba.de
www.brandenburger-pferd.de
Zuchtleitung:
Uenglinger Str. 54
39576 Stendal
Tel.: 03931-215490
Fax: 03931-215494
Email: stendal@pzvba.de
www.brandenburger-pferd.de

Verband der Pony- und
Kleinpferdezüchter **Hannover** e.V.
Vor den Höfen 32
31303 Burgdorf
Tel.: 05136-9703903
Fax: 05136-9704534
Email: info@ponyhannover.de
www.ponyhannover.de

Verband der Pony- und Pferdezüchter
Hessen e.V.
Pfützenstr. 67
64347 Griesheim
Tel.: 06155-825693-4
Fax: 06155-825693-5
Email: vphessen@t-online.de und
Email: info@ponyverband.de
www.vphessen.de und
www.ponyverband.de

Verband der Pferdezüchter
Mecklenburg-Vorpommern e.V.
Charles-Darwin-Ring 4
18059 Rostock
Tel.: 0381-4403387-0
Fax: 0381-4403387-7
Email: info@pferdezuchtverband-mv.de
www.pferdezuchtverband-mv.de

Rheinisches Pferdestammbuch e.V.
Schloss Wickrath 7
41189 Mönchengladbach
Tel.: 02166-6219110
Fax: 02166-6219120
Email: info@pferdezucht-rheinland.de
www.pferdezucht-rheinland.de
Pferdezuchtverband

Rheinland-Pfalz-Saar e.V.
Pferdezentrum
Am Fohlenhof 1
67816 Standenbühl
Tel.: 06357-9750-0
Fax: 06357-9750-25
Email: zentrale@pferdezucht-rps.de
www.pferdezucht-rps.de

Pferdezuchtverband
Sachsen-Thüringen e.V.
Geschäftsstelle Moritzburg:
Käthe-Kollwitz-Platz 2
01468 Moritzburg
Tel.: 035207-896-30
Fax: 035207-896-40
Email: info@pzvst.de
www.pferdezucht-sachsen-thueringen.de
Geschäftsstelle Weimar:
Im Boden 1
99438 Weimar OT Legefeld
Tel.: 03643-2488-0
Fax: 03643-2488-15
Email: info@pzvst.de
www.pferdezucht-sachsen-thueringen.de

Pferdestammbuch **Schleswig-Holstein/
Hamburg** e.V.
Steenbeker Weg 151
24106 Kiel
Tel.: 0431-331776
Fax: 0431-336142
Email: info@pferdestammbuch-sh.de
www.pferdestammbuch-sh.de

Pferdestammbuch **Weser-Ems** e.V.
Grafenhorststr. 5
49377 Vechta
Tel.: 04441-9355-0
Fax: 04441-9355-29
Email: info@pferdestammbuch.com
www.pferdestammbuch.com

Westfälisches Pferdestammbuch e.V.
Sudmühlenstr. 33
48157 Münster
Tel.: 0251-32809-0
Fax: 0251-32809-24
Email: info@westfalenpferde.de
www.westfalenpferde.de

Zuchtverband für deutsche Pferde e.V.
Am Allerufer 28
27283 Verden/Aller
Tel.: 04231-82892
Fax: 04231-5780
Email: info@zfdp.de
(bitte keine HTML-Mails senden!)
www.zfdp.de

ZSAA
**Zuchtverband für Sportpferde
Arabischer Abstammung** e.V.
Verbandsbüro
Postfach 1139
36209 Alheim
Tel.: 05664-7771
Fax: 05664-7756
Email: buero@zsaa.de
www.zsaa.org
Zuchtbuchstelle/Zuchtleitung
Schmidthütte 13
35708 Haiger
Tel.: 02773-741743
Fax: 02773-741743
Email: webmaster@zsaa.de

A new Star

DR WESTFALEN
DE 441411305509
FALBHENGST
***4.4.2009**
STM.: 145 CM

ZÜCHTER
Marion Reimers
33649 Bielefeld

BESITZER
Jill Mieleszko
Im Klee 1
33106 Paderborn
Mobil: 0170-2377767
Jill.Mieleszko@t-online.de
www.mieleszko.de

STATION
beim Besitzer

KÖRUNG
27.11.2011 in Münster-H. (durch Westf.)

DECKEINSATZ ÜBER FS

A NEW STAR

Familie: Der Vater A Gorgeous wurde im Januar 2006 in Münster-Handorf vom Westfälischen Verband gekört. 2007 legte er seine HLP ebenfalls in Münster-Handorf als 2. Reservesieger ab (7,91), 2006 und 2007 siegte er in Reitpferdeprüfungen und wurde 2006 auch für das Bundeschampionat nominiert. 2008 qualifizierte er sich für das Bundeschampionat der fünfjährigen Dressurponys. 2009 kamen erste Erfolge in der Klasse L hinzu. 2010 und 2011 war er mit der 13- bzw. 14-jährigen Anna-Katharina Müller erfolgreich in den Klassen A und L. Seine ersten beiden Söhne, HET Blue Angel und A new Star, wurden gekört. Blue Angel war 2. Reservesieger, A new Star Reservesieger der Westfälischen Körungen 2010 bzw. 2011. Drei seiner Töchter erhielten die Staatsprämie, darunter die Endring-Stuten Amidala und Anthea.

Die Mutter Verb.Pr.St. Coco Chanel ist erfolgreich in Dressur-Fahrprüfungen der Klasse A vorgestellt worden. A new Star ist ihr erstes Fohlen.

Der Muttervater Charm of Nibelungen wurde 2001 in Aachen gekört. Seine HLP legte er 2003 in Münster-Handorf mit der Gesamtnote von 8,34 ab (3./25). Aus zahlreichen Reitpferdeprüfungen ging er als Sieger hervor, so gewann er 2003 das Bundes- und Westfalenchampionat der vierjährigen Hengste mit Henrike Sommer-Böker. Beim Deutschen Fohlenchampionat 2005 in Lienen stellte Charm of Nibelungen den Silber- und Bronzegewinner, ebenso gewann eines seiner Fohlen das Fohlenchampionat in Mecklenburg-Vorpommern. Aus seinem ersten Fohlenjahrgang wurden Clooney AT und Charm of Heiligenberg gekört. Mittlerweile sind neun Söhne gekört und sechs seiner Töchter mit der Staatsprämie ausgezeichnet. 2007 ist Charm of Nibelungen eingegangen.

Aus der Urgroßmutter St.Pr.St. Naomi (v. Nordlicht) stammt der gekörte Lampton (v. Lukas). Ihre Tochter St.Pr.St. Mona Lisa (v. Merlin) brachte die gekörten Vollbrüder Dream Man I (L-Dr.) und Dream Man II (v. Diplomat) sowie den ebenfalls gekörten und bis M-Dressuren platzierten Best Before Midnight (v. Pink Floyd; L-Dr.). Von Naomis Nachkommen platzierte sich Cecil (v. Chagall II) in L-Dressuren, Charly (v. Churchill) in M-Fahrprüfungen.

Die vierte Mutter Disny (v. Dschinn ox) brachte auch das L-Springpony Dancing Girl (v. Brillant) und die St.Pr.St. Nantana (v. Nantano), die Mutter des gekörten Hengstes Monte-Negro (v. Mylord; M-Spr., LGS 4.898 Euro), des M-Springponys Nantano (v. JH v. Rosedale Tiberius) und des M-Fahrponys Dark Devil (v. Doolittle) wurde. Aus der Disny-Tochter St.Pr.St. Vanessa (v. Valiant's Starlight) stammt der gekörte Hengste Chicky-Micky (v. FS Chambertin) und die St.Pr.St. Marian (v. Merlin).
Stutenfamilie der Revel Shot Silk.

Eigenleistung: A New Star war das Spitzenponyfohlen der NRW-Pedigree-Auktion und wurde für 21.000 Euro verkauft. 2011 wurde er in Münster-Handorf vom Westfälischen Pferdestammbuch gekört und als 1. Reservesieger herausgestellt.

A Gorgeous (DR) Palomino *2003	Golden Atreju (DR)	Hamrik's Golden Arak (NiPo)	v. Valentino (NiPo)
		Verb.Pr.St. Valentina (DR)	v. Valiant Starlight (DR)
	St.Pr.St. Gina (DR)	Going East (DR)	v. Golden Dancer (DR)
		St.Pr.St. Pia (DR)	v. Spanenland's Patrick (NiPo)
Verb.Pr.St. Coco Chanel (DR) Braun *2005	Charm of Nibelungen (DR)	Chantre B (DR)	v. Catherston Night Safe (GB)
		St.Pr.St. Nibelungenlied (DR)	v. Nansen (DR)
	Mandy (DR)	Merlin (DR)	v. Rosedale Tiberius (GB)
		St.Pr.St. Naomi (DR)	v. Nordlicht (DR)

XX

VOLLBLÜTER
DE 406014927005
SCHWARZBR. HENGST
***29.5.2005**
STM.: 148 CM

ZÜCHTER
Klaus-Jürgen Schulz
07937 Zeulenroda

BESITZER
BG Volle-Deparade-Helm
Dorfstr. 25
99441 Lehnstedt
Tel.: 036453-81370
Mobil: 0173-2014177
gerhard.deparade@vodafone.de

STATION
AMD Reitponys Deparade
Dorfstr. 25
99441 Lehnstedt

KÖRUNG
27.1.2009 in Münster-H. (durch Westf.)

EIGENLEISTUNG
HLP 2010 in Münster-H. 7,41 (11./13)

DECKEINSATZ ÜBER NS

AIRMAN VDH XX

Familie: Der Vater Ituango xx wurde 1996 im Gestüt Fährhof gezogen. Er ist rennbahngeprüft (GAG 93 Kilo). Der Rapphengst lief zwei Rennsaisons hoch erfolgreich. Ein Beinbruch beendete jedoch seine Rennbahnkarriere. Für die Warmblutzucht wurde er 2001 in Thüringen gekört und war im Haupt- und Landgestüt Neustadt/D. stationiert. Seit 2012 steht er im Haupt- und Landgestüt Marbach. Mit Rocana stellte er 2011 die Bundeschampionesse und Weltmeisterin der sechsjährigen Vielseitigkeitspferde unter Michael Jung.

Ituangos Vaters Acatenango xx gehört zu den erfolgreichsten Vollbluthengsten Deutschlands. Er gewann das Derby und konnte ein GAG von 110 Kilo erreichen. Dreimal wurde er zum Galopper des Jahres gewählt.

Muttervater ist der Königsstuhl xx-Sohn Surako xx. Auch er ist erfolgreich Rennen gelaufen und konnte ein GAG von 95,5 Kilo erreichen. Er gewann u.a. den Arag-Junioren Preis und das Dr. Busch Memorial, war 1996 Zweiter im Deutschen Derby und 1997 Zweiter im Gerling-Preis sowie im Idee-Hansa-Preis und wurde 1995 Dritter im Preis des Winterfavoriten.

Die Urgroßmutter Auenmaid xx (v. Luciano xx) kam auf ein GAG von 74,5 Kilo. Ihr gekörter Sohn Auenadler xx (v. Big Shuffle xx) erreichte bei 38 Starts 14 Siege und 18 Plätze. Seine Gewinnsumme belief sich auf 560.300 Mark, mit einem GAG von 95 Kilo. Für den Auenmaid-Sohn Auenzar xx (v. Shirley Hights xx) ist ein GAG von 94 Kilo registriert.

Aus enger Verwandtschaft kommen noch die gekörten Vollbrüder Agatho xx und Agami xx (beide v. Masetto xx), u.a. 1967 Sieger im Großen Hansa-Preis und Sieger im 100. Großen Hamburger Ausgleich, sowie Alois xx (v. Soderini), u.a. 1972 Dritter im Preis des Winterfavoriten, 1973 Zweiter im Bayerischen Zuchtrennen und 1974 Zweiter im Großen Düsseldorfer- und Sieger im Westfalia-Jagdrennen, und Avelan xx (v. Aventin xx), 1951 Sieger im Großen Düsseldorfer Jagdrennen, Westfalia, Zweiter im Großen Preis von Dortmund, 1952 Sieger im Großen Preis von Dortmund und Zweiter im Colonia-Jagdrennen.

Zur Familie 7 gehören u.a. Lando xx (v. Acatenango xx), Alkalde xx (v. Königsstuhl xx), Danzig xx (v. Northern Dancer xx), Rockefalla xx (v. Hyperion xx), Sicambre xx (v. Prince Bio xx) und Well Done xx (v. Kamiros II xx).

Eigenleistung: Airman xx wurde 2009 in Münster-Handorf für das Westfälische Pferdestammbuch gekört. 2010 legte er seine HLP in Münster-Handorf ab. In NRW, Brandenburg-Anhalt, Sachsen-Thüringen und bei den Süddeutschen Zuchtverbänden wird er im Hengstbuch I geführt.

Ituango xx Rappe *1996	**Acatenango xx**	**Surumu xx**	**v. Literat xx**
		Aggravate xx	**v. Agressor xx**
	Iringa xx	**Lagunas xx**	**v. Ile de Bourbon xx**
		Icana xx	**v. Windwurf xx**
Auenkunst xx Braun *2001	**Surako xx**	**Königsstuhl xx**	**v. Dschingis Khan xx**
		Surata xx	**v. Lagunas xx**
	Auenglut xx	**Big Shuffle xx**	**v. Super Concorde xx**
		Auenmaid xx xx	**v. Luciano xx**

Nachkommen: Aus seinen ersten Jahrgängen in Westfalen stellte Airman xx VDH zahlreiche Prämienfohlen. Seine sportlichen Nachkommen werden 2012 dreijährig.

DR WESER-EMS
DE 435350269201
DUNKELBR. HENGST
*5.4.2001
STM.: 148 CM

BALTIC DREAM

ZÜCHTER
Jochen Witte
49661 Cloppenburg

BESITZER
Elfi-Jacqueline Meyer
Gestüt Immental
Dorfstraße 10
23701 Eutin-Fissau
Tel.: 04521-2307
Mobil: 0171-5345532
Fax: 04521-2347
gestuet-immental@t-online.de
www.gestuet-immental.de

STATION
beim Besitzer

KÖRUNG
14.2.2004 in Neumünster (durch SHH)

EIGENLEISTUNG
HLP 2005 in Neustadt/D. 7,78 (10./16)

DECKEINSATZ ÜBER NS

VERERBUNGSDATEN
E-LGS 2011 1.318 EURO
N-LGS 2011 384 EURO

Gekörte Hengste: 1 – Baltic's Golden Boy

Familie: Der Vater Black Boy ist einer der erfolgreichsten deutschen Reitponyhengste der Gegenwart. Als HLP-Reservesieger sammelte er Platzierungen in Reitpferdeprüfungen und avancierte 1992 auf der Weser-Ems-Hengstschau zum Siegerhengst der Reitponys. Im Hengstregister Weser-Ems wird er in der höchsten Prämienklasse und als Elitehengst geführt. 19 seiner Söhne wurden gekört, zwölf Töchter mit der Staatsprämie ausgezeichnet. Black Boy ist ein Enkel des äußerst populären Springpferdevererbers Grannus, dessen Nachkommen 2011 auf eine Lebensgewinnsumme von über 3,5 Millionen Euro kamen.

Baltic Dreams Mutter El.St. Simona lieferte sporterfolgreiche Nachkommen in Serie: Bellmondo (v. Balthasar) verbuchte 32 Siege und über 100 Platzierungen in A- und L-Dressuren und wurde 1992 bei der DM mit Anja Diederichs 13. Nicht minder erfolgreich sind Bellmomdos Vollgeschwister Verb.Pr.St. Samantha (L-Spr.), Bacaido W (L-Dr.) und Solana (L-Spr.). Sport- und zuchterfolgreich sind auch seine mütterlichen Halbgeschwister: Bolero (v. Brillant) war siegreich bis M-Dressuren, Larifari (v. Losander) und Shagana (v. Alexander) bis L-Springen. Die als Elitestute ausgezeichnete Shagana ist Mutter der Bundeschampionesse 1998 der sechsjährigen Springponys Solaris K (v. Losander), die den Doppelbundeschampion 1999 und 2000 der drei- bzw. vierjährigen Reitponys Di Baggio K (v. Dornik B) und den gekörten und bis M-Dressuren erfolgreichen Desperado K lieferte. Weiterhin stammen aus der Shagana der 2. Körreservesieger und Bundeschampionatsteilnehmer Lambardo K WE (v. Losander) und die St.Pr.St. Soraya K (v. Losander), 2004 auf der Jubiläumsstutenschau in Vechta mit dem Id-Preis ausgezeichnet, und Mutter des gekörten Vize-Bundeschampions Mentano K (v. Matchello K).

Der Muttervater Caid AA gilt als Stempelhengst der deutschen Reitponyzucht.

Die Urgroßmutter El.St. Lassie (= Golden Lass) brachte das L-Dressurpony Laila (v. Caid AA), das L-Springpony Fly Oh Way (v. Florist AA), das L-Vielseitigkeitspony Frisco (v. Florist AA) und die Stute Libelle (v. Florist AA). Aus der Libelle stammt die Fahrpony-Bundeschampionesse 2005, Lady Astor WE (v. Branduardi M), und die Stute Laura (v. Balthasar), ihrerseits Mutter des gekörten Harley N (v. Heros).

Eigenleistung: Baltic Dream wurde 2004 in Schleswig-Holstein gekört und legte ein Jahr später seine HLP in Neustadt/D. mit der Gesamtnote 7,78 ab. In der Umgänglichkeit erhielt er eine 9,0, im Springen und in der Rittigkeit durchgängig eine 8,0. 2006 wurde er Vizelandeschampion der fünfjährigen Springponys in Schleswig-Holstein und verbuchte anschießend mit Harm Christoph David Erfolge bis L-Springen.

Nachkommen: Mit Baltic's Golden Boy, eingetragen als Baltic Sanjo, stellt er seinen ersten gekörten Sohn. Seine Nachkommen sind u.a. im Springsport erfolgreich.

Black Boy (DR) Rappe *1983	Black Grannus (Old.)	Grannus (Hann.)	v. Graphit (Hann.)
		St.Pr.St. Maren (Old.)	v. Ehrenfels (Hann.)
	El.St. Jadine (WB)	Heros (WB)	v. Cusop Hoity-Toity (WB)
		Jutta (WB)	v. Gaytime (WB)
El.St. Simona (DR) Palomino *1977	Caid AA	Aviso AA	v. Royal Nostra AA
		Pepita AA	v. Nautile AA
	Sissy (Welsh)	Renaldo (WB)	v. Burstye Damocles (WB)
		El.St. Lassie (=Golden Lass) ((Welsh)	v. Andros Ruprecht (WCob)

© www.foto-job.com

Baltic's Golden Boy

DR SCHLESW.-HOLST.
DE 422220017307
FALBHENGST
*1.4.2007
STM.: 140 CM

BALTIC'S GOLDEN BOY

ZÜCHTER
Sabine Macke
23701 Eutin

BESITZER
Elfi-Jacqueline Meyer
Gestüt Immental
Dorfstraße 10
23701 Eutin-Fissau
Tel.: 04521-2307
Mobil: 0171-5345532
Fax: 04521-2347
gestuet-immental@t-online.de
www.gestuet-immental.de

STATION
beim Besitzer

KÖRUNG
28.10.2010 in Redefin (durch Meckl.)

EIGENLEISTUNG
HLP 2011 in Neustadt/D. 7,68 (14./23)

DECKEINSATZ ÜBER NS

Familie: Der Vater Baltic Dream wurde 2004 in Schleswig-Holstein gekört. Seine HLP legte er 2005 in Neustadt/D. mit der Gesamtnote 7,78 ab. 2006 war er Vizelandeschampion der fünfjährigen Springponys in Schleswig-Holstein unter Caterina Schulz-Beelitz. 2007 kamen Siege in L-Springen unter Marisa Götsch hinzu. Seine Gewinngelder aus Platzierungen in L-Springen, A-Dressuren und A-Vielseitigkeitsprüfungen betrugen 2011 1.318 Euro. Mit Baltic's Golden Boy (ex Baltic Sanjo) stellte er seinen ersten gekörten Sohn. Seine Nachkommen sind vor allem im Springsport erfolgreich.

Der Muttervater Synod Nickelcoin ist ein Welsh Cob-Hengst, der 1988 in Großbritannien geboren und 1991 in Schleswig-Holstein/Hamburg gekört wurde. Im gleichen Jahr legte er auch seinen damals noch üblichen Ein-Tages-Test in Traventhal ab. Seine Söhne Nock Out und Nogger Lu wurden gekört, zwei Töchter mit der Staatsprämie ausgezeichnet.
Synod Nickelcoin ist auch Muttervater der gekörten Hengste Babalou (v. Thor Baffle; siegr. M-F.), Feenruf (v. Fronarth Trysor; siegr. L-Dr.), Big Twister (v. Finkos Tywysog) und Sion Solero (v. Cockmoor Sion Ddu).

Die Großmutter Cream Starlight brachte auch das A-Springpony Synod Cream (v. Synod Nickelcoin) und die Stute Cream Sahrei (v. Silver AA), die Mutter des gekörten Hengstes Parzival (v. Palermo x) wurde.
Aus der Cream Starlight-Tochter Sophie (v. Synod Nickelcoin) stammen vier gekörte Hengste: Feenruf (v. Fronarth Trysor; siegr. L-Dr.), Babalou (v. Thor Baffle; siegr. M-F.), Big Twister (v. Finkos Tywysog) und Sion Solero (v. Cockmoor Sion Ddu). Auch die Cream Starlight-Tochter Santana (v. Fronarth Trysor) wurde zweifache Hengstmutter: Nock Out (v. Synod Nickelcoin) und Brillant (v. Babalou). Ihre Tochter Samantha (v. Finkos Tywysog) erreichte 2010 einen Ib-Preis bei der 1. Norddeutschen Stutenschau in Vechta. Ihre Vollschwester Sharon brachte den gekörten Beachboy (v. Cockmoor Brenin Ebrill). Die Santana-Tochter Sirinja (v. Babalou) erhielt 2010 einen Id-Preis bei der 1. Norddeutschen Stutenschau in Vechta.

Eigenleistung: Baltic's Golden Boy wurde unter dem Namen Baltic Sanjo 2010 in Mecklenburg-Vorpommern gekört und 2011 in Schleswig-Holstein/Hamburg anerkannt. Seine Hengstleistungsprüfung absolvierte er 2011 in Neustadt/Dosse.

Baltic Dream (DR) Dunkelbraun *2001	Black Boy (DR)	Black Grannus (Old.)	v. Grannus (Hann.)
		El.St. Jadine (WB)	v. Heros (WB)
	El.St. Simona (DR)	Caid AA	v. Aviso AA
		Sissy (Welsh)	v. Renaldo (WB)
Silva (WD) Falbe *2000	Synod Nickelcoin (WD)	Brynymor Welsh Magic (WD)	v. Nebo Black Magic (WD)
		Park Nest (WD)	v. Brenin Dafydd (WD)
	Cream Starlight (WC)	Trefaes Cream Boy (WC)	v. Trefaes Bach (WD)
		Lockeridge Peta (WC)	v. Llanarth Rhys (WD)

Bavarottie

Bavarottie findet sich im Pedigree zahlreicher Leistungsponys, auch wenn er selbst gar nicht derjenige war, der er laut Papier hätte sein müssen...

Als Bavarottie im November 1991 als Zweieinhalbjähriger auf Gestüt Förster im westfälischen Lüdinghausen aus dem Hänger stieg, war Martin Förster sofort begeistert. „Sein Typ verbunden mit dem hellwachen Gesichtsausdruck ... das machte ihn wirklich zu einem Hingucker.“ Ein paar Monate später konnte sich in Münster-Handorf auch die Westfälische Körkommission an dem Dunkelbraunen, der sich noch dazu mit großen Tritten in Szene setzte, nicht satt sehen und kürte ihn zum Siegerhengst. Die Züchter standen Schlange. „68 Stuten deckte Bavarottie in seinem ersten Jahr“, erinnert sich Martin Förster. Doch dann kam der Einbruch. „Als bekannt wurde, dass die Abstammung im Falle von Bavarottie korrigiert werden musste und sein Vater Black Boy ein Enkel des Großpferdehengstes Grannus war, machten die Züchter plötzlich einen großen Bogen.“ Und das, obwohl Bavarottie selbst mit Platzierungen bei den Bundeschampionaten und beim Landeschampionat unter Martina Förster, genau wie seine Nachkommen auch, vom Fleck weg zu überzeugen gewusst hätte. „Anders als heute war der Einsatz von Großpferden in der Ponyzucht damals absolut verpönt.“ Später habe sich die Aufregung aber wieder gelegt und noch heute, im stolzen Alter von 23 Jahren, bekomme Bavarottie immer noch seine Stuten zum Decken. „Das Verrückte an dieser Geschichte war, dass genau die Eigenschaften, die Bavarottie auszeichnen und die er auch seinen Kindern vererbt, nämlich dieses voll da sein, und wenn es drauf ankommt, noch ein Brikett drauf zu packen, die hat er ohne Zweifel von Grannus.“

Bavarottie wurde im Züchterstall von Rainer Harnischmacher in Menden geboren. Noch heute besucht der er ihn noch ab und an auf Gestüt Förster, wie Martin Förster erzählt. Und wie ist er selbst zum Pony gekommen? „Den Grundstein dafür legte mein Vater.“ So hätten seine Eltern damals im Rheinland einen Obst-, Gemüse- und Kohlenhandel gehabt. „Mit einem Freund fuhr mein Vater dann 1964 zu einem Pferdemarkt nach Dortmund – und schon hatten wir ein Pony am Haus.“ Kurze Zeit später sei der Umzug der Familie auf den Hof in Lüdinghausen erfolgt, wo sich in Spitzenzeiten wohl über 120 Tiere tummelten - vom kleinen Shetty bis zum Trakehner Großpferd. „Mein inzwischen leider verstorbener Vater ging in dem Handeln mit Pferden und Ponys völlig auf. Dazu bereiste er ganz Europa und brachte von überall her Ponys mit, die er hier für verkäuflich hielt.“ Dazu müsse man wissen, fährt Martin Förster fort, dass es seinerzeit auch möglich gewesen sei, kaum ausgebildete Ponys an

Bavarottie unter Martina Förster

den Mann zu bringen. „Anders als heute gab es für alle Altersklassen Nachfrage.“ Auch die Zucht stand bei der Familie Förster auf dem Programm und zwar bereits zu Zeiten, als man noch Araber- und Welsh-Hengste mit Wildbahnstuten kreuzte, um rittige Kinderponys zu züchten.

1988 hat Martin Förster als Pferdewirtschaftsmeister den Hof von seinen Eltern übernommen und damit auch die Zucht. „So 20 bis 30 Fohlen wurden Jahr für Jahr bei uns geboren.“ Väter dieser Fohlen waren oftmals die eigenen Hengste, darunter neben Bavarottie auch sein schimmelfarbener Boxennachbar **Silvertop's As.**

Der erste von dann zwölf gekörten Söhnen des Bavarottie war der 1993 bei Friedhelm Wiemhoff geborene Out-Break. Der Palomino avancierte 1996 zum Siegerhengst beim ZfdP, schloss 1997 seine HLP in Münster-Handorf als Reservesieger ab und wurde von Martina Förster zu bald 100 Platzierungen bis L-Dressuren, A-Springen und L-Geländeprüfungen geritten. Out-Break wiederum ist Vater von Optimist MF, 2011 unter Hannah Erbe Westfalenchampion der fünfjährigen Dressurponys, nachdem er 2010 von Susanne Rohne erfolgreich in Warendorf und Münster-Handorf an den Start gebracht worden war.

Einer von fünf gekörten Vollbrüdern: Big Boy V mit Angelique Pankok

Mit der Silvertop's As-Tochter Silver Queen gelang Bavarottie eine ganz besondere Serie: 1994, 1995, 2002, 2004 und 2006 wurden die Vollbrüder Big Boy I bis V geboren. Alle später gekört und alle erfolgreich. So machte Big Boy V zuletzt 2010 mit Rang sechs im Westfalenchampionat und der Teilnahme am Bundeschampionat sowie 2011 Rang vier im Klassement der vielseitigen Hengste bei der Bundeshengstschau in Berlin mit von sich reden. Mit dem Bavarottie-Sohn Out-Break brachte Silver Queen den ebenfalls gekörten Outländer F. Die Silver Queen-Tochter Beauty Queen wurde ihrerseits Mutter des Reservesiegerhengstes Golden Rock (Hesselteich's Golden Dream), des gekörten Reitpony-Bundeschampions und Auktionspreisrekordlers Crocodile Rock (v. FS Cocky Dundee) sowie der Bundeschampionatsdritten bzw. –vierten Catlyn (v. FS Champion de Luxe).

Der amtierende Dressurpony-Westfalenchampion Optimist MF

Die Bundeschampionatsdritte Catlyn unter Henrike Sommer stammt aus der Vollschwester zum Big Boy-Brüderquintett

Big Blind Date unter Angelique Pankok, aus der Erfolgspaarung Bavarottie mal Silvertop's As

Ebenfalls der Kombination Bavarottie mal Silvertop's As entstammt der gekörte Big Blind Date, 2011 unter Angelique Pankok Silbergewinner beim Westfalenchampionat der dreijährigen Hengste und anschließend Teilnehmer am Bundeschampionat.

Zu den über 31.000 Euro, die Bavarotties Nachkommen im Sport verdienten, kommen noch die Meriten, die er sich als Muttervater verdiente hinzu, so etwa bei der Springpony-Bundeschampionesse Toffyfee.

„Die Bavarotties sind, wie er selbst, keine Schlummereulen", formuliert es Martin Förster salopp. „Sie sind selbstbewusst, immer leistungsbereit und können schwierige Situationen auch mal ohne Hilfe ihres Reiters lösen. Dabei sind sie aber immer brav. Sie wollen einfach stets einen guten Job machen."

Martin Förster, selbst Pferdewirtschaftsmeister, hat die Anlage seiner Eltern inzwischen ganz auf Zucht und Sport eingerichtet: 1993 wurde die erste Reithalle, 2003 die zweite erstellt. 1997 erfolgte die Vereinsgründung RG Gestüt Förster e.V. Über 80 Pferde sind heute in Lüdinghausen beheimatet: neben der eigenen Hengststaffel noch Zuchtstuten, Jungpferde und Pensionspferde. In Sachen Hengsthaltung hat Martin Förster aufgerüstet. So steht neu der Dance Star AT-Sohn Big Dresscode auf dem Gestüt Förster. „Wir hoffen, dass er mal an die Erfolge von Bavarottie und Silvertop's As anknüpfen kann." Damit hängt die Messlatte für den gerade frisch gekörten, sehr qualitätsvollen Youngster allerdings ziemlich hoch …

Dr. Tanja Becker

Muttervater Bavarottie:
etwa bei der Springpony-Bundeschampionesse Toffyfee unter Johanna Luise Schürmann

DR WESTFALEN
DE 341420847989
DUNKELBR. HENGST
***11.4.1989**
STM.: 146 CM

© TIRP

ZÜCHTER
Reiner Harnischmacher
58708 Menden

BESITZER
Gestüt Förster
Ermen 55
59348 Lüdinghausen
Tel.: 02591-4209
Mobil: 0160-8713989
Fax: 02591-794956
info@gestuet-foerster.de
www.gestuet-foerster.de

STATION
beim Besitzer

KÖRUNG
2.2.1992 in Münster-H. (durch Westf.)
Siegerhengst

DECKEINSATZ ÜBER NS

VERERBUNGSDATEN
E-LGS 2011 2.399 EURO
N-LGS 2011 31.746 EURO

BAVAROTTIE

Gekörte Hengste: 12 – Bacardi B, Batman, Big Blind Date, Big Boy I, Big Boy II, Big Boy III MF, Big Boy IV, Big Boy V MF, Brentano, Buckingham, Out-Break, Zitnas Bajazzo
Staatsprämienstuten: 4

Familie: Der Vater Black Boy gilt als einer der erfolgreichsten deutschen Reitponyhengste der Gegenwart. Er sammelte als HLP-Reservesieger Platzierungen in Reitpferdeprüfungen und avancierte 1992 auf der Weser-Ems-Hengstschau zum Siegerhengst. Das Weser-Ems-Hengstregister führt Black Boy in der höchsten Prämienklasse und als Elitehengst. 19 seiner Söhne wurden gekört, zwölf Töchter mit der Staatsprämie ausgezeichnet.
Der Muttervater Night-Star I war 1983 Siegerhengst der Körung, 1985 HLP-Sieger und gehörte 1986 der westfälischen Kollektion bei der DLG-Ausstellung in Hannover an. 1987 gewann er unter Oliver Oelrich Silber beim Springpony-Bundeschampionat in Vechta. 1988 wurde er nach Brasilien verkauft.
Eigenleistung: Bavarottie wurde 1992 in Münster-Handorf gekört und als Siegerhengst herausgestellt. In diesem Jahr belegte er auch Platz vier im Westfalenchampionat. 1993 kam unter seiner Ausbilderin Martina Förster Platz sechs beim Bundeschampionat der vierjährigen Hengste hinzu. 1994 belegte das Paar beim Bundeschampionat der fünfjährigen Dressurponys Rang acht. Im Jahr darauf wurde Bavarottie Dressurchampion der Welsh-Partbred-Ponys der IG Welsh-Bundesschau in Menden. Für Bavarottie stehen 86 Turniererfolge zu Buche, darunter Siege in L-Dressuren und Platzierungen in A-Springen. Seine Gewinne summierten sich zu fast 2.400 Euro.
Nachkommen: Für Bavarottie sind zwölf gekörte Söhne verzeichnet, darunter Out-Break (1996 Siegerhengst ZfdP, 1997 Reservesieger HLP in Münster-Handorf), Big Boy I (1997 3. Pl. Bch. 3j. H./Martina Förster, 2000 3. Pl. Bch. 6j. Dr.), Big Boy II (1998 Ie-Prämie Westfälische Körung), Brentano (1998 Ii-Prämie Westfälische Körung; 118 Siege u. Platz. L-Dr.), Batman (1998 1. Reservesieger Westfälische Körung; 2002 8. Pl. Bch. 6j. Dr.), Big Boy III (2004 Ih-Prämie Westfälische Körung), Big Boy V (2008 Prämienhengst Westfälische Körung; 2010 9. Pl. Bch. 4j. H., 2011 7. Pl. Bundeshengstschau vielseitigen Hengste 4j. bis 6j.) und Big Blind Date (2011 2. Pl. Westfalen-Championat)/ Angelique Pankok).
Von seinen vier staatsprämierten Töchtern war Baroness 1996 2. Reservesiegerin bei der Westfälischen Elitestutenschau in Münster-Handorf und erhielt bei der Bundesstutenschau einen Ib-Preis. Beauty Queen brachte den Reservesiegerhengst Golden Rock und den gekörten Bundeschampion Crocodile Rock. Batania und Beverly MF gingen bei den Westfälischen Stutenschauen in Münster-Handorf jeweils auf dem Endring.
Aus seinen erfolgreichen Sportponys ragen Baguss, Bolero, Bolero 133, Bella Navaja, Bounty, Bugs Bunny, Baritta, Balko, Bam Bam und Berolina heraus.
Bavarottie ist Muttervater zur Springpony-Bundeschampionesse Toffyfee, zur Bundeschampionats-Dritten Catlyn und zu den Hengsten Dornik Boy, Top Nandilo und Candyman sowie zu Baghira F, 2011 Finalistin beim Deutschen Fohlenchampionat in Lienen.

Black Boy (DR) Rappe *1983	Black Grannus (Old.)	Grannus (Hann.)	v. Graphit (Hann.)
		Maren (Old.)	v. Ehrenfels (Hann.)
	Jadine (WB)	Heros (WB)	v. Cusop Hoity-Toity (WB)
		Jutta (WB)	v. Gaytime (WB)
Nuja (DR) Braun *1985	Night Star I (DR)	Nalet ox	v. Arax ox
		Mona (DR)	v. Meran (DR)
	Dschinny (DR)	Dschinn ox	v. Nabuch ox
		Sonja (DR)	v. Song (DR)

DR HANNOVER
DE 434340103109
FUCHSHENGST
*4.4.2009
STM.: 148 CM

BAROLO

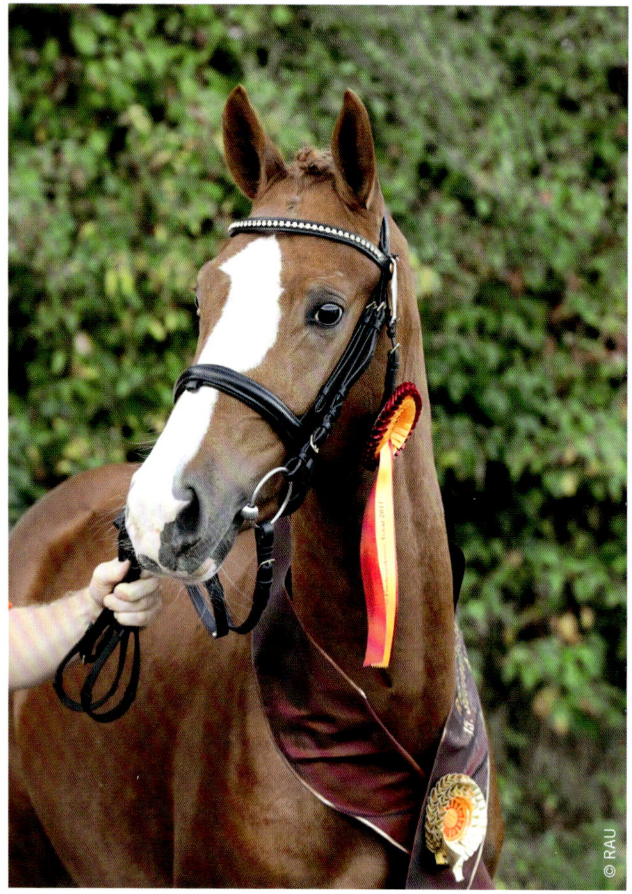

ZÜCHTER
Birgit u. Rolf Deecke
29331 Lachendorf

BESITZER
Beate Harms
Kirchweg 11
36179 Bebra
Tel.: 06622-917716
Mobil: 0172-5625459
Beate_Harms@web.de

STATION
beim Besitzer

KÖRUNG
1.10.2011 in Alsfeld (durch Süddt.)
Siegerhengst

DECKEINSATZ ÜBER FS

Familie: Der Vater Hilkens Black Delight WE wurde 2005 vom Pferdestammbuch Weser-Ems gekört und als Siegerhengst ausgezeichnet. 2007 legte er seine HLP in Neustadt/D. mit 8,71 als Sieger ab. 2009 wurde er Siegerhengst der Hengstprämierung und wurde in die Prämienklasse I eingestuft. Er war siegreich in Dressurprüfungen der Klasse L und u.a. erfolgreich auf dem Bundeschampionat, bevor er nach Frankreich verkauft wurde. Bisher wurden sieben seiner Söhne gekört, darunter der Siegerhengst der Weser-Ems-Körung 2009, Big Light WE, der 2011 Oldenburger Landeschampion wurde und sich im Bundeschampionatsfinale auf Platz vier platzierte. Zwei seiner Töchter wurden mit der Staatsprämie ausgezeichnet, Patty war 2011 2. Reservesiegerin der Weser-Ems-Elitestutenschau.

Die Mutter Verb.Pr.St.Chanconett ist auch Mutter zur St.Pr.St. Chanett (v. Keerlke), 2011 Hannoversche Reservesiegerin.

Der Muttervater Special Dream TCF wurde 2000 in Verden gekört. 2001 belegte er den vierten Platz auf dem Hannoverschen Landeschampionat der dreijährigen Reitponys und wurde für das Bundeschampionat nominiert. 2003 legte er seine HLP in Adelheidsdorf ab, wobei er eine 9,0 für sein Springen und seine Rittigkeit erhielt. Seine ersten Fohlen wurden 2002 geboren. Auf dem Fohlenchampionat in Steyerberg wurde er Vize-Nachzuchtchampion. Sein Sohn Spirit ist gekört und als Prämienhengst ausgezeichnet worden. 2010 belegte seine Tochter First Edition TCF beim Bundeschampionat der sechsjährigen Springponys den 16. Platz. Vom Hannoverschen Ponyverband wurde Special Dream TCF als Elitehengst ausgezeichnet.

Die Großmutter El.St. Chance war 1997 Bronzemedaillengewinnerin beim Bundeschampionat der dreijährigen Reitponys. 1998 belegte sie Rang drei beim Oldenburger Landeschampionat und wurde Vierte beim Bundeschampionat der vierjährigen Reitponys. Ihr gekörter Sohn Nitendo (v. Nicky P) war 2003 Hannoverscher Landeschampion, gewann 2003 Bronze beim Bundeschampionat der dreijährigen Hengste und wurde 2004 Zweiter beim Landeschampionat der vierjährigen Reitponys. Neben Nitendo wurden noch ihre Söhne Milano (v. Bünteeichen-Manolito) und Spirit (v. Special Dream TCF) gekört. Außerdem brachte Chance noch das M-Fahrpony Ochello (v. Othello), das L-Dressurpony Online (v. Offshore Energy) und Chacira (v. Golden Dream), 2011 Vierte beim Hannoverschen Landeschampionat der vierjährigen Reitponys.

Die Urgroßmutter Carmen (v. Alexander) wurde über ihre Tochter St.Pr.St. Charmante (v. Viktoria's Chirac) Großmutter des gekörten und unter Andreas Kreuzer bis M-Springen siegreichen Esprit S (v. Eldorrado) und seines ebenfalls gekörten Vollbruders Elan S. Die Carmen-Tochter St.Pr.St. Brillante brachte den gekörten Hengst Dagostino (v. Dressman I).

Hilkens Black Delight WE (DR) Rappe *2003	Branduardi M (DR)	Black Boy (DR)	v. Black Grannus (Old.)
		El.St. Gloria (DR)	v. Valentino (GB)
	St.Pr.St. Syrah (DR)	Morbidelli (DR)	v. Mozart (DR)
		St.Pr./El.St. Sira (DR)	v. Black Boy (DR)
Verb.Pr.St. Chanconett (DR) Dunkelfuchs 2002*	Special Dream TCF (DR)	Welcome Sympatico (Hann.)	v. Sandro (Holst.)
		Fair-Play (DR)	v. Navajo (DR)
	El.St. Chance (DR)	Viktoria's Chirac (DR)	v. Constantin (WB)
		Carmen (DR)	v. Alexander (GB)

Eigenleistung: Barolo wurde 2011 in Alsfeld gekört und als Prämienhengst und Siegerhengst der Deutschen Reitponys sowie 2. Reservesieger aller Rassen herausgestellt.

DR HANNOVER
DE 434340071808
BRAUNER HENGST
***4.4.2008**
STM.: 146 CM

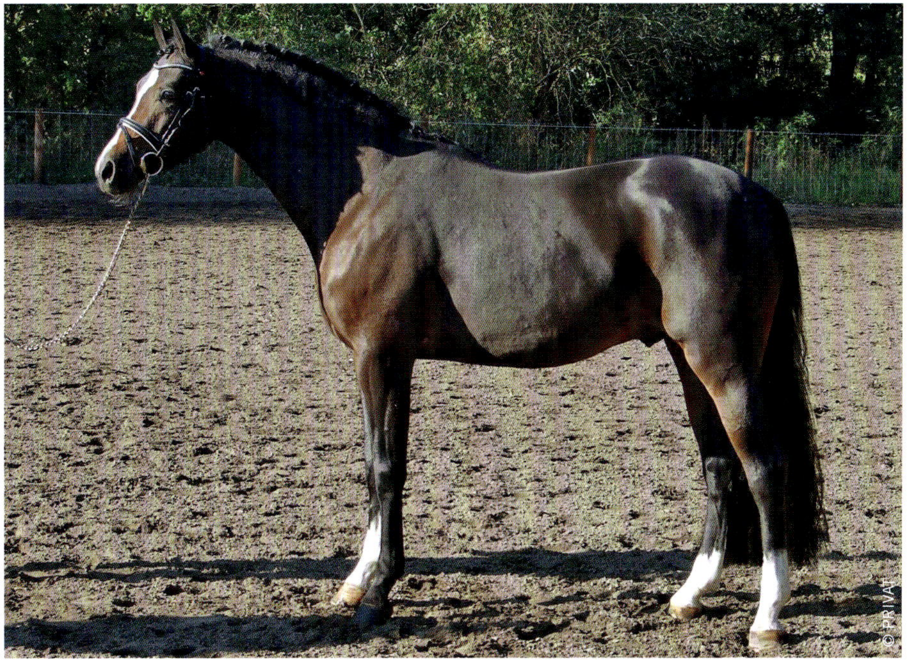

ZÜCHTER
Chiara Tegtmeyer
30826 Garbsen

BESITZER
Gabriele Heemsoth
Walsroder Str. 49
27283 Verden
Tel.: 04231-62963
Mobil: 0177-3906807
info@pferde-aus-verden.de
www.pferde-aus-verden.de

STATION
beim Besitzer

KÖRUNG
22.10.2011 in Verden (durch Hann.)

DECKEINSATZ ÜBER NS

BLICKFANG

Familie: Der Vater Bentley HS wurde 2006 in Verden vom Hannoverschen Ponyverband gekört und als bester Springhengst herausgestellt. 2007 wurde er Vierter beim Hannoverschen Landeschampionat. 2009 qualifizierte er sich für das Bundeschampionat der fünfjährigen Springponys. Er war erfolgreich in A-Springen. Mit Blickfang wurde sein erster Sohn gekört.

Der Muttervater Bünteeichen-Ernando wurde 1997 vom Ponyverband Hannover gekört. Seine HLP legte er 1999 in Radegast mit der Gesamtnote7,48 ab. Er wurde erfolgreich in L-Dressuren eingesetzt. Im Sport sind zehn seiner Nachkommen erfolgreich.

Die Großmutter El.St. Candy brachte auch den gekörten und in L-Springen erfolgreichen Persico (v. Molenhorn's Pasja) und das L-Dressurpony Mango (v. Bünteeichen Maringo).

Aus der Urgroßmutter Cherie stammt das L-Dressurpony Mirco (v. Bünteeichen Maringo) und die Stute Cindy Crawford (v. Navajo), Mutter des gekörten Hengstes Kassini (v. King Louis S), des S-Fahrponys Chanel (v. Brillant), des L-Springponys Lord Lennox (v. Losander) und des A-Springponys Coco Chanel (v. Brillant).

Die vierte Mutter Chica (v. Morys) ist auch Mutter der El.St. Candy (v. Galant), die wiederum Mutter der gekörten Hengste Silvertop's Rocky (v. Silvertop's Rondo; siegr. M-Spr., 1997 Teiln. DM), Narrator (v. Nawarro; M-Spr.) und Feingold (v. Folklore) ist. Candys Tochter St.Pr.St. Camilla (v. Nawarro) stellte den gekörten Hengst De Luxe Go for Gold (v. Dschingis-Khan), die St.Pr.St. Paulin (v. FS Pour l'Amour) und das L-Springpony Chanel (v. Charm of Nibelungen; L-Spr.). Candys Tochter Casandra (v. Vulkan) wurde Mutter des gekörten Hengstes Donavan (v. Don Davidoff ; siegr. Rpfg.), der L-Dressurponys Cottage Girl (v. Kaiserstolz) (L-Dressur) und Rocco Sanchos (v. Stukhuster Ricardo go for Gold) sowie der St.Pr.A. Cottage Diva (v. Don Davidoff), 2010 2. Reservesiegerin beim Hannoverschen Ponyverband. Chicas Tochter wurde Mutter der gekörten Vollbrüder Benjamyn I (siegr. M-Dr., 2002 Teiln. DM/Kathrin Kuzelnik) und Benjamyn II (beide v. Bolero; 1994 Id-Prämienhengst der Westfälischen Körung, siegr. L-Dr.).

Aus dem Stamm kommen weiterhin die gekörten Hengste Highway (v. Helios; M-Dr.), Nicolo (v. Nico the Champ; siegr. M-Dr., 2003 Teiln. DM), Astor (v. Arthur-O-Fon; L-Spr.), Dragoon (v. Durant), Nebos (v. Navarro), Naron (v. Navarro), Reitland's Don Totilas (v. Diamond), Albert (v. Arthur-O-Fon), Caruso (v. Candy-Carel; S-F.) und Don Valentino (v. Don Carlos; siegr. L-Dr.).

Eigenleistung: Blickfang wurde 2011 vom Hannoverschen Verband in Verden gekört.

Bentley HS (DR) Rappe *2004	**Burlington S (DR)**	**Brillant (GB)**	**v. Piran John Halifax (GB)**
		El.St. Simone (DR)	**v. Ben Hur (DR)**
	Verb.Pr.St. Julia (DR)	**Navajo (DR)**	**v. Nawarro (DR)**
		El.St. Jadine (DR)	**v. Nantan (DR)**
Cassandra (DR) Dunkelbraun *2000	**Buenteeichen-Ernando (DR)**	**Enrico (DR)**	**v. Ergano (WB)**
		El.St. Buenteeichen Candy (DR)	**v. Matcho AA**
	El.St. Candy (DR)	**Nico The Champ (DR)**	**v. Navajo (DR)**
		Cherie (DR)	**v. Rimbo (NF)**

DR WESER-EMS
DE 435350083207
RAPPHENGST
*28.5.2007
STM.: 147 CM

ZÜCHTER
Karl-Heinz Bruns
26655 Westerstede

BESITZER
Dr. Tanja Becker
Fasanenstr. 44
49377 Vechta
Tel.: 04441-9056-195
Mobil: 0160-4402257
tanja_becker@equitaris.de
www.equitaris.de

STATION
beim Besitzer

KÖRUNG
14.11.2009 in Vechta (durch W-Ems)
Siegerhengst

DECKEINSATZ
z.Zt. im Sporteinsatz

VERERBUNGSDATEN
E-LGS 2011 280 EURO

BIG LIGHT WE

Familie: Der Vater Hilkens Black Delight war 2003 Siegerfohlen beim Weser-Ems-Fohlenchampionat und zwei Jahre später Siegerhengst seiner Körung in Vechta. 2007 avancierte er bei der Bundeshengstschau in Berlin zum Reservesieger im Schau- und zum 2. Reservesieger im Reitponywettbewerb der jüngeren Hengste. Mit Danica Duen im Sattel folgte der Sieg im Oldenburger Landeschampionat. 2006, 2007 und 2009 nahm er am Bundeschampionat teil. Seine HLP absolvierte er in Neustadt/D. als Prüfungsbester mit der Endnote von 8,71. Sechsmal erhielt er die 9,0, für den Trab und das Parcours-Springen sogar die 9,5 und für die Rittigkeit die 9,25. 2010 wurde Hilkens Black Delight als Dressurpony nach Frankreich verkauft. Aus seinen ersten Jahrgängen wurden sieben Söhne gekört.

Die Mutter St.Pr.St. Maibritt war 2003 Reservesiegerin bei der Bezirksstutenschau in Höven und bei der Weser-Ems- Elitestutenschau in Vechta sowie 2004 Reservesiegerin bei der Bezirksstutenschau in Höven. Sie brachte die St.Pr.A. Mailin (v. Trentino), 2009 Klassen-Reservesiegerin bei der Bezirksstutenschau in Höven und 2. Reservesiegerin ihrer Klasse bei der Weser-Ems- Elitestutenschau in Hude-Wüsting.
Der Muttervater Neckar ist über seinen Vater Nadol ein Enkel des Nadler I, der die Reitponyzucht maßgeblich beeinflusst hat. Zwölf Neckar-Söhne wurden gekört. Von seinen Töchtern erhielten sieben die Staatsprämie. Aus seinen 61 sporterfolgreichen Nachkommen ragt Neckarmann heraus, 2007 Vize-Bundeschampion der sechsjährigen Springponys und mittlerweile bis M-Springen platziert.

Die Großmutter St.Pr./El.St. Maisha war 1993 und 1994 Siegerstute in Weser-Ems, 1992 Ib-Preisträgerin der Weser-Ems-Stutenschau und 1999 Reservesiegerin der Jubiläumsschau in Cloppenburg. 1992, 1993, 1994 und 1999 entschied sie jeweils die Bezirksstutenschauen für sich. Maisha absolvierte eine hervorragende SLP (Fremdreiternote 9,0) und brachte die gekörten Hengste Famos (v. Twylands Firecracker; M-Dr., 2000 10. Pl. Bch. 6j. Dr.), No Limit (v. Neckar; A-Dr. u. A-Spr.) und Nonsens (v. Neckar), der im Frühjahr 2008 über die 68. Elite-Auktion in Vechta als Springpony nach Italien verkauft wurde. Maisha brachte außerdem noch das in die USA verkaufte Elite-Auktionsfohlen Baby Doll (v. Botticelli), das dort 2011 CDS Junior/Young Rider Champion wurde.

Die Urgroßmutter Moni glänzte bei Schauen und brachte das in allen Disziplinen siegreiche Sportpony Champion (v. Constantin).

Aus dem Stutenstamm kommen die gekörten Hengste Filippo (v. Coed Coch Dylan), Springbourne Golden Flute (v. Reeves Golden Lustre) und Springbourne Fandango (v. Llanarth Carel).

Eigenleistung: Big Light WE gewann 2007 mit Höchstnoten die Qualifikation zum Deutschen Fohlenchampionat in Filsum und nahm am Finale in Lienen teil. 2009 wurde er Siegerhengst der Weser-Ems-Körung in Vechta. 2011 gewann er das Oldenburger Landeschampionat und belegte unter seiner Besitzerin Dr. Tanja Becker Platz vier beim Bundeschampionat der vierjährigen Hengste in Warendorf.

Hilkens Black Delight WE (DR) Rappe *2003	**Branduardi M (DR)**	**Black Boy (DR)**	**v. Black Grannus (Old.)**
		El.St. Gloria (DR)	**v. Valentino (GB).**
	St.Pr.St. Syrah (DR)	**Morbidelli (DR)**	**v. Mozart (DR)**
		St.Pr./El.St. Sira (DR)	**v. Black Boy (DR)**
St.Pr.St. Maibritt (DR) Dunkelbraun *2000	**Neckar (DR)**	**Nadol (DR)**	**v. Nadler I (DR)**
		Gisell (DR)	**v. Gromet ox**
	St.Pr./El.St. Maisha (DR)	**Constantin (WB)**	**v. Whatton Copper Beech (WB)**
		Moni (DR)	**v. Werwolf (DR)**

© BURGHARDT

WD WESER-EMS
DE 335350119193
RAPPHENGST
***5.7.1993**
STM.: 152 CM

ZÜCHTER
Renate Tongers
26409 Wittmund

BESITZER
Daniel Lienert
Sonnenallee 1 a
14641 Wustermark
Mobil: 0176-20189918
u. 0179-9076844
NadineLienert@t-online.de
www.welsh-lienert.de

STATION
beim Besitzer

KÖRUNG
16.2.1996 in Neustadt/D. (durch Berlin-Brdbg. u. Sachs.-Anh.)

EIGENLEISTUNG
HLP 1996 in Neustadt/D. 91,34

DECKEINSATZ ÜBER NS

FRISIAN BRENIN

Gekörte Hengste: 1 – Friedrichshof Brian
Staatsprämienstuten: 7

Familie: Der Vater Balthasar war ein Welsh Cob-Hengst, der 1975 im Gestüt Gerrig in Großbritannien geboren wurde. Balthasar wurde 1980 vom Pferdestammbuch Weser-Ems gekört. Er lieferte der Zucht acht gekörte Söhne, darunter auch den in Schleswig-Holstein zum Linienbegründer avancierten Magnum. Zu Balthasars erfolgreichsten Sportponys gehört Basalt K, der dreimal in der Dressur EM-Silber für die Niederlande gewann.
Aus der Mutter Frisian Eika stammt die St.Pr.St. Frisian Eireen (v. Balthasar), 1995 Ib-Preisträgerin bei der Weser-Ems-Verbandsschau in Cloppenburg, die ihrerseits über ihre Tochter Eireena (v. Ivanhoe) Großmutter des gekörten Hengstes Han Solo (v. Halifax) wurde.
Muttervater Aberaeron Ceredig wurde 1977 vom Pferdestammbuch Weser-Ems gekört. In Deutschland sind vier gekörte Söhne bekannt. Seine Nachkommen sind in allen Disziplinen erfolgreich. So platzierte sich sein gekörter Sohn Frisian Ceredog in S-Fahrprüfungen, der gekörte Gwaliabach Cadwr war erfolgreich in L-Dressuren und Chris-Chlifton in L-Springen.
Die Großmutter brachte den gekörten und in S-Fahrprüfungen platzierten Frisian Ceredog (v. Aberaeron Ceredig).
Aus dem Stamm kommen noch die gekörten Vollbrüder Trevallion George und Trevallion Demetrius (beide v. Derwen Telynor) sowie Trevallion Comets Last (v. Tyen Comet), Trevallion Dafydd (v. Tyhen Comet), Cyttir Telynor (v. Derwen Telynor), Trevallion Trysor (v. Derwen Telynor), Daniel (v. Nebo Daniel), Emmickhoven's Vitesse (v. Nebo Comet) und Glanvyrnwy Pedro (v. Llanarth Valian).

Eigenleistung: Frisian Brenin wurde 1996 in Neustadt/D. gekört für die Verbände Berlin-Brandenburg und Sachsen-Anhalt. Seine HLP legte er ebenfalls in Neustadt/D. ab. Er wurde als Prämienhengst ** ausgezeichnet.

Nachkommen: Frisian Brenin hat bisher sieben Staatsprämienstuten gestellt. 2001 war seine Tochter Staatsprämien-Siegerstute Bonny May beste deutsche Welsh Cob Stute der Internationalen Welsh-Schau in Aachen. Sie ist Mutter der 2009 auf der Stutbuchaufnahme in Paaren/Glien am höchsten bewerteten Stute Friedrichshof Terra III (v. Trouble), die dann auch Gesamtsiegerin der Welsh-Stuten des Stutenchampionats in Magdeburg wurde. Frisian Brenin ist Vater der Siegerin der SLP 2006 in Neustadt/D., Bridget Bumblebee, die auch die Staatsprämienschau gewann, zur 2. Reservesiegerin Baronesse und auch zur platzierten Bijou. 2009 war er Vater des Siegerhengstfohlens und eines der Reservesiegerstutfohlen und Muttervater des Gesamtsiegerstutfohlens sowie einer weiteren Reservesiegerin. 2010 gewann eine Tochter das Fohlenchampionat Brandenburg-Anhalt in Krumke. 2011 stellte er die Reservesiegerin der Staatsprämienschau in Magdeburg, Belinda DL, und eine weitere Platzierte, Bingara DL.
Mit Friedrichshof Brian wurde sein erster Sohn gekört. Er ist Vater von Bridney, die 2005 als Klassen- und Bundessiegerin die Bundesstutenschau in Warendorf verließ. 2007 legte sie die Stutenleistungsprüfung in Neustadt/D. mit der Endnote 8,02 ab und gewann die Staatsprämienschau in Magdeburg mit Wertnote 8,06.

Balthasar (=Gerrig Brenin B.)(WD) Schwarzbraun *1975	**Hewid Cardi (WD)**	**Derwen Black Magic (WD)**	**v. Nebo Black Magic (WD)**
		Chancerie Polly (WD)	**v. Caradog Llwyd (WD)**
	Hewid Melda (WD)	**Derwen Black Magic (WD)**	**v. Nebo Black Magic (WD)**
		Hewid Delia (WD)	**v. Heather Royal Eiddwen (WD)**
Frisian Eika (WD) Braun *1983	**Aberaeron Ceredig (WD)**	**Ceredigion Tywysog (WD)**	**v. Brenin Dafydd (WD)**
		Aberaeron Mati Merch Sian (WD)	**v. Tyhen Comet (WD)**
	Trevallion Gwendydd (WD)	**Derwen Telynor (WD)**	**v. Nebo Black Magic (WD)**
		Trevallion Twylight (WD)	**v. Tyhen Comet (WD)**

DR WESTFALEN
DE 441410723405
FALBHENGST
*18.4.2005
STM.: 146 CM

CALVIN KLEIN

ZÜCHTER
Jürgen Felstehausen
49453 Wetschen

BESITZER
Jürgen Felstehausen
Wetscherbruchstr. 80
49453 Wetschen
Tel.: 05446-2187
Mobil: 0151-11672118
felstehausen@web.de
www.felstehausen.de.tl

STATION
beim Besitzer

KÖRUNG
21.10.2007 in Verden (durch Hann.)

EIGENLEISTUNG
HLP 2009 in Münster-H. 7,75 (4./12)

DECKEINSATZ ÜBER NS

VERERBUNGSDATEN
E-LGS 2011 151 EURO

Gekörte Hengste: 1 - Coldplay

Familie: Der Vater FS Champion de Luxe startete seine Karriere 2000 als Rheinischer Siegerhengst. 2001 gewann er das Rheinische Championat und seine HLP in Neustadt/D. 2001 und 2002 kamen Siege bei den NRW-Meetings und den Bundeschampionaten (3j. u. 4j. H.) hinzu. 2003 belegte er in Warendorf Rang zehn (5j. Dr.) und 2004 Platz fünf (6j. Dr.). Die 1. Bundeshengstschau 2003 in Berlin wurde zu einem FS Champion de Luxe-Festival: Er avancierte zum Siegerhengst der Dressur- und Vielseitigkeitshengste, gewann den Titel des Bundessiegerhengstes und erhielt den Titel Bundesprämienhengst.
Die Mutter St.Pr.St. Charina war 1999 Klassensiegerin und erreichte auf dem Endring der Westfälischen Elitestutenschau in Münster-Handorf den II-Rang. Sie stellte noch die gekörten Hengste Dreamcatcher (v. Danny Gold), 2003 2. Reservesieger der Hannoverschen Ponykörung und 2005 Bronzegewinner beim Bundeschampionat der Fahrponys in Moritzburg, Don't Touch (v. FS Don't Worry Junior), 2007 Teilnehmer am Bundeschampionat der fünfjährigen Dressurponys, und Del Piero (v. Der Harlekin), erfolgreich in Reitpferdeprüfungen. Die Charina-Tochter Dreamgirl (v. Danny Gold) erhielt die Staatsprämie und brachte die St.Pr.St. Donnerlittchen (v. Donnerwetter).

Der Muttervater Chantre B wurde 1993 in Aachen vom Rheinischen Verband gekört und als Siegerhengst ausgezeichnet. Seine HLP legte er 1995 in Radegast als Sieger ab (8,9). Neun seiner Söhne wurden gekört, darunter Charm of Nibelungen (2003 1. Pl. Bch. 4j. H.) und Carlson. Von seinen Töchtern erhielten 17 die Staatsprämie, wie die Westfälische Siegerstute 2002, Coleen, und die Westfälischen Reservesiegerinnen Coco und Chanel.

Die Großmutter Nina brachte auch die St.Pr.St. Cherry (v. Chantre B), das A-Dressurpony Pia (v. Principal Boy) und die Verb.Pr.St. Verona (v. Varus), die Mutter der in L-Dressuren erfolgreichen Verb.Pr.St. Cera (v. Capri Moon) wurde.

In dritter Generation folgt mit Nibelungenheld I einer von insgesamt vier gekörten Vollbrüdern, der zahlreiche erfolgreiche Sportponys stellte, wie Cornflakes/Fabienne Graefe.
Aus der Urgroßmutter Heidi stammt das M-Springpony Dusty (v. Durello) und die Stute Natascha (v. Nils), die in Anpaarung mit Valido's Boy den gekörten Hengst V-Power G zeugte.

Eigenleistung: Calvin Klein wurde 2007 in Verden vom Ponyverband Hannover gekört. Dabei wurde er als Prämienhengst und bester Springhengst herausgestellt. Im gleichen Jahr wurde er noch vom Westfälischen Pferdestammbuch in Münster-Handorf gekört. 2009 legte er seine HLP in Münster-Handorf mit der Note 7,75 als viertbester Hengst ab und gewann in Borgholzhausen die Qualifikation für den Freispring-Wettbewerb. Er ist siegreich in Dressur- und Dressurpferdeprüfungen der Klasse A.

FS Champion de Luxe (DR) Falbe *1998	FS Cocky Dundee (NiPo)	Cocky Dundas xx	v. Mandamus xx
		Blocklands Sheila (NiPo)	v. Valentino (WK)
	St.Pr.St. FS Golden Fleur (DR)	Golden Dancer (DR)	v. Dancer (DR)
		Petit Fleur (DR)	v. Power Boy (DR)
St.Pr.St. Charina (DR) Dunkelbraun *1996	Chantre B (DR)	Catherston Night Safe (GB)	v. Triumph (GB)
		Verb.Pr.St. Variante (DR)	v. Valentino (GB)
	Nina (DR)	Nibelungenheld I (DR)	v. Nobel (DR)
		Heidi (DR)	v. Harun (DR)

Nachkommen: Mit Coldplay wurde aus seinem ersten Jahrgang sein erster Sohn gekört. Seine Töchter Creamy Girl und Coco Chanel wurden über die Fohlenauktion in Adelheidsdorf verkauft.

© Vennekamp

Cassini

DR RHEINLAND
DE 343431613998
FALBHENGST
***14.5.1998**
STM.: 146 CM

CASSINI

ZÜCHTER
Elisabeth Thomas
52076 Aachen

BESITZER
Melanie Beckmann, Reitponygestüt Aspel
Alte Heerstr. 51
46459 Rees
Tel.: 02850-416029 Fax: 02850-243013
Mobil: 0152-53164161
leo@beckmann-aspel.de
www.reitponygestüt-aspel.de

STATION
beim Besitzer u. Hengststation Schulz
Fliederweg 11
59514 Welver-Dinker
Tel.: 02384-1643 Fax: 02384-960389
Mobil: 0172-5784762
hengststation-schulz@web.de
www.hengststation-schulz.de

KÖRUNG
04.11.2000 in Aachen (durch Rheinl.)

EIGENLEISTUNG
HLP 2010 in Neustadt/D. 8,0 (12./20)

DECKEINSATZ ÜBER NS

VERERBUNGSDATEN
N-LGS 2011 575 EURO

Gekörte Hengste: 1 – Cliff
Staatsprämienstuten: 3

Familie: Der Vater FS Cocky Dundee ist einer der profiliertesten Halbbluthengste. Er wurde 1993 in Aachen vom Rheinischen Pferdestammbuch gekört. 1995 legte er seine HLP in Münster-Handorf ab (124,13). Er verbucht in allen Disziplinen Erfolge. Acht seiner Söhne wurden gekört, darunter die drei Rheinischen Siegerhengste FS Challenger, FS Chiwago und Creston Dundee sowie der Stempelhengst FS Champion de Luxe.
Die Mutter St.Pr.St. Go Go Girl nahm 1997 am Bundeschampionat der dreijährigen Reitponys teil. Sie brachte die St.Pr.St. Dimanche T (v. Danny Gold), 2007 Ie-Rang auf dem Endring der Westfälischen Elitestutenschau in Münster-Handorf und in L-Dressuren platziert, die St.Pr.St. Caprice T (v. Classic Dancer), erfolgreich in Reitpferdeprüfungen, und die Stute Da Luna (v. Diddi Keeps Cool). Letztere wurde Mutter der gekörten Vollbrüder Der kleine Prints (2007 1. Pl. Bch. 4j. H., 2008 6. Pl. Bch. 5j. Dr.) und Danilo (beide v. Don Joshi I AT) sowie der St.Pr.St. Das Sonntagskind (v. Don Joshi I AT; 2008 2. Reservesiegerin Rheinische Elitestutenschau u. 5. Pl. Bch. 3j. St. u. W., 2010 u. 2011 Teiln. Bch. 5j. u. 6j. Dr.).

Der Muttervater Golden Dancer ging siegreich bis S-Dressuren und kann auf über 200 Siege und Platzierungen verweisen, darunter 1991 der Titel des Bundeschampions (4j.), 1996 Doppelgold bei der EM in Barthahus/DEN und 1999 Teamgold bei der EM in Strömsholm/SWE.
Die Großmutter St.Pr.St. Derana wurde Mutter des gekörten Hengstes Domecq (v. Derbino) und der St.Pr.St. Ginger (v. Golden Dancer), die den gekörten Chic in Time (v. FS Champion de Luxe) brachte.
Aus dem Stamm der Codora kommen noch die gekörten Hengste FS Golden Highlight, Joldis Charmant und GBs Hasardeur.

Eigenleistung: Cassini wurde 2000 in Aachen vom Rheinischen Verband gekört und als Reservesieger und Prämienhengst herausgestellt. Seine HLP legte er 2010 in Neustadt/D. mit der Gesamtnote 8,0 ab. Seine Umgänglichkeit wurde mit „sehr gut" (9,0) bewertet, ebenso sein Schritt. Die Note 8,5 erhielt er für seine Leistungsbereitschaft und –fähigkeit.

Nachkommen: Drei Töchter des Cassini wurden bisher mit der Staatsprämie ausgezeichnet. Seine Tochter Celina wurde Mutter des gekörten Hengstes Big Dresscode. Die Cassini-Tochter Cassina wurde 2009 über die NRW-Fohlenauktion in Münster-Handorf verkauft. Sein in Belgien gekörter Sohn Cliff ist im Fahrsport international bis zur Klasse S erfolgreich. So nahm er 2011 im Vierspänner von Daniel Coenen an den Deutschen Meisterschaften teil und belegte Platz vier. Cassinis Cool Man kann Platzierungen in L-Dressuren vorweisen. Catch Me qualifizierte sich in den Niederlanden für die regionalen Gelderländer Meisterschaften. Brantops Chameur, der als Fohlen mit der Goldmedaille ausgezeichnet worden ist, wurde 2011 für das Bundeschampionat der vierjährigen Reitponys nominiert.

FS Cocky Dundee (NiPo) Braun *1991	Cocky Dundas xx	Mandamus xx	v. Petition xx
		Heathersong xx	v. Sing Sing xx
	Bloklands Sheila (NiPo)	Valentino (NiPo)	v. Downland Folklore (GB)
		Midgraf's Fairy Tale	v. Conquistador (NiPo)
St.Pr.St. Go Go Girl (DR) Palomino *1994	Golden Dancer (DR)	Dancer (DR)	v. Dandy (DR)
		Golden Charm (DR)	v. Valentino (GB)
	St.Pr.St. Derana (DR)	Derano (DR)	v. Derby (DR)
		Valeska (DR)	v. Valentino (GB)

Steendieks Champ of Glory

© Becker

DR SCHLESW.-HOLST.
DE 422220052808
FALBHENGST
*29.4.2008
STM.: 146 CM

ZÜCHTER
Peter Böge
24220 Schönhorst

BESITZER
Peter Böge
Steendiek 2
24220 Schönhorst
Tel.: 04347-3382
Mobil: 0171-9915069
Fax: 04347-709752
info@gestuet-steendiek.de
www.gestuet-steendiek.de

STATION
beim Besitzer

KÖRUNG
12.2.2011 in Neumünster (durch SHH)
Siegerhengst

DECKEINSATZ ÜBER NS

VERERBUNGSDATEN
E-LGS 2011 353 EURO

STEENDIEKS CHAMP OF GLORY

Familie: Der Vater FS Chambertin wurde 2006 in Wickrath gekört (Rheinisches Pferdestammbuch), 2008 legte er zunächst einen Kurztest in Schönhorst ab mit der Note 8,5 und als Sieger, 2009 seinen 30-Tage-Test in Neustadt/D. mit der Note 8,51. Aufgrund seiner Größe kann er nicht in Ponyprüfungen starten, sondern muss sich gegen Großpferde behaupten, was ihm bisher überzeugend gelang. So hat er Siege und Platzierungen von Eignungsprüfungen und Reitpferdeprüfungen bis zu Dressurprüfungen der Klasse A erreicht. Zehn seiner Söhne wurden bisher gekört, darunter Tackmann's Croissant, der unter Sophienhöh's Cognac im Hengstregister geführt wird und Bronze beim Reitpony-Bundeschampionat gewann.

Die Mutter Lissy, 2004 Siegerstute der Elitestutenschau in Padenstedt, brachte Prince of Glory (v. Triple Trees Boris), 2010 Siegerhengst in Schleswig-Holstein/Hamburg und Landeschampion sowie 2011 Vize-Landeschampion, und Steendieks Cream of Glory (v. FS Chambertin), 2012 1. Reservesiegerhengst in Schleswig-Holstein/Hamburg.

Der Muttervater The Braes My Mobility gewann 2003 auf der 1. Bundeshengstschau im Rahmen der Grünen Woche in Berlin den Titel des Bundessiegerhengstes. Für seinen spektakulären Trab erhielt er die Note 9,5. 2007 wurde er in Schleswig-Holstein und Weser-Ems als Siegerhengst seiner Rasse herausgestellt. Er lieferte 19 gekörte Söhne, darunter die Siegerhengste Eiluns Monopoly, Montgomery, Monte Christo und Manchester United.

Aus der in Dänemark gezogenen Großmutter St.Pr.St. Lizetta Vra stammen die gekörten Hengste Montelino N (v. The Braes My Mobility; 2008 2. Pl. Bch 5j. Spr.; L-Spf.), Monte Christo (v. The Braes My Mobility; L-Dr.), Giorgio N (v. Grisu N; 2008 8. Pl. Bch. VS, M-Spr.) und Rashing Boy (v. Racket; L-Spr.). Weiterhin brachte Lizetta Vra noch die St.Pr.St. Lolita (v. Windsor N), Mutter der Springpony-Bundeschampionatsfinalistin Libelle (v. Aragon N), die St.Pr.St. Loreley (v. Hondsrug Don Gregory N) und das Sportpony Honeur (v. Harley N; 2005 4. Pl. Bch. 5j. Dr., 2007 9. Pl. DM, 2008 7. Pl. DM u. 2008 Landesmeister). Aus ihrer Tochter Larissa (v. Windsor N) stammt der gekörte Hengst Almonte N (v. Aragon N; M-Dr.).

Eigenleistung: Steendieks Champ of Glory war bereits 2008 Siegerfohlen des SHH-Fohlenchampionats in Bad Segeberg. 2011 wurde er Siegerhengst der Körung des Pferdestammbuchs Schleswig-Holstein/Hamburg in Neumünster. Nach seinem Sieg beim Landeschampionat holte er sich unter Wenke Kraus Silber beim Bundesschampionat der dreijährigen Hengste, wobei er für den Galopp, den Schritt und die Harmonie der Vorstellung jeweils eine 9,0 und für den Trab, die Ausbildung und das Gebäude jeweils eine 8,5 erhielt. Von den Fremdreitern gab es mit 18,5 die höchste Bewertung.

FS Chambertin (DR) Falbe *2004	FS Champion de Luxe (DR)	FS Cocky Dundee (NiPo)	v. Cocky Dundas xx
		St.Pr.St. FS Golden Fleur (DR)	v. Golden Dancer (DR)
	St.Pr.St. FS Golden Sunlight (DR)	Golden Dancer (DR)	v. Dancer (DR)
		Eileen 2 (DR)	v. Black Magic (WB)
Lissy (DR) Falbe *2001	The Braes My Mobility (WB)	Steehorst Maestro (WB)	v. Eyarth Harlequin (WB)
		Anja (WB)	v. Eastfields Emperor (WB)
	St.Pr.St. Lizetta Vra (DR)	Linaro (DR)	v. Lombard (DR)
		Norika (DR)	v. Koheilan (Arab.)

DR SACHS.-THÜR.
DE 455870136209
BRAUNER HENGST
*19.4.2009
STM.: 145 CM

ZÜCHTER
Antje Klemm
04442 Zwenkau

BESITZER
Antje Klemm
Lindenstr. 35 F
04442 Zwenkau OT Rüssen
Tel.: 034203-54913
Mobil: 0177-7738075
pferdemeisterin@arcor.de
www.reitponyzucht-promise.de

STATION
Reitschule-Pegau-Inh. Antje Klemm
Schützenplatz 1
04523 Pegau
Mobil: 0177-7738075
pferdemeisterin@arcor.de
www.reitschule-pegau.de

KÖRUNG
1.10.2011 in Alsfeld (durch Süddt.)

DECKEINSATZ ÜBER NS

PROMISE CHARLY BROWN

Familie: Der Vater FS Champion de Luxe wurde 2000 im Rheinland zum Siegerhengst gekürt. 2002 folgte der HLP-Sieg in Neustadt/D. Er gewann 2001 und 2002 mit Jana Freund die NRW-Meetings und die Bundeschampionate der drei- und vierjährigen Hengste. 2001 kam der Titel des Rheinischen Landeschampions hinzu. 2003 wurde er mit Ann-Kathrin Platzer Zehnter in Warendorf (5j. Dr.), 2004 mit Miriam Licinio Fünfter (6j. Dr.). Bei der 1. Bundeshengstschau 2003 in Berlin wurde er Siegerhengst der Dressur- und Vielseitigkeitshengste und gewann den Titel des Bundessiegerhengstes. Außerdem erhielt er den Titel des Bundesprämienhengstes.

Die Mutter St.Pr.St.Promise Gipsy ging siegreich in A-Dressuren und A-Vielseitigkeiten. Sie brachte auch Champ (v. FS Champion de Luxe), 2000 Dritter im Kleinen Finale beim Bundeschampionat der sechsjährigen Dressurponys, und Promise Nepal (v. Nibelungenheld II), 2002 Vierter beim Bundeschampionat der Vielseitigkeitsponys sowie platziert in A-Dressuren, A-Springen und A-Vielseitigkeiten. Aus der Promise Gipsy-Tochter Promise Grace (v. Nobelchamp) stammt das L-Springpony Cina (v. Sir Charles).

Der Muttervater Valentino, ein New Forest-Hengst, wurde 1987 in Neumünster vom Pferdestammbuch Schleswig-Holstein/Hamburg gekört. Über 20 seiner Söhne wurden zur Zucht zugelassen, darunter Sulaatik Yuri, der als ABC Juri siegreich in M-Springprüfungen eingesetzt wurde. 2003 nahm er an der Europa- und Deutschen Meisterschaft teil. Valentinos Nachkommen sind vor allem im Springsport erfolgreich: sie gewannen 10.939 Euro (2011). Valentino wurde hauptsächlich in Schlesig-Holstein eingesetzt. Seine Enkeltochter Anastasia wurde 2006 Siegerstute der New Forests auf der Elitestutenschau in Schleswig-Holstein/Hamburg, nachdem sie 2002 auch schon das Fohlenchampionat gewinnen konnte. Valentinos Großvater Tomatin Golden Gorse wurde Ende der 80er Jahre nach Weser-Ems importiert und gewann großen Einfluss auf die deutsche New Forest-Zucht.

Die Urgroßmutter Polsbury Patrina ist Mutter des gekörten Hengstes Polsbury Picasso (v. Floreths Macon). Ihre Tochter Polsbury Pamela (v. Oudelandes John) brachte die beiden gekörten Vollbrüder Polsbury Pinoccio und Polsbury Popov (beide v. Valentino). Polsbury Pamelas vier Töchter wurden ebenfalls jeweils Hengstmütter: Polsbury Poetih (v. Marits Mystique) brachte Polsbury Power Point (v. Valentino), Polsbury Pimpernell (v. Valentino) brachte Polsbury Pajero (v. Marlino), Polsbury Pepper (v. Queenswood Salomon) brachte Mastwood Pepperson (v. Valentino) und Polsbury Pandora (v. Beechwood Lucky Star) brachte Polsbury Palermo (v. Sulaatik's Vivaldi).

Eigenleistung: Promise Charly Brown wurde 2011 in Alsfeld süddeutsch gekört und als Prämienhengst ausgezeichnet. Damit war er der zweitbeste Reitponyhengst der Körung.

FS Champion de Luxe (DR) Falbe *1998	**FS Cocky Dundee (NiPo)**	**Cocky Dundas xx**	**v. Mandamus xx**
		Bloklands Sheila (NiPo)	**v. Valentino (WK)**
	St.Pr.St. FS Golden Fleur (DR)	**Golden Dancer (DR)**	**v. Dancer (DR)**
		Petit Fleur (DR)	**v. Power Boy (DR)**
St.Pr.St. Promise Gipsy (NF) Schwarzbraun *1991	**Valentino (NiPo)**	**Vernons Vineyard (NF)**	**v. Tomatin Golden Gorse (NF)**
		Feldhof's Madeira (NF)	**v. Merrie Millstream (NF)**
	Polsbury Piaffe S (NF)	**Polsbury Popeye (NF)**	**v. Floki (NF)**
		Polsbury Patrina S (NF)	**v. Mudeford No White (NF)**

DR HANNOVER
DE 434340108007
BRAUNER HENGST
***25.4.2007**
STM.: 145 CM

ZÜCHTER
Artur Bruenjes
28865 Lilienthal

BESITZER
Nobert Büscherhoff
Oberrecht 31 a
25436 Neuendeich
Tel.: 04122-927892
Mobil: 0172-9529958
reitpony-nb@gmx.de
www.reitponystation.de

STATION
Hell Stallion Stud GmbH
Horster Landstraße 42
25365 Klein Offenseth
Tel.: 04126-38272
Fax: 04126-38274
info@stall-hell.com
www.stall-hell.com

KÖRUNG
13.2.2010 in Neumünster (durch SHH)

DECKEINSATZ ÜBER NS

VERERBUNGSDATEN
E-LGS 2011 63 EURO

CHATTANOOGA

Familie: Der Vater FS Chicago war 2005 2. Reservesieger der Rheinischen Körung. 2006 belegte er Platz vier beim Bundeschampionat der dreijährigen Hengste. 2007 wurde er vom Pferdestammbuch Weser-Ems anerkannt, nachdem er die Bundeshengstschau in Berlin gewonnen und auch die Anerkennung für die Hannoversche Ponyzucht erhalten hatte. Seine Hengstleistungsprüfung legte er in Adelheidsdorf mit gesamt 7,92 als Reservesieger ab. 2009 nahm er erfolgreich am Bundeschampionat der sechsjährigen Springponys teil. Mittlerweile ist er siegreich in M-Springen. Sieben seiner Söhne wurden bisher gekört, darunter der Hannoversche Reservesieger Chico's Bunter WE, der 2011 Sechster beim Bundeschampionat der vierjährigen Hengste wurde, und der beste Springhengst der Weser-Ems-Körung 2011, Churchill E.

Die Mutter Peggy brachte auch die St.Pr.St. Pandora (v. Sweet Dream SF).

Der Muttervater Benetton S wurde 1998 vom Ponyverband Hannover gekört und als Siegerhengst herausgestellt. 2001 erreichte der bei seiner Hengstleistungsprüfung in Radegast mit 8,89 die höchste Gesamtnote der 31-köpfigen Konkurrenz. 1999 wurde er Sechster beim Bundeschampionat der dreijährigen Hengste. 2001 kam Bronze beim Bundeschampionat der fünfjährigen Dressurponys hinzu. 2002 wurde er unter Stefanie Kettelhodt Vize-Bundeschampion im Klassement der sechsjährigen Dressurponys. Zu Buche stehen weiterhin Siege und Platzierungen in L-Dressuren. 2003 erhielt er die FN-Bundesprämie anlässlich der Bundeshengstschau in Berlin. 2007 folgte der Titel des Bundesseigers der dressurbetonten Hengste in der Altersklasse sieben- bis zwölfjährig. Elf seiner Söhne wurden gekört, fünf Töchter mit der Staatsprämie ausgezeichnet. Die Gewinnsumme seiner Nachkommen betrug 2011 15.093 Euro.

Die Großmutter Pirola, eine Tochter des Vollblut-Arabers Nehros ox, brachte noch in Anpaarung mit Benetton S die in A-Dressuren und A-Springen platzierte Baronesse.

Aus dem Stamm der Coed Coch Grey Bell kommen weiterhin die gekörten Hengste Mepo (v. Nemo) und Babados (v. Belvedere/T.; siegr. L-Dr.) sowie die erfolgreichen Sportponys Godewind (v. Galant; siegr. M-Fahren) und Nuria (v. Naravant; M-Spr.).

Eigenleistung: Chattanooga war 2007 Siegerfohlen des Fohlenchampionats in Lilienthal. 2010 folgte die Körung durch das Pferdestammbuch Schleswig-Holstein/Hamburg in Neumünster als Prämienhengst und bester Springhengst. Auch für Weser-Ems wurde er anerkannt. 2011 ging Chattanooga siegreich in Reitpferdeprüfungen und A-Springpferdeprüfungen.

FS Chicago (DR) Braun *2003	**FS Champion de Luxe (DR)**	**FS Cocky Dundee (NiPo)**	**v. Cocky Dundas xx**
		St.Pr.St. FS Golden Fleur (DR)	**v. Golden Dancer (DR)**
	St.Pr.St. Pandora (DR)	**Power Boy (DR)**	**v. Downland Folklore (GB)**
		Marina (DR)	**v. Black Magic (WB)**
Peggy (DR) Braun *2000	**Benetton S (DR)**	**Burlington S (DR)**	**v. Brillant (GB)**
		El.St. Jadine (DR)	**v. Nantan**
	Pirola (DR)	**Nehros ox**	**v. Zehros ox**
		Piri (DR)	**v. Predko xx**

Nachkommen: Aus seinem ersten Jahrgang stellte Chattanooga erste Prämienfohlen.

Caramel WE

Crack-P WE

Mad Max WE

Fotos: Eylers, K. Oellrich, M. Oellrich-Overesch

Ladina & Daisy
Superstars d. Weser-Ems-Castings 2011

SPITZENPONYS FÜR FREIZEIT, ZUCHT UND SPORT AUS WESER-EMS

Pferdestammbuch Weser-Ems e.V.
Grafenhorststr. 5 · 49377 Vechta
Tel. 04441/9355-0 · Fax 04441/9355-29
www.pferdestammbuch.com · info@pferdestammbuch.com

DR WESER-EMS
DE 435350051309
FUCHSHENGST
*8.2.2009
STM.: 144 CM

ZÜCHTER
August Ellers
49685 Emstek

BESITZER
Emma Ellers
Halerhöhe 2
49685 Emstek
Tel.: 04473-1065
Mobil: 0174-2162098
Fax: 04473-932371
h.luttmann-ellers@t-online.de

STATION
Emma u. Hildegard Ellers
Halerhöhe 2
49685 Emstek

KÖRUNG
12.11.2011 in Vechta (durch W-Ems)

DECKEINSATZ ÜBER NS

CHURCHILL E

Familie: Der Vater FS Chicago startete seine Karriere 2005 als 2. Reservesieger der Rheinischen Körung in Wickrath. 2006 wurde er Vierter beim Bundeschampionat der dreijährigen Hengste. Anschließend siegte er bei der Bundeshengstschau in Berlin und absolvierte seine HLP in Adelheidsdorf als Reservesieger. 2009 nahm er erfolgreich am Bundeschampionat der sechsjährigen Springponys teil. Mittlerweile stehen Siege bis M-Springen zu Buche. Sieben seiner Söhne wurden gekört, darunter der Hannoversche Reservesieger Chico's Bunter WE, 2011 Sechster beim Bundeschampionat der vierjährigen Hengste, und der Springsieger der Körung des Pferdestammbuches Schleswig-Holstein/Hamburg, Chattanooga.

Die Mutter St.Pr.St. Beverly war 1997 Siegerin bei der Weser-Ems-Verbandsschau in Cloppenburg, 1998 und 1999 Klassensiegerin der Weser-Ems-Verbandsschauen in Cloppenburg und 2004 Ib-Preisträgerin auf der Weser-Ems-Jubiläumsstutenschau in Vechta. Beverly brachte die St.Pr.A. Berlina WE (v. Cyriac WE), 2010 2. Reservesiegerin der Weser-Ems-Elitestutenschau in Hude-Wüsting, Reservesiegerin der 1. Norddeutschen Stutenschau in Vechta und Vize-Landeschampionesse in Rastede sowie 2011 nominiert für das Bundeschampionat der vierjährigen Reitponys. Die Beverly-Tochter Bacara (v. Renoir) gewann 2005 einen I.-Preis bei der Bundesstutenschau in Warendorf. Weiterhin brachte Beverly das M-Fahrpony Darijana (v. Davignon), das A-Dressurpony Digimon (v. Davignon) und das L-Springpony Cavour (v. Cyriac WE).
Der Muttervater Colano, 1985 vom Pferdestammbuch Weser-Ems gekört, stellte vier gekörte Söhne.

Die Großmutter St.Pr.St. Born for Derby (v. Condor I) siegte in L-Dressuren, M-Springen und Vielseitigkeitsprüfungen und nahm 2000 und 2004 an der Deutschen Vielseitigkeits-Meisterschaft teil.

Die Urgroßmutter Dina ist auch Mutter von Red Hot Pepper (v. Bernstein), 1993 unter Christine Schröer Deutscher Vize-Meister in der Vielseitigkeit und EM-Teilnehmer in Hasselt/BEL, von Dinara (v. Bernstein; platz. M-Dressur) und von Dunja (v. Bernstein), die die Stute Daffy (v. Black Boy) brachte. Letztere wurde 2004 Ib-Preisträgerin bei den älteren Stuten und I.-Preisträgerin in der Familiensammlung der Weser-Ems-Jubiläumsstutenschau in Vechta. Daffy wurde ihrerseits Mutter des gekörten Hengstes und Springpony-Bundeschampionatsfinalisten Nobelboy (v. Neckar). Die Dunja-Tochter Obsession (v. Black Boy) brachte den gekörten und für das Springpony-Bundeschampionat qualifizierten Down de Loo (v. Diskus). Aus der Dunja-Tochter Donna (v. Vulkan) stammt die St.Pr.St. Doris (v. Halifax), 2007 Id-Preisträgerin auf dem Brillantring der Weser-Ems-Elite-Stuenschau in Hude-Wüsting.

FS Chicago (DR) Braun *2003	**FS Champion de Luxe (DR)**	**FS Cocky Dundee (NiPo)**	**v. Cocky Dundas xx**
		St.Pr.St. FS Golden Fleur (DR)	**v. Golden Dancer (DR)**
	St.Pr.St. FS Pandora (DR)	**Power Boy (DR)**	**v. Downland Folklore (GB)**
		Marina (DR)	**v. Black Magic (WB)**
St.Pr.St. Beverly (DR) Fuchs *1994	**Colano (DR)**	**Colza (WB)**	**v. Coed Coch Berwynfa (WB)**
		Furina (Old.)	**v. Luciano (Hann.)**
	St.Pr.St. Born For Derby (DR)	**Condor I (DR)**	**v. Constantin (WB)**
		Dina (DR)	**v. Samson x**

Eigenleistung: Churchill E wurde 2011 bei der Körung Pferdestammbuch Weser-Ems in Vechta gekört und als bester Springhengst herausgestellt.

DR WESTFALEN
DE 441410268709
FUCHSHENGST
***25.3.2009**
STM.: 148 CM

COLDPLAY

© OTTO

ZÜCHTER
Hermann-Josef Borghoff
48317 Drensteinfurt

BESITZER
Jürgen Felstehausen
Wetscherbruchstr. 80
49453 Wetschen
Tel.: 05446-2187
Mobil: 0151-11672118
felstehausen@web.de
www.felstehausen.de.tl

STATION
Kristin Rosenbaum
Reitponygestüt Schierensee
Lütjenburger Str. 105
23714 Malente
Tel.: 04523-880028
Mobil: 0177-7611306
Fax: 04523-880028
okrumbeck@web.de

KÖRUNG
22.10.2011 in Verden (durch Hann.)

DECKEINSATZ ÜBER NS

Familie: Der Vater Calvin Klein wurde 2007 in Verden und Münster-Handorf gekört. 2009 legte er seine HLP in Münster-Handorf mit der Gesamtbewertung 7,75 als viertbester Hengst der zwölf Teilnehmer ab. Für Calvin Klein stehen Siege in Dressurpferde- und Dressurprüfungen der Klasse A zu Buche. Mit Coldplay wurde gleich aus seinem ersten Jahrgang sein erster Sohn gekört.

Die Mutter St.Pr.St. Hesselteichs Duschenka platzierte sich in A-Dressuren und brachte die Verb. Pr.St. Allererste Sahne (v. A Gorgeous).

Der Muttervater Donnerblitz war 1999 Reservesieger der Westfälischen Körung in Münster-Handorf und nahm 2002 am Bundeschampionat teil. 2004 schlossen sich unter Julia Preusse Seriensiege in L-Dressuren an. Neben Hesselteich's Golden Dream wurde noch sein Sohn Donnerschall gekört. Acht seiner Töchter erhielten die Zulassung zur Elite-Stutenschau in Münster-Handorf, von denen Hesselteich's Magic Day zur Siegerstute gekürt wurde. Donnerblitz wurde 2005 nach Großbritannien verkauft und stand 2007 im Britischen EM-Bronze-Team.

Aus der Großmutter St.Pr.St. My Sunshine stammt die Verb.Pr.St. Gino's Wild Rose (v. Gentleman).

Über den in dritter Generation folgenden Sunrise Moonlight, einen Sohn des Vollblüters Bright Moon xx, der 1993 in Aachen für das Rheinland gekört wurde und der in Deutschland Turniererfolge bis L-Dressuren verbuchte, kommt Edelblut im Pedigree des Coldplay zum Tragen.

Die Urgroßmutter St.Pr.St. Viktoria ist auch Mutter der gekörten Hengste Morell (v. Morino), Avalon (v. Hamrik's Golden Arak), 1997 Id-Prämienhengst der Westfälischen Körung in Münster-Handorf, und Lacoste (v. Langar). Aus der Viktoria-Tochter Valetta (v. Sunrise Moonlight) stammen die gekörten Hengste Golden Thunder (v. Donnerwetter), siegreich in M-Dressuren, und Steendieks Dollarprinz (v. Donnertraum), 2008 Sechster beim Bundeschampionat der dreijährigen Hengste, 2009 Fünfter beim Bundeschampionat der vierjährigen Hengste und inzwischen siegreich bis L-Dressuren, sowie das L-Springpony Dreadnought (v. Duplo) und die St.Pr.St. Giselle (v. Good One).

Die vierte Mutter True Love (v. Rosedale Tiberius) brachte die St.Pr.St.Valery (v. Valiant Starlight), die 1991 bei der Westfälischen Elitestutenschau in Münster-Handorf auf dem Endring ging.

Aus dem Stamm kommen auch die gekörten Hengste Dalk (v. Daikir ox), Wicky I und Wicky II (beide v. Widukind), Diomet S.T. (v. Durello), FR.E.E.Nikolo (v. Namajan), Sali, Simsalabim I und Simsalabim II sowie Wirbelwind (alle v. Widukind), Witzbold (v. Wirbelwind), Rübezahl I und Rübezahl II (beide v. Bubi) und Isegrimm (v. Inselritter).

Eigenleistung: Coldplay wurde 2011 in Verden vom Hannoverschen Ponyverband gekört. 2012 erfolgte die Anerkennung für das Pferdestammbuch Schleswig-Holstein/Hamburg.

Calvin Klein (DR) Falbe *2005	**FS Champion de Luxe (DR)**	**FS Cocky Dundee (NiPo)**	**v. Cocky Dundas xx**
		St.Pr.St. FS Golden Fleur (DR)	**v. Golden Dancer (DR)**
	St.Pr.St. Charina (DR)	**Chantre B (DR)**	**v. Cath. Night Safe (GB)**
		Nina (DR)	**v. Nibelungenheld (DR)**
St.Pr.St. Hesselteichs Duschenka (DR) Fuchs *2001	**Donnerblitz (DR)**	**Donnerwetter (DR)**	**v. Dancer (DR)**
		St.Pr.St. Night-Beauty (DR)	**v. Night-Star I (DR)**
	St.Pr.St. My Sunshine (DR)	**Sunrise Moonlight (NiPo)**	**v. Bright Moon xx**
		St.Pr.St. Viktoria (DR)	**v. Valiant Starlight (DR)**

DR WESTFALEN
DE 441411521709
FALBHENGST
***25.3.2009**
STM.: 147 CM

ZÜCHTER
Theodor Arndt
58739 Wickede-Wiehagen

BESITZER
Danica Duen
Taubenweg 20
32545 Bad Oeynhausen
Tel.: 05731-91718
Mobil: 0170-5887542
Fax: 05731-9961
info@eliteponys.de
www.eliteponys.de

STATION
Hengststation Danica Duen

KÖRUNG
22.10.2011 in Verden (durch Hann.)

DECKEINSATZ ÜBER FS

COMPLIMENT

Familie: Der Vater Classic Dancer II, Vollbruder zum Dressurpony-Bundeschampion Classic Dancer I, wurde 2007 in Wickrath vom Rheinischen Pferdestammbuch gekört. Seine HLP legte er in Münster-Handorf mit der Gesamtnote 7,67 als Achtbester ab. Er erzielte Platzierungen in Reitpferde-, A- und L-Dressurprüfungen. Aus seinem ersten Jahrgang wurde sein Sohn Compliment gekört und als 2. Reservesieger in Verden ausgezeichnet.

Für die Mutter St.Pr.St. Die Diva A ist der gekörte Compliment ihr erstes Fohlen.

Der Muttervater Danny Gold gehört zu den Vertretern der Dandy-Hengstlinie. Seine Hengstleistungsprüfung legte er in Münster-Handorf als Reservesieger mit 8,39 ab und geht erfolgreich bis Dressurprüfungen der Klasse M (über 150 Siege und Platzierungen). 1998 war er Fünfter beim Bundeschampionat der dreijährigen Hengste. Seine Gewinnsumme beläuft sich auf über 5.000 Euro. Von seinen Söhnen konnten neun gekört werden, darunter der Prämienhengst Dreamcatcher. 27 seiner Töchter erhielten die Staatsprämie, wie die 2. Reservesiegerin der Westfälischen Elitestutenschau 2009, St.Pr.St. Djenny Royal, und Tochter Celebration, die 2011 die Staatsprämienschau in Magdeburg gewann. Seine Nachkommen Doro, Danny Beau, Marienhofs Danny Dancer und Danny's Dream sind bis M-Dressuren erfolgreich. Dexter verbuchte im Fahren Siege bis zur schweren Klasse. Seine Nachkommen verdienten im Viereck über 55.000 Euro. Seine Tochter Defilee de Mode wurde 2005 Vierte beim Bundeschampionat der dreijährigen Reitponys, 2006 Dritte bei den Vierjährigen, 2007 Fünfte bei den Vielseitigkeitsponys und 2008 Bundeschampionesse der Vielseitigkeitsponys. Danny Gold ist außerdem Muttervater des gekörten Don Miguel (v. Don Joshi AT I).

Aus der Großmutter Mina, die selbst erfolgreich in A-Dressuren an den Start ging, stammt noch die Verb.Pr.St. Heidele (v. Halenkino), die ihrerseits Mutter der Verb.Pr.St. Dana Gold (v. Danny Gold) wurde.

Die Urgroßmutter Nancy erzielte 46 Siege und Platzierungen in L-Dressuren und kam so auf eine Lebensgewinnsumme von 2.387 Euro.

Eigenleistung: Compliment wurde 2011 auf der Hannoverschen Ponykörung in Verden als Prämienhengstanwärter und 2. Reservesieger ausgezeichnet. Vom Pferdestammbuch Weser-Ems wurde er anerkannt. 2012 körten ihn auch das Westfälische und Rheinische Pferdestammbuch sowie das Pferdestammbuch Schleswig-Holstein/Hamburg.

Classic Dancer II (DR) Falbe *2005	**FS Champion de Luxe (DR)**	**FS Cocky Dundee (NiPo)**	**v. Cocky Dundas xx**
		St.Pr.St. FS Golden Fleur (DR)	**v. Golden Dancer (DR)**
	Ginette (DR)	**Golden Dancer (DR)**	**v. Dancer (DR)**
		Colette (DR)	**v. Conquistador (NiPo)**
St.Pr.St. Die Diva A (DR) Falbe *2005	**Danny Gold (DR)**	**Dornik B (DR)**	**v. Derano Gold (DR)**
		Pamina (DR)	**v. Power Boy (DR)**
	Mina (DR)	**Merlin (DR)**	**v. Rosedale Tiberius (GB)**
		Nancy (DR)	**v. Night-Star III (DR)**

DR WESER-EMS
DE 435350116609
SCHWARZBR. HENGST
***19.4.2009**
STM.: 147 CM

ZÜCHTER
Dr. Volker Suhren
26316 Varel

BESITZER
Dr. Volker Suhren
Wilhelmshavener Str. 37
26316 Varel
Tel.: 04451-959370
Mobil: 0173-6019488
Fax: 04451-959372
m.schild-suhren@gmx.de
www.pony-aus-friesland.de

STATION
beim Besitzer

KÖRUNG
12.11.2011 in Vechta (durch W-Ems)

DECKEINSATZ ÜBER NS

CORBINIAN

Familie: Der Holsteiner Vater Carry Gold wurde 2003 vom Oldenburger Verband gekört. Seine Eigenleistung bewies er durch seinen 30-Tage-Test in Vechta (9,2) und die Qualifikation für das Dressurpferde-Bundeschampionat. 2004 wurde er in Vechta als Hauptprämiensieger herausgestellt. Fünf seiner Söhne wurden gekört, darunter der Reservesieger der OS-Körung 2006 und Oldenburger Springpferde-Landeschampion Callistus und der in S-Springen erfolgreiche Carinus.

Die Großmutter Lady, eine verdiente Stute im Schulpferdebetrieb, wurde mit der Nachzuchtprämie ausgezeichnet und brachte das A-Vielseitigkeitspony Karlchen (v. Kaiserjäger xx), das für das Bundeschampionat qualifizierte Springpony Kensington (v. Kaiserjäger xx) und die in A-Springen und A–Dressuren erfolgreiche Stute Lavinia (v. Bayus), die den gekörten Hengst Balino (v. Burning Daylight; L-Dressur) brachte.

Die Urgroßmutter Tynycae Liza brachte die gekörten und im Fahrsport hocherfolgreichen Hengste Trefoil Lord Nelson (v. Livio) und Trefoil Travis (v. Trefoil Talisman), das S-Fahrpony Trefoil Tatoo (v. Trefoil Talisman) sowie die Stute Trefoil Lorett (v. Tetworth Crimson Lake), die Mutter der amtierenden Mannschafts-Weltmeister und Einzel-Vize-Weltmeister im Fahren, Braakmoor Conan und Braakmoor Clowny Clark, wurde. Die Tynycae Liza-Tochter El.St. Lili (v. Liverpool) wurde ihrerseits Mutter des gekörten Fahr-Multichampions Tizian (v. Elphicks Facade) und des ebenfalls gekörten und in S-Fahrprüfungen erfolgreichen Milano (v. Pennwood Milan). Aus Lili stammt auch in Anpaarung an Twylands Firecracker noch die Stute Larissa, die Mutter der Verb.Pr.A. Latina (v. Halifax) wurde, 2005 Siegerstute der Bezirksstutenschau in Aurich und I.-Preisträgerin der Bundesstutenschau in Warendorf, und ihrer Vollschwester Verb. Pr.A. Letizia, 2007 Reservesiegerin der Bezirksstutenschau in Aurich und 2. Reservesiegerin der Weser-Ems-Elitestutenschau in Hude. Letizias Tochter Verb.Pr.A. Liske (v. Hilkens Black Delight) gewann 2011 einen Ia-Preis bei der Weser-Ems-Bezirksstutenschau in Timmel und einen Id-Preis bei der Weser-Ems-Elitestutenschau in Hude-Wüsting. Die Lili-Tochter Linda (v. Twylands Firecracker) brachte das Dressurpony Chianti (v. Capello; siegr. L-Dressur, 2009 Teiln. Dt. Meisterschaften, 2010 10. Pl. beim Preis der Besten, 4. Pl. Dt. Meisterschaften). Die Lili-Tochter Lu Lu (v. Kelvin) avancierte 2003 zur Reservesiegerin der Weser-Ems-Bezirksstutenschau in Vechta und war 2. Reservesiegerin der Weser-Ems-Elitestutenschau in Hude. Aus der Lili-Tochter Lia (v. Penwood Milan) stammt der gekörte Hengst Tiamo (v. Tizian). Lilis Tochter St.Pr.A.Lili-Fee (v. Timing) stand 2010 auf der Ib-Position der Weser-Ems- Elitestutenschau in Hude-Wüsting.

Eigenleistung: Corbinian wurde 2011 im Rahmen der Körung des Pferdestammbuchs Weser-Ems in Vechta gekört und als Ie-Prämienhengst herausgestellt.

Carry Gold (Holst.) Schwarzbraun *2000	**Carry (Holst.)**	**Coronado (Holst.)**	**v. Corrado I (Holst.)**
		Okarina (Holst.)	**v. Roman (Holst.)**
	Kalinea (Holst.)	**Linaro (Holst.)**	**v. Landgraf I (Holst.)**
		Flair II (Holst.)	**v. Calando (Holst.)**
Lütte Deern (DR) Schwarzbraun *2004	**Henry (DR)**	**Heros (WB)**	**v. Cusop Hoity-Toity (WB)**
		Codina (DR)	**v. Aviso AA**
	Lady (DR)	**Livio (DR)**	**v. Liverpool (WB)**
		Tynycae Liza (WB)	**v. Chamberlayne Royalist (WB)**

ZÜCHTER
Hermann Koopmeiners
49692 Cappeln

BESITZER
Hermann Koopmeiners
Cappelner Damm 1
49692 Cappeln
Tel.: 04478-563

STATION
beim Besitzer

KÖRUNG
7.2.2010 in Neumünster (durch SHH)

DECKEINSATZ ÜBER TG,FS

VERERBUNGSDATEN
E-LGS 2011 203 Euro

DR WESER-EMS
DE 435350025007
FUCHSHENGST
***25.2.2007**
STM.: 145 CM

CORDICI K WE

Familie: Der Vater Champus K wurde 2003 vom Pferdestammbuch Weser-Ems gekört. 2005 legte er seine HLP in Prussendorf mit gesamt 8,25 ab. Er wurde erfolgreich im Springsport bis zu Springpferdeprüfungen der Klasse L eingesetzt. Seine Tochter St.Pr.St. Sophia gewann die Weser-Ems Bezirksstutenschau in Uelsen. Auf der Weser-Ems-Elitestutenschau gewann sie ihre Klasse und wurde Reservesiegerstute. Ihr Sohn Champagner Royale war 2010 Siegerfohlen des Deutschen Fohlenchampionats in Lienen. Mit Cordici K WE wurde sein erster Sohn gekört.

Die Mutter Modena S wurde 2009 Siegerstute auf der Weser-Ems-Jubiläumsschau in Hude-Wüsting der älteren Reitponystuten. Sie wurde siegreich in Dressurpferdeprüfungen der Kl. A vorgestellt. Sie ist auch Mutter der St.Pr.A. Madeira K (v. Halifax), 2011 Reservesiegerin der Weser-Ems-Elitestutenschau in Hude-Wüsting und Vierte beim Deutschen Elite-Stutenchampionat in Lienen.

Der Muttervater Coelenhage's Purioso wurde 1995 in den Niederlanden geboren und 1999 dort auch gekört. Er legte seine Leistungsprüfung als Bester ab, ebenso wie schon sein Vater Coelenhage's Let's be the best. Coelenhage's Purioso nahm 2004 unter der dänischen Reiterin Sofie Jeppesen an der Dressur-EM in Jaszkowo/POL teil. Mit der Mannschaft erreichten sie Platz vier. 2004 gewann Coelenhage's Purioso die Dänische Meisterschaft im Vallensbaek Equestrian Centre, nachdem er 2003 bereits Vizemeister war.

Die Großmutter St.Pr.St. Chantelle brachte auch die St.Pr.St. HB Dream Girl (v. FS Don't Worry), 2003 Siegerstute der Elitestutenschau im Rheinland, 2003 und 2004 Reitpony-Bundeschampionesse und 2011 EM-Mannschafts-Bronzegewinnerin in Jaszkowo/POL. Ihre Tochter St.Pr.St. Dark Surprise (v. FS Champion de Luxe) wurde 2006 Siegerstute der Elitestutenschau im Rheinland sowie 2006 und 2007 Vize-Bundeschampionesse der drei- bzw. vierjährigen Reitponys.

Aus dem berühmten Stamm der Minigirl xx kommen weiterhin die gekörten Hengste Clinton (v. Chantre B), Cavalli (v. FS Champion de Luxe) und FS Charly Brown (v. FS Champion de Luxe), Lupus (v. Luzifer), Massud xx (v. Chief xx), Malvolio xx (v. Caran d'Ache xx), Fürst Compliment I und II (beide v. Fürst Heinrich) sowie die St.Pr.St. FS Dark Magic (v. FS Don't Worry), 2002 Siegerin der Elitestutenschau im Rheinland und Bundeschampionesse sowie 2005 Siegerstute der Bundesstutenschau in Warendorf, und die St.Pr.St. Dark Shadow (v. FS Don't Worry), 2003 Reservesiegerstute der Elitestutenschau im Rheinland und Vize-Bundeschampionesse der Reitponys.

Eigenleistung: Cordici K WE wurde 2010 vom Pferdestammbuch Schleswig-Holstein/Hamburg und vom Hannoverschen Verband gekört. 2011 folgte die Anerkennung durch das Pferdestammbuch Weser-Ems. Cordici K ging im selben Jahr siegreich in Reitpferde- und Eignungsprüfungen, platzierte sich in Dressurpferdeprüfungen der Klasse A und nahm am Bundeschampionat der vierjährigen Hengste teil.

Champus K (DR) Fuchs *2001	**Champagner W (DR)**	**Constantin (WB)**	**v. Whatton Copper Beech (WB)**
		El.St. Lamina (Hann.)	**v. Lungau (Hann.)**
	Verb.Pr.St. Piaza K (DR)	**Top Nonstop (DR)**	**v. Nantano (DR)**
		St.Pr.St. Pretty Kaiserin (DR)	**v. Kaiserjäger xx**
Modena S (DR) Braun *1999	**Coelenhage's Purioso (NiPo)**	**Coelenhage's Let's Be The Best (NiPo)**	**v. Brakenhoeve's Emiel (WB)**
		Coelenhage's Lady Primeur (NiPo)	**v. Ijsselvlied's Primeur (WB)**
	St.Pr.St. Chantelle (DR)	**Chantre B (DR)**	**v. Catherston Night Safe (GB)**
		St.Pr.St. Night Mare (DR)	**v. Catherston Night Safe (GB)**

DR RHEINLAND
DE 443435008605
FUCHSHENGST
***28.3.2005**
STM.: 147 CM

ZÜCHTER
Ferienhof Stücker
47652 Weeze

BESITZER
Gestüt Kastanienhof (u. Ferienhof Stücker)
Garreler Str. 10
26197 Sage-Haast
Tel.: 04435-970935
Mobil: 0173-8930935
Fax: 04435-916675
info@gestuet-kastanienhof.com
www.gestuet-kastanienhof.com

STATION
beim Besitzer

KÖRUNG
3.11.2007 in Wickrath (durch Rheinl.)

EIGENLEISTUNG
HLP 2009 in Neustadt/D. 8,65 (3./19)

DECKEINSATZ ÜBER FS

VERERBUNGSDATEN
E-LGS 2011 1079 EURO

FS CRACKER JACK

Gekörte Hengste: 1 - Cinemaxx

Familie: Der Vater FS Champion de Luxe war Körungssieger, HLP-Sieger, zweifacher Reitpony-Bundeschampion, zweifacher Dressurpony-Bundeschampionatsfinalist, Bundessiegerhengst und erzielte zahlreiche Erfolge bis L-Dressuren.
Die Mutter St.Pr.St. FS Do it war 2003 unter Georg Wilbers Vize-Bundeschampionesse (6j. Spr.), nachdem sie sich 2000 in Warendorf an sechster (3j. St. u. W.) und 2002 ebenfalls an sechster Stelle platzieren konnte (5j. Spr.). Auf der 14. internationalen Welsh Schau 2003 in Aachen gewann sie die Titel der Internationalen Supreme Reservesiegerin Welsh Partbred und Reservesiegerin Welsh Partbred. Mit ihrer Mutter St.Pr.St. FS Golden Sunlight und ihrer Vollschwester St.Pr.St. FS Golden Starlight gewann sie 2000 den Titel der Bundessiegerfamilie. Neben FS Cracker Jack brachte FS Do it noch die St.Pr.St. FS Cascada (v. FS Champion de Luxe; Rpf.).

Die Großmutter St.Pr.St. FS Golden Sunlight war 1995 unter Jana Freund Vize-Bundeschampionesse (4j. St. u. W.) und gewann 1994 und 1995 das Rheinische Ponychampionat. 1996 und 2000 kamen die Titel der Bundessiegerstute hinzu. FS Golden Sunlight brachte die gekörten Hengste FS Don't Worry (v. FS Dacapo Doro; Inter I) und FS Chambertin (v. FS Champion de Luxe; A-Dr.). Neben FS Do it (v. Dornik B; 2003 2. Pl. 6j. Spr.) nahmen noch zwei weitere Töchter der FS Golden Sunlight mit Erfolg an den Bundeschampionaten teil: FS Golden Starlight (v. Dornik B; 1999 4. Pl. 3j. St. u. W und FS Donna Domani (2002 7. Pl. 3j. St. u. W.). FS Golden Starlight wurde Mutter der Bundeschampionatsfünften FS Champions Starlight (v. FS Champion de Luxe) und des gekörten Hengstes FS Concorde (v. FS Champion de Luxe). FS Donna Domani lieferte mit FS Champion de Luxe den 2007 im Rheinland gekörten Cremant de Luxe.
Die Urgroßmutter Eileen 2 war vor ihrem Zuchteinsatz bis zur Deutschen Meisterschaft erfolgreich. In der Zucht lieferte sie drei gekörte und sporterfolgreiche Hengste: FS Golden Moonlight, FS Pour l'Amour und FS Challenger.

Eigenleistung: FS Cracker Jack wurde 2007 in Wickrath vom Rheinischen Pferdestammbuch gekört und 2008 von Weser-Ems und Hannover ins Hengstbuch I eingetragen. 2009 legte er seine HLP in Neustadt/D. mit 8,65 als 2. Reservesieger ab, kurz nachdem er beim Bundeschampionat der vierjährigen Hengste die Bronzemedaille unter seiner Ausbilderin Julia Coldewey gewonnen hatte. Im Jahr zuvor hatte er in Warendorf bereits Platz vier bei den dreijährigen Hengsten belegt. 2010 kam in Warendorf unter der jungen Leonie Richter Platz elf beim Bundeschampionat der fünfjährigen Dressurponys hinzu. 2011 erhielt FS Cracker Jack bei der Bundeshengstschau in Berlin die FN-Bundesprämie. Außerdem wurde er als Siegerhengst der Weser-Ems-Hengstprämierung herausgestellt. Er verbuchte Siege und Platzierungen bis L-Dressuren.

FS Champion de Luxe (DR) Falbe *1998	**FS Cocky Dundee (NiPo)**	**Cocky Dundas xx**	**v. Mandamus xx**
		Bloklands Sheila (NiPo)	**v. Valentino (NiPo)**
	St.Pr.St. FS Golden Fleur (DR)	**Golden Dancer (DR)**	**v. Dancer (DR)**
		Petit Fleur (DR)	**v. Power Boy (DR)**
St.Pr.St. FS Do it (DR) Fuchs *1997	**Dornik B (DR)**	**Derano Gold (DR)**	**v. Derano (DR)**
		Verb.Pr.St. Dubary (DR)	**v. Derbino (DR)**
	St.Pr.St. FS Golden Sunlight (DR)	**Golden Dancer (DR)**	**v. Dancer (DR)**
		Eileen 2 (DR)	**v. Black Magic (WB)**

Nachkommen: Gleich aus dem ersten Jahrgang des FS Cracker Jack wurde sein Sohn Cinemaxx in Verden gekört.

DR SCHLESW.-HOLST.
DE 422220055409
CREMELLOHENGST
***8.5.2009**
STM.: 145 CM

ZÜCHTER
Peter Böge
24220 Schönhorst

BESITZER
Peter Böge
Steendiek 2
24220 Schönhorst
Tel.: 04347-3382
Mobil: 0171-9915069
Fax: 04347-709752
info@gestuet-steendiek.de
www.gestuet-steendiek.de

STATION
beim Besitzer

KÖRUNG
11.2.2012 in Neumünster (durch SHH)

DECKEINSATZ ÜBER NS

STEENDIEKS CREAM OF GLORY

Familie: Der Vater FS Chambertin, 2006 vom Rheinischen Pferdestammbuch gekört, gewann 2008 seinen Kurztest in Schönhorst mit der Note 8,5. 2009 gewann er seinen 30-Tage-Test in Neustadt/D. mit der Note 8,51. Aufgrund seiner Größe kann er nicht in Ponyprüfungen starten, sondern muss sich gegen Großpferde behaupten, was ihm bisher überzeugend gelang. So hat er Siege und Platzierungen von Eignungsprüfungen und Reitpferdeprüfungen bis zu Dressurprüfungen der Klasse A erreicht. Zehn seiner Söhne wurden bisher gekört, darunter Tackmann's Croissant, der unter Sophienhöh's Cognac im Hengstregister geführt wird und Bronze beim Reitpony-Bundeschampionat gewann. Auf der Körung des Pferdestammbuches Schleswig-Holstein/Hamburg 2012 stellte FS Chambertin, neben dem 1. Reservesieger Steendieks Cream of Glory, noch den Prämienhengst Steendieks Cremeschnitte sowie zwei weitere gekörte Hengste.

Die Mutter Lissy, 2004 Siegerstute der Elitestutenschau in Padenstedt, brachte Prince of Glory (v. Triple Trees Boris), 2010 Siegerhengst in Schleswig-Holstein/Hamburg und Landeschampion sowie 2011 Vize-Landeschampion, und Steendieks Champ of Glory (v. FS Chambertin). Letzterer war 2008 Siegerfohlen des Schleswig-Holstein/Hamburg-Fohlenchampionats in Bad Segeberg. 2011 wurde er Siegerhengst in Neumünster. Nach seinem Sieg beim Landeschampionat holte er sich unter Wenke Kraus mit Höchstnoten (18,5 im Fremdreitertest) Silber beim Bundesschampionat der dreijährigen Hengste.

Der Muttervater The Braes My Mobility lieferte 19 gekörte Söhne, darunter die Siegerhengste Eiluns Monopoly, Montgomery, Monte Christo und Manchester United. Sein Sohn Mad Max WE wurde 2011 Bundeschampion der fünfjährigen Dressurponys. Außerdem ist er väterlicher Großvater des Bundeschampions der sechsjährigen Dressurponys 2011, Massimiliano (v. Monsun N).

Aus der in Dänemark gezogenen Großmutter St.Pr.St. Lizetta Vra stammen die gekörten Hengste Montelino N (v. The Braes My Mobility; 2008 2. Pl. Bch 5j. Spr.; L-Spf.), Monte Christo (v. The Braes My Mobility; L-Dr.), Giorgio N (v. Grisu N; 2008 8. Pl. Bch. VS, M-Spr.) und Rashing Boy (v. Racket; L-Spr.). Weiterhin brachte Lizetta Vra noch die St.Pr.St. Lolita (v. Windsor N), Mutter der Springpony-Bundeschampionatsfinalistin Libelle (v. Aragon N), die St.Pr.St. Loreley (v. Hondsrug Don Gregory N) und das Sportpony Honeur (v. Harley N; 2005 4. Pl. Bch. 5j. Dr., 2007 9. Pl. DM, 2008 7. Pl. DM u. 2008 Landesmeister). Aus ihrer Tochter Larissa (v. Windsor N) stammt der gekörte Hengst Almonte N (v. Aragon N; M-Dr.).

Die Urgroßmutter Norika (v. Koheilan 1-16) brachte die L-Springstute Lambina (v. Linaro), aus der die Stute La Palma (v. Windsor N) kommt. Letztere wurde zweifache Hengstmutter: Antares N (v. Alcazar; M-Spr.) und Mondinos (v. Montego N).

Eigenleistung: Steendieks Cream of Glory wurde 2012 vom Pferdestammbuch Schleswig-Holstein/Hamburg gekört und als erster Reservesieger herausgestellt.

FS Chambertin (DR) Falbe *2004	**FS Champion de Luxe (DR)**	**FS Cocky Dundee (NiPo)**	**v. Cocky Dundas xx**
		St.Pr.St. FS Golden Fleur (DR)	**v. Golden Dancer (DR)**
	St.Pr.St. FS Golden Sunlight (DR)	**Golden Dancer (DR)**	**v. Dancer (DR)**
		Eileen 2 (DR)	**v. Black Magic (WB)**
Lissy (DR) Falbe *2001	**The Braes My Mobility (WB)**	**Steehorst Maestro (WB)**	**v. Eyarth Harlequin (WB)**
		Anja (WB)	**v. Eastfields Emperor (WB)**
	St.Pr.St. Lizetta Vra (DR)	**Linaro (DR)**	**v. Lombard (DR)**
		Norika (DR)	**v. Koheilan (Arab.)**

Cyriac WE

Die Geschichte von Cyriac WE ist auch die Geschichte von August Ellers, einem der wohl bedeutendsten Hengsthalter und Züchter, an den hier noch einmal erinnert werden soll.

„August hatte wirklich einen besonderen Blick für Pferde und gelungene Anpaarungen“, erinnert sich Emma Ellers an ihren Mann, der 2011 im Alter von 78 Jahren verstarb. Und so sei es auch seine Idee gewesen, die Großpferdestute Agune mit dem eigenen Welsh-Stempelhengst Constantin anzupaaren. „Agune ging unter der jungen Marion Janssen erfolgreich in Springprüfungen der Klassen A und L. Als sie wegen einer Verletzung nicht mehr im Sport eingesetzt werden konnte, gaben sie Janssens schweren Herzens ab.“ August Ellers, der zusammen mit seiner Frau Emma im niedersächsischen Emstek eine hoch angesehene Hengststation betrieb, die Emma Ellers inzwischen mit der gemeinsamen Tochter Hildegard Luttmann-Ellers fortführt, zog seine ersten Hengste, die Vollbrüder Condor I und II, auch aus der Passerpaarung Constantin mal Großpferd. „Zwar brachte die vom Celler Landbeschäler Atatürk und dem Vollblüter Der Löwe xx abstammende Agune nur zwei Fohlen, aber die hatten es beide wirklich in sich“, fährt Emma Ellers fort. So wurde 2000 Concierge WE geboren. Der Braune avancierte 2003 zum Oldenburger Landeschampion und belegte Platz fünf beim Bundeschampionat der dreijährigen Rcitponys. 2004 gab es unter seiner Ausbilderin Andrea Müller-Kersten sogar Silber im Warendorfer Reitpony-Viereck. Unter Maria Theussen kam 2006 noch ein zwölfter Platz beim Bundeschampionat der sechsjährigen Dressurponys mit hinzu.

Ein Jahr nach Concierge WE kam Cyriac WE auf die Welt. „Dem sah man gleich an, dass das ein richtig Guter ist. Er war unheimlich edel modelliert und bewegte sich wirklich exzellent“, erzählt Emma Ellers. Gemäß der Philosophie von August Ellers musste sich auch Cyriac WE im Sport beweisen. Beim Bundeschampionat war der Braune denn auch klar auf Titelkurs, nachdem er die Qualifikation bereits mit 8,8 überlegen gewonnen hatte. „Und dann springt er im Finale bei einem Blumenpott weg und vertritt sich. Da fielen uns wirklich sprichwörtlich die Jalousien runter“, kann Emma Ellers das Malheur, dass das schon sicher geglaubte Gold zunichte machte, bis heute nicht fassen. Doch 2005 nahm Cyriac WE, nach dem Gewinn des Landeschampionats, erneut Anlauf – und diesmal störten ihn kein „Blumenpott“ oder sonstige „Ungchcuer“ ... Ergebnis: Bundeschampion unter Andrea Müller-Kersten.

Cyriac WE unter Andrea Müller-Kersten und sein Züchter August Ellers.

Und was zeichnet Cyriac WE besonders aus? „Der Ehrgeiz, den er von seinem Vater Constantin geerbt hat. Die Constantine sind einfach Kämpfernaturen, die man auf seine Seite bringen muss und die dann wirklich immer und überall einsetzbar sind und alles geben.“

Diese Eigenschaften stellte Cyriac WE auch bei seiner HLP in Münster-Handorf unter Beweis, die er als Reservesieger absolvierte, sowie bei zahlreichen weiteren Siegen und Platzierungen in L-Dressuren.

2007 wurde Cyriac WE als Siegerhengst der Hengstprämierung des Pferdestammbuchs Weser-Ems herausgestellt und in die begehrte Prämienklasse I eingestuft. 2010 erfolgte der Verkauf in die USA. „Betrachtet man die aktuellen Zuchterfolge des Cyriac, dann kann man sich natürlich fragen, ob es richtig war, den Hengst abzugeben.“ Aber es sei für Emma und August Ellers immer ein Erfolgsrezept ihrer Station gewesen, die Hengste meist in einem Alter von zehn Jahren zu verkaufen.

Der gekörte Cyranno unter Steffen Müller

Das, was Emma Ellers zum Grübeln über den Verkauf des Cyriac veranlasst, sind die Schlagzeilen, für die die Cyriac-Kinder sorgen. So gewann der Hannoversche Siegerhengst Caramel WE 2011 das Bundeschampionat der dreijährigen Hengste. Im Sattel saß Andrea Müller-Kersten, die ja schon den Vater Cyriac WE zum Sieg geführt hatte.

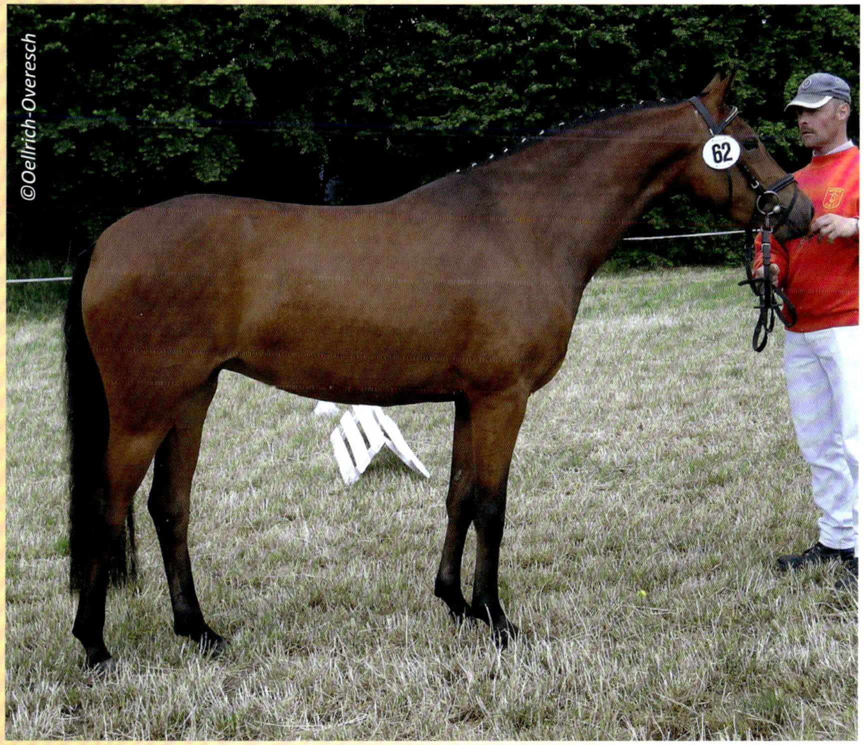

Traumstute Hellfire

Die Bundeschampionate sind ein bevorzugtes Tummelfeld der Cyriac-Nachkommen. Beispiele? Carino S avancierte 2010 zum Bundeschampion der Fahrponys in Moritzburg. Cacau belegte 2011 Rang acht beim Springpony-Bundeschampionat und Chunky Monkey WE war Vierter bei den vierjährigen Stuten und Wallache.

Insgesamt wurden fünf Söhne des Cyriac WE gekört: **Venustas Crazy Boy,** Cendrix, Caramel WE, Cyranno und der Reservesieger der Weser-Ems-Körung 2009, Casanova.

Achter beim Springpony-Bundeschampionat, Cacau mit Jacqueline Bührmann

2007 gewann die Cyriac-Tochter Coco Chanel das Weser-Ems-Fohlenchampionat, wurde als bestes Stutfohlen Deutschlands auf dem Deutschen Fohlenchampionat in Lienen herausgestellt und für den Spitzenpreis von 12.000 Euro über die Oldenburger Herbst Elite-Auktion in Vechta verkauft. Überhaupt sind die

Die Weser-Ems-Casting-Siegerin
Verb.Pr.St. Ladina

Töchter des Cyriac WE eine Bank. Die Verb. Pr.St. Ladina sicherte sich 2008 bei der Weser-Ems-Elitestutenschau in Hude-Wüsting den Id-Preis und stand 2011 beim 6. Weser-Ems-Casting in der Klasse der fünf- und sechsjährigen Reitponys ganz vorn.

Auch Hellfire trumpfte bei der Weser-Ems-Elitestutenschau in Hude-Wüsting auf und nahm am Bundeschampionat teil, genau wie Riviera Star WE aus der Erfolgszucht von Jürgen Hinrichs. August Ellers firmiert als Züchter von Berlina WE, 2010 Reservesiegerin auf der 1. Norddeutschen Stutenschau in Vechta und 2. Reservesiegerin der Weser-Ems-Elitestutenschau in

Multi-Championesse Berlina WE mit Hildegard Luttmann-Ellers

Hude-Wüsting. Hildegard Luttmann-Ellers ritt die Dunkelfuchs-Stute außerdem zu Silber beim Landeschampionat.

Die Erfolgsmeldungen sind beeindruckend und halten die Erinnerung an Cyriac WE – und an August Ellers wach, der der Zucht mit vielen weitsichtigen Entscheidungen so wichtige Impulse zu geben vermochte.

Dr. Tanja Becker

Riviera Star WE unter Jantje Gerdes

ZÜCHTER
Sandra Petersen
Delmenhorst

BESITZER
Nobert Büscherhoff
Oberrecht 31 a
25436 Neuendeich
Tel.: 04122-927892
Mobil: 0172-9529958
reitpony-nb@gmx.de
www.reitponystation.de

STATION
beim Besitzer

KÖRUNG
12.11.2011 in Vechta (durch Weser-Ems)

DECKEINSATZ ÜBER NS

DR WESER-EMS
DE 435350062908
FUCHSHENGST
*9.5.2008
STM.: 142 CM

VENUSTAS CRAZY BOY

Familie: Der Vater Cyriac WE wurde 2003 vom Pferdestammbuch Weser-Ems gekört. Seine Hengstleistungsprüfung legte er als Reservesieger in Münster-Handorf mit der Note 8,44 ab. 2007 wurde er Hengstprämierungs-Sieger und in die Prämienklasse I eingestuft. Auch auf der sportlichen Schiene setzte er sich in Szene: 2005 wurde er Bundeschampion der vierjährigen Hengste. Fünf seiner Söhne sind bisher gekört worden. Chunky Monkey WE, ein weiterer seiner Nachkommen, belegte beim Bundeschampionat der vierjährigen Reitponys Platz vier im Finale. 2010 wurde Cyriac WE in die USA verkauft.

Die Mutter Juvena erhielt 1987 und 1988 bei der Weser-Ems- Verbandsschau einen Ia-Preis. 1987 erreichte sie den Ia-Klassensieg bei der Bundesstutenschau in Cloppenburg. Aus ihr stammen die hocherfolgreichen Fahrponys Jenny (v. Renoir), Julchen (v. Henry), Sir Henry (v. Henry) und Hugo (v. Henry). Ihre Tochter Jane (v. Nordstar) wurde Mutter des A-Fahrponys Heartbreaker (v. Henry) und der Stute Janina (v. Don Basilio), die 1998 einen Ia-Preis bei der Weser-Ems-Verbandschau in Cloppenburg erhielt, und den gekörten und in Reitpferdeprüfungen erfolgreichen Hakkon (v. Halifax), das L-Springpony Moccacchino WE (v. Mozart) und die beiden L-Dressurponys Dark Dancer (v. Deister) und Jule (v. Kenney WE) brachte. Aus der Juvena-Tochter Joy (v. Renoir) stammt der gekörte und in A-Dressurpferdeprüfungen erfolgreiche Popcorn (v. Plaisier).

Der Muttervater Bernstein wurde 1980 in Westfalen und 1981 in Weser-Ems gekört. Bernstein hat sich nachhaltig in der Ponyzucht verankert.

Aus der Großmutter El.St. Jadine stammen der Elitehengst Black Boy (v. Black Grannus) und der ebenfalls gekörte Chagall (v. Chopin; siegr. A-Spr.) sowie der bis hin zu Inter I-Dressurprüfungen erfolgreiche Bandos (v. Bajadere ox). Über Jatta (v. Bernstein) ist Jadine Großmutter der St.Pr./El.St. Jalla (v. Nordstern), die die gekörten Hengste Cebulon (v. Condor II; A-Spf.) und Rodrigo (v. Renoir; L-Dr.) brachte und die St.Pr.St. Jana (v. Viktorias Chirac), 1998 Siegerstute der Weser-Ems-Verbandsschau in Cloppenburg und Reservesiegerin Bundesstutenschau Warendorf sowie 1999 Landeschampionesse Rastede und 1998 und 1999 Vierte beim Bundeschampionat der drei- bzw. vierjährigen Reitponys. Jana wiederum stellte die St.Pr.St. Jasmin (v. Desperado K) sowie die Verb.Pr.Stuten Jarina (. Desperado K) und Jessica (v. Kennedy WE). Aus der Stute Jalla stammen auch die erfolgreichen Schaustuten St.Pr.St. Jette (v. Pilgrim's Red) und Janine WE (v. Dressman I; L-Dr.), 2004, 2005 und 2006 erfolgreiche Teilnehmerin an den Bundeschampionaten sowie 2008, 2009 und 2010 an den Deutschen Meisterschaften.

Eigenleistung: Venustas Crazy Boy wurde 2011 in Vechta vom Pferdestammbuch Weser-Ems gekört und erhielt 2012 die Anerkennung vom Pferdestammbuch Schleswig-Holstein/Hamburg.

Cyriac WE (DR) Braun *2001	**Constantin (WB)**	**Whatton Copper Beech (WB)**	**v. Whatton Lord Bruce (WB)**
		Meerpal Regina (WB)	**v. Paashaas (WB)**
	Agune (Hann.)	**Atatuerk (Hann.)**	**v. Atlas (Hann.)**
		Logik (Hann.)	**v. Der Loewe xx**
Juvena (DR) Fuchs *1984	**Bernstein (DR)**	**Boryko (Arab.)**	**v. Borys ox**
		Elfe (WB)	**v. Chirk Crogan (WB)**
	El.St. Jadine (WB)	**Heros (WB)**	**v. Cusop Hoity-Toity (WB)**
		Jutta (WB)	**v. Gaytime (WB)**

DR SCHLESW.-HOLST.
DE 422220055509
PALOMINOHENGST
*13.5.2009
STM.: 146 CM

ZÜCHTER
Peter Böge
24220 Schönhorst

BESITZER
Familie Tackmann
Rosenhof 1
24598 Boostedt
Tel.: 04393-2917
Mobil: 0171-7751996
Fax: 04393-979033
tackmann-boostedt@t-online.de

STATION
beim Besitzer

KÖRUNG
12.2.2012 in Neumünster (durch SHH)

DECKEINSATZ ÜBER NS

TACKMANN'S CREMESCHNITTE

Familie: Der Vater FS Chambertin wurde 2006 in Wickrath vom Rheinischen Pferdestammbuch gekört. 2008 gewann er seinen Kurztest in Schönhorst mit der Note 8,5. 2009 schloss sich der Sieg in seinem 30-Tage-Test in Neustadt/D. an: Note 8,51. Da er, aufgrund seiner Größe, nicht in Ponyprüfungen starten darf, misst er sich im Sport mit Großpferden. Verzeichnet sind Siege und Platzierungen in Eignungsprüfungen und Reitpferdeprüfungen sowie in Dressurprüfungen der Klasse A. Zehn seiner Söhne wurden bisher gekört, darunter Tackmann's Croissant, der unter Sophienhöh's Cognac im Hengstregister geführt wird und Bronze beim Reitpony-Bundeschampionat gewann. Auf der Körung des Pferdestammbuches Schleswig-Holstein/Hamburg 2012 stellte FS Chambertin, neben dem 1. Reservesieger Steendieks Cream of Glory, noch den Prämienhengst Tackmann's Cremeschnitte sowie zwei weitere gekörte Hengste.

Schon FS Chambertins Mutter St.Pr.St. FS Golden Sunlight war 1995 Vize-Bundeschampionesse der vierjährigen Stuten unter Jana Freund sowie Seriensiegerin in Reitponyprüfungen. So gewann sie 1994 und 1995 das Rheinische Ponychampionat. 1996 und 2000 kamen die Titel der Bundessiegerstute hinzu, und sie gewann mit ihren Töchtern, den Vollschwestern St.Pr.St. FS Golden Starlight und St.Pr.St. FS Do It (beide v. Dornik B) den Titel der Bundessiegerfamilie. Sie ist Mutter zum Stempelhengst FS Don't Worry (v. FS Dacapo Doro).

Die Mutter Felina brachte noch den in Reitpferdeprüfungen erfolgreichen Cool Man (v. FS Chambertin).

Der Muttervater Steendieks Goldfever wurde 2003 in Heide gekört. Er ging erfolgreich in Springpferdeprüfungen der Klasse A. Von seinen wenigen Nachkommen aus seinem kurzen züchterischen Einsatz ist bereits sein Sohn Guinnes hoch erfolgreich in der Dressur in den Klassen A und L. Goldfever ist Halbbruder zu den beiden gekörten Hengsten Steendieks Mad Max (v. Horsegate Minstral; siegr. L-Spf., M-Dr.) und Steendieks Con Capitol (v. Constantin; A-Dr., A-Spf.).

Die Großmutter Finja brachte in Anpaarung mit Moraco die A-Dressurponys Marry Poppins und Jerome.

In dritter Generation steht der Weser-Ems-Hengst Bernstein, Vater zahlreicher Sportponys.

Auch aus der vierten Mutter Feline (v. Wotan) stammen sporterfolgreiche Nachkommen, so das L-Dressurpony Pedro D (v. Patrik), das A-Spring- und -Dressurpony Fatima (v. Llanarth Fire Flyer), das A-Springpony Fiona (v. Llanart Fire Flyer), das A-Springpony Pirol (v. Pattrick) und das A-Springpony Filia (v. Llanarth Fire Flyer).

Eigenleistung: Steendieks Cremeschnitte wurde 2012 in Neumünster vom Pferdestammbuch Schleswig-Holstein/Hamburg gekört und als Prämienhengst herausgestellt.

FS Chambertin (DR) Falbe *2004	**FS Champion de Luxe (DR)**	**FS Cocky Dundee (NiPo)**	**v. Cocky Dundas xx**
		St.Pr.St. FS Golden Fleur (DR)	**v. Golden Dancer (DR)**
	St.Pr.St. FS Golden Sunlight (DR)	**Golden Dancer (DR)**	**v. Dancer (DR)**
		Eileen 2 (DR)	**v. Black Magic (WB)**
Felina (DR) Isabell *2004	**Steendieks Goldfever (DR)**	**Gerardus (DR)**	**v. Kingsmead Jewel Thief (WB)**
		Immaculada (Holst.)	**v. Capitol I (Holst.)**
	Finja (DR)	**Bernstein (DR)**	**v. Boryko ox**
		Finetta (WC)	**v. Morys (WD)**

DR WESER-EMS
DE 435350276008
PALOMINOHENGST
***11.4.2008**
STM.: 146 CM

ZÜCHTER
Rainer Hartel
24837 Schleswig

BESITZER
Familie Tackmann
Rosenhof 1
24598 Boostedt
Tel.: 04393-2917
Mobil: 0171-7751996
Fax: 04393-979033
tackmann-boostedt@t-online.de

STATION
beim Besitzer

KÖRUNG
12.2.2011 in Neumünster (durch SHH)

DECKEINSATZ ÜBER NS

VERERBUNGSDATEN
E-LGS 2011 418 EURO

TACKMANN'S CROISSANT

Familie: Der Vater FS Chambertin wurde 2006 in Wickrath vom Rheinischen Pferdestammbuch gekört und 2007 beim Pferdestammbuch Schleswig-Holstein/Hamburg ebenfalls ins Hengstbuch I eingetragen. 2008 legte er zunächst einen Kurztest in Schönhorst mit der Note 8,5 als Sieger ab. 2009 erreichte er bei seinem 30-Tage-Test in Neustadt/D. die Note 8,51. Aufgrund seiner Größe kann er nicht in Ponyprüfungen starten, sondern muss sich gegen Großpferde behaupten, was ihm bisher überzeugend gelang. So hat er Siege und Platzierungen von Eignungsprüfungen und Reitpferdeprüfungen bis zu Dressurprüfungen der Klasse A erreicht. Sechs seiner Söhne, alle aus seinem ersten Jahrgang, wurden bisher gekört, darunter die Silber- und Bronzemedaillengewinner beim Bundeschampionat der dreijährigen Hengste Steendieks Champ of Glory, der auch Siegerhengst seiner Körung war, und Tackmann's Croissant.

Die Mutter St.Pr.St. Mosella brachte auch das M-Springpony Pikeur (v. Pepe).

Der Muttervater Waldemar wurde 2004 vom Pferdestammbuch Schleswig-Holstein/Hamburg als Elitehengst ausgezeichnet. Sechs seiner Söhne wurden gekört: Holsteins William, Waterman und die beiden ebenfalls zu Elitehengsten gekürten Windsor N und Wimbledon.

Waldemar ist Muttervater zum gekörten Holsteins Harlekin und der Reservesieger- und 2. Reservesiegerstute der Schleswig-Holsteiner Elitestutenschau 2007, Holsteins Jessika (v. Horsegate Minstrel) und Holsteins Jasmin (v. Mahrdorf Trabant). Sein Halbbruder Orakel (v. Oglio xx) ist Muttervater zum gekörten Fehkamps Cöstelin (v. FS Champion de Luxe) und Fehkamps Mollingyou (v. St. Annens Monsieur), der 2006 Vize-Bundeschampion der fünfjährigem Springponys wurde. Orakel stellte 2004 mit Holsteins Offizier den Körsieger in Schleswig-Holstein, sein Sohn Holsteins Orcassio war auf dem Bundeschampionat der fünfjährigen Dressurponys in der Qualifikationsprüfung Dritter. Waldemar ist weiterhin Muttervater von First Pleasure (v. For Kids Only), der sich 2011 für das Bundeschampionat der fünfjährigen Dressurponys qualifizierte.

Aus der Großmutter St.Pr.St Mieze stammen das A-Dressur- und A-Springpony Waterman (v. Waldemar) mit Janne Friederike Meyer, das S-Fahrpony Merzedes (v. Waldemar) von Carina und Reiner Ochs, das L-Dressurpony Holsteins Mira (v. Waldemar) und die Stute Mosella (v. Dancer), die ihrerseits die St.Pr.Stuten Pia (v. Pascha) und Angel Eyes (v. Alexander) sowie das L-Dressurpony Pit (v. Pascha) brachte.

Eigenleistung: Tackmann's Croissant, der unter dem Namen Sophienhöh's Cognac im Hengstregister geführt wird, wurde 2011 in Neumünster vom Pferdestammbuch Schleswig-Holstein/Hamburg gekört. Beim Oldenburger Landeschampionat in Rastede gewann er Silber, beim Bundeschampionat der dreijährigen Hengste Bronze unter Wenke Kraus. Es stehen Siege und Platzierungen in Reitpferdeprüfungen zu Buche, die sich zu einer Gewinnsumme von 418 Euro addierten.

FS Chambertin (DR) Falbe *2004	**FS Champion de Luxe (DR)**	**FS Cocky Dundee (NiPo)**	**v. Cocky Dundas xx**
		St.Pr.St. FS Golden Fleur (DR)	**v. Golden Dancer (DR)**
	St.Pr.St. FS Golden Sunlight (DR)	**Golden Dancer (DR)**	**v. Dancer (DR)**
		Eileen 2 (DR)	**v. Black Magic (WB)**
St.Pr.St. Mosella (WB) Braun *1990	**Waldemar (WB)**	**Wotan (WB)**	**v. Twyford Miller (WA)**
		Odette (WB)	**v. Gredington Mynedydd (WB)**
	St.Pr.St. Mieze (WB)	**Forsyth.Sadat (WB)**	**v. Penucha Pert (WB)**
		Milli (WB)	**v. Cinnamon (WA)**

Cullerauge MSH

© www.foto-job.com

DR WESTFALEN
DE 441410253609
FALBHENGST
***21.3.2009**
STM.: 146 CM

CULLERAUGE MSH

ZÜCHTER
Christel Noltmann-Kröger
49549 Ladbergen

BESITZER
Sabina u. Marie-Sophie Hübner
Bautzenerstr. 15
32584 Löhne
Mobil: 0160-3695844
Fax: 05731-785239
info@elitepferde-ponys.de
www.elitepferde-ponys.de

STATION
beim Besitzer

KÖRUNG
27.11.2011 in Münster-H. (durch Westf.)

DECKEINSATZ ÜBER NS

Familie: Der Vater FS Champion de Luxe wurde 2000 in Aachen gekört. 2002 war er Sieger der HLP in Neustadt/D. 2003 gewann er die Bundeshengstschau in Berlin. Sportlich gesehen stehen 2001 und 2002 der Sieg bei den Reitpony-Bundeschampionaten in Warendorf zu Buch sowie Siege in L-Dressuren. FS Champion de Luxe ist Vater von mehr als 70 gekörten Söhnen, über 50 Staatsprämienstuten, zahlreichen Sportponys, Bundeschampions und Siegerstuten.

Die Mutter Vroni ist auch Mutter des gekörten und in A–Dressuren platzierten Natango (v. Nabucco R) und seines Vollbruders Nuno, der 2007 Siegerfohlen beim Deutschen Fohlenchampionat in Lienen war, anschließend als teuerstes Auktionsfohlen über die NRW-Pedigree-Auktion verkauft wurde, 2009 zum 2. Reservesieger der Westfälischen Körung avancierte und Siege in A-Springpponyprüfungen verbuchte. Vroni brachtte außerdem das Sportpony Na Bravo Nienett (v. Nabucco R), 2010 Teilnehmerin am Bundeschampionat der Vielseitigkeitsponys und siegreich in A-Springpony- und A-Geländeponyprüfungen.

Der Muttervater Van Gogh R wurde 1997 vom Pferdestammbuch Weser-Ems und 1998 vom Westfälischen Pferdestammbuch gekört. Seine HLP legte er 1999 in Münster-Handorf mit der Note 8,14 ab. Nachdem er 2000 Platz vier beim Bundeschampionat der fünfjährigen Springponys belegt hatte, wurde er 2001 bei den Sechsjährigen mit Ulrike Bruns im Sattel Bundeschampion. Zahlreiche Siege und Platzierungen in der Dressur bis zur Klasse L und im Springen bis zur Klasse M konnte er in seiner Sportkarriere erzielen. Vier seiner Söhne wurden bisher gekört, vier Töchter mit der Staatsprämie ausgezeichnet. Seine Nachkommen sind in allen Disziplinen erfolgreich und sorgten für eine Nachkommen-Lebensgewinnsumme von 13.899 Euro.

Die Großmutter Resi brachte das A-Springpony Chocoletta (v. Chantre B). Aus der Urgroßmutter Rosi (v. Rosedale Falcon) stammen das L-Dressurpony Asti D (v. Apslau xx) und die Sute Moni (v. Magister), die Mutter der in A-Dressuren erfolgreichen St.Pr.St. Nerle (v. Brillant), des A-Springponys Bocelli (v. Brillant), des Springpony-Bundeschampionatsteilnehmers Atreju WE (v. Apslau xx) und des M-Springponys Badman (v. Brinkum's Helmut) wurde.

Aus enger Verwandtschaft stammen noch die gekörten Hengste Constantin (v. Cardinal; M-F.), Jigolo (v. Jumbo), Reitland's Ramiro (v. Rubin) und Reitland's Tamaro (v. Mahrdorf Trabant; S-F.) sowie weitere hocherfolgreiche Sportponys.

Eigenleistung: Cullerauge MSH belegte 2009 auf dem Endring des Deutschen Fohlenchampionats in Lienen Platz fünf, nachdem er die Qualifikation auf dem Hof Kasselmann gewonnen hatte. 2011 folgte die Körung in Münster-Handorf für das Westfälische Pferdestammbuch.

FS Champion de Luxe (DR) Falbe *1998	**FS Cocky Dundee (NiPo)**	**Cocky Dundas xx**	**v. Mandamus xx**
		Bloklands Sheila (NiPo)	**v. Valentino (NiPo)**
	St.Pr.St. FS Golden Fleur (DR)	**Golden Dancer (DR)**	**v. Dancer (DR)**
		Petit Fleur (DR)	**v. Power Boy (DR)**
Vroni (DR) Rappe *1999	**Van Gogh R (DR)**	**Vivaldi (DR)**	**v. Valiant Starlight (DR)**
		Pepita (DR)	**v. Principal Boy (DR)**
	Resi (DR)	**Gamen (DR)**	**v. Goldfasan (DR)**
		Rosi (WB)	**v. Rosedale Falcon (WB)**

Cyrill WE

© Biss

DR WESER-EMS
DE 435350325306
PALOMINOHENGST
*4.3.2006
STM.: 146 CM

CYRILL WE

© BISS

ZÜCHTER
Anja van Horn
26789 Leer

BESITZER
Nadine Krause
Gestüt Erlenhof, Jährlingsstall
61350 Bad Homburg
Mobil: 0170-2729356 Fax: 06172-36348
ro4xs@aol.com
www.gestuet-erlenhof.de

STATION
Hengststation Holkenbrink
Oberort 20
48163 Münster Albachten
Tel.: 02536-1098 Mobil: 0171-1969693
Fax: 02536-8660
info@hengststation-holkenbrink.de
www.hengststation-holkenbrink.de

KÖRUNG
15.112008 in Vechta (durch W-Ems)
Siegerhengst

EIGENLEISTUNG
HLP 2010 in Münster-H. 8,75 (1./13)
2009 Bundeschampion

DECKEINSATZ ÜBER TG

VERERBUNGSDATEN
E-LGS 2011 1.142 EURO

Familie: Der Vater FS Champion de Luxe war Körungssieger, HLP-Sieger, zweifacher Reitpony-Bundeschampion, zweifacher Dressurpony-Bundeschampionatsfinalist, Bundessiegerhengst und erzielte zahlreiche Erfolge bis L-Dressuren. Mit seinen Nachkommen dominiert er das Geschehen in Zucht und Sport.

Der Muttervater Power Man wurde 1993 in Münster-Handorf gekört und als Reservesieger herausgestellt. Seine HLP legte er 1993 in Münster-Handorf mit dem Gesamtindex von 123,4 als Fünftbester ab. Über 100 Siege und Platzierungen in Dressuren der Klassen A, L und M zieren sein Erfolgskonto. Auf dem Bundeschampionat 1993 in Mannheim wurde er Achter bei den dreijährigen Reitponys. 1994 nahm er am Bundeschampionat der vierjährigen Reitponys teil. Seine Söhne Power Junior und Power Prie Boy wurden gekört, die Tochter Power Lady mit der Staatsprämie ausgezeichnet. Power Mans Nachkommen im Sport brachten ihm bisher eine Nachkommen-Lebensgewinnsumme von 25.143 Euro, darunter die im S-Fahrprüfungen erfolgreichen Pikkolino, Popeye II, Principe, Pierre und Paddington sowie Bon Rossi, der über 270 Siege und Platzierungen bis M-Dressuren erzielen konnte.

Die Großmutter Nuja ging erfolgreich in A-Dressuren. Ihr Sohn Power Junior (v. Power Man) war 1997 Prämienhengst in Münster-Handorf und siegte in L-Dressuren. Die Tochter St.Pr. St. Nicolen (v. Black Boy) erhielt 1996 einen Ib-Preis bei der Weser-Ems-Verbandsschau in Cloppenburg und einen Id-Preis bei der Bundesstutenschau in Warendorf. Die Nuja-Tochter Golden Fee wurde Mutter des gekörten Hengstes Northern Dancer (v. Heidbergs Nancho Nova).
Aus der Stutenfamilie der Antje kommen noch der gekörte Hengst Nekor (v. Nadler I) und zahlreiche weitere Sportponys.

Eigenleistung: Cyrill WE war 2008 Siegerhengst der Weser-Ems-Körung in Vechta. 2009 schloss sich unter Wiebke Stommel, nach Bronze beim Landeschampionat, der Sieg beim Bundeschampionat der dreijährigen Hengste an, wobei er von beiden Fremdreitern jeweils eine 9,5 erhielt. 2010 gewann Cyrill WE seine HLP mit der Rekordbewertung von 8,75, wobei er für seinen Schritt und seinen Trab die 10,0 erhielt. Beim Bundeschampionat der vierjährigen Hengste bekam er zweimal die 10,0 für seinen Schritt, siegte in beiden Prüfungen und wurde Vize-Champion. 2011 siegte er in Dressurpferdeprüfungen der Klassen A und L (gegen Großpferde) und qualifizierte sich unter seiner elfjährigen Besitzerin Nadine Krause für das Dressurpony-Bundeschampionat, wo er unter Bianca Nowag dann Bronze gewann.

FS Champion de Luxe (DR) Falbe *1998	FS Cocky Dundee (NiPo)	Cocky Dundas xx	v. Mandamus xx
		Bloklands Sheila (NiPo)	v. Valentino (WiPo)
	St.Pr.St. FS Golden Fleur (DR)	Golden Dancer (DR)	v. Dancer (DR)
		Petit Fleur (DR)	v. Power Boy (DR)
Neysna (DR) Braun *1995	Power Man (DR)	Power Boy (DR)	v. Downland Folklore (GB)
		Viola (DR)	v. Danny Black (DR)
	Nuja (DR)	Naphcal (DR)	v. Nadler II (DR)
		Dornroeschen (DR)	v. Dschingis-Khan (DR)

Nachkommen: Seine ersten Fohlen wurden in den Zuchtgebieten Weser-Ems, Hannover und Rheinland-Pfalz-Saar nahezu alle prämiert. Sein Stutfohlen aus der Vallery gewann eine Qualifikation für das Deutschen Fohlenchampionat in Lienen.

© www.horsemedia.de

FS Daddy Cool

DR RHEINLAND
DE 443430459706
FUCHSHENGST
***2.4.2006**
STM.: 147 CM

FS DADDY COOL

ZÜCHTER
Johannes Baumeister
47559 Kranenburg

BESITZER
Ferienhof Stücker
Brückerhöfe 3
47652 Weeze
Tel.: 02837-2324
Mobil: 0173-9770121
Fax: 02837-961861
Christiane.Wilbers@t-online.de
www.ferienhof-stuecker.de

STATION
beim Besitzer

KÖRUNG
8.11.2008 in Wickrath (durch Rheinl.)
Siegerhengst

EIGENLEISTUNG
KP 2009 in Schönhorst 8,49
2010 Bundeschampion

DECKEINSATZ ÜBER FS, TG

VERERBUNGSDATEN
E-LGS 2011 1.233 EURO

Familie: Der Vater FS Don't Worry war 1997 Reservesiegerhengst, 1998 und 1999 Bundeschampion (3j. bzw. 4j. H.), 2000 HLP-Sieger und geht inzwischen unter seiner Ausbilderin Jana Freund bis Inter I siegreich.

Die Mutter St.Pr.St. Charissa brachte auch den gekörte Steendieks FS Dali (v. FS Don't Worry), 2010 Vize-Landeschampion und 2011 Landeschampion Schleswig-Holstein/Hamburg. Ihre Tochter St.Pr.St. Giselle (v. FS Golden Highlight) ging 2006 auf dem Endring der Rheinischen Elitestutenschau. Sie wurde ihrerseits Mutter der St.Pr.St. Dynamik (v. FS Don't Worry), die Erfolge in Reitpferdeprüfungen erzielte.

Der Muttervater FS Cocky Dundee ist einer der profiliertesten Halbbluthengste in der Deutschen Reitponyzucht.
Die Großmutter St.Pr.St. Ginette war 1995 Siegerstute der Rheinischen Elitestutenschau und 1996 Resevesiegerin der Bundesstutenschau. Sie ist Mutter von sieben gekörten Söhnen: den Vollbrüdern Classic Dancer I (2009 1. Pl. Bch. 6j. Dr.), II und III (alle v. FS Champion de Luxe), Maverick (v. FS Maracaibo), FS Dandini (v. FS Don't Worry; 2004 8. Pl. Bch. 4j. H.), Dirty Dancer (v. FS Don't Worry; 2004 3. Pl. Rheinisches Championat 3j.) und Champagner de Luxe (v. FS Champion de Luxe; 2010 4. Pl. Bch. 3j. H.). Ihre fünf Töchter Melodie, Charissa, Coolness, Chayenne und Cinderella wurden ausnahmslos mit der Staatsprämie ausgezeichnet. Die St.Pr.St. Melodie (v. FS Maracaibo) ist Mutter der 2. Reservesiegerin der Elitestutenschau im Rheinland 2005, Desdemona (v. Dornik B). Die St.Pr.St. Charissa (v. FS Cocky Dundee) ist Mutter der Endring-Stute der Rheinischen Elitestutenschau 2006, Giselle (v. FS Golden Highlight). Die St.Pr.St. Coolness (v. FS Champion de Luxe) war 2007 Siegerstute der Elitestutenschau im Rheinland. Die St.Pr.St. Chayenne (v. FS Cocky Dundee) brachte den Rheinischen Siegerhengst Do it again (v. FS Don't Worry; A-Dr.), den Rheinischen Siegerhengst und zweifachen Bundeschampion FS Don't Worry Junior (v. FS Don't Worry), den NRW-Champion Diamond Dancer (v. FS Don't Worry) und die gekörten German Dancer (v. Geronimo B) und Der Tänzer (v. FS Don't Worry; Rpf.) sowie die St.Pr.St. Donna (v. FS Don't Worry), Mutter des Rheinischen Siegerhengstes Can Dance (v. FS Champion de Luxe; Rpf.).

Eigenleistung: FS Daddy Cool wurde 2008 in Wickrath vom Rheinischen Verband gekört und als Siegerhengst ausgezeichnet. 2009 wurde er Sieger des NRW-Championats und Vizebundeschampion der dreijährigen Hengste. Seine Kurzprüfung schloss er in Schönhorst mit der Gesamtnote 8,49 ab, dabei erhielt er in der Rittigkeit die 9,75. 2010 wurde er Rheinischer Landeschampion und Bundeschampion der vierjährigen Hengste. 2011 wurde er Reservesieger der Bundeshengstschau in Berlin und mit der Bundesprämie ausgezeichnet. Am Bundeschampionat der fünfjährigen Dressurponys nahm er mit Erfolg teil. Er konnte zahlreiche Siege und Platzierungen in Reitpferde- und Dressurpferdeprüfungen der Klasse A erzielen.

FS Don't Worry (DR) Fuchs *1995	FS Dacapo Doro (DR)	Derano Gold (DR)	v. Derano (DR)
		Karina (DR)	v. Downland Chorister (WB)
	St.Pr.St. FS Golden Sunlight (DR)	Golden Dancer (DR)	v. Dancer (DR)
		Eileen 2 (DR)	v. Black Magic (WB)
St.Pr.St. Charissa (DR) Braun *1999	FS Cocky Dundee (NiPo)	Cocky Dundas xx	v. Mandamus xx
		Blocklands Sheila (NiPo)	v. Valentino (NiPo)
	St.Pr.St. Ginette (DR)	Golden Dancer (DR)	v. Dancer (DR)
		Colette (DR)	v. Conquistador (NiPo)

Dance Star AT

Hier ist der Name Programm: Dance Star AT tanzte sich zu einmal Gold, zweimal Silber und einmal Bronze bei den Bundeschampionaten und gibt sein Talent auch an seine Nachkommen weiter.

Der Dressurpony-Bundeschampion 2009 Dance Star AT unter Bianca Nowag

Die Freude war Adolf Theo Schurf ins Gesicht geschrieben, als er bei der Körung des Westfälischen Pferdestammbuchs Ende November 2011 in Münster-Handorf die Glückwünsche für seinen 2. Reservesieger **Dreidimensional AT** entgegen nahm. Es war aber nicht allein die Freude über die Auszeichnung seines statiösen Dunkelfuchses, der Körkommission und Zuschauer gleichermaßen beeindruckt hatte, sondern auch die Freude über das gelungene Vererberdebüt von dessen Vater Dance Star AT, der mit **Del Estero AT** und **Big Dresscode** gleich noch zwei weitere gekörte Söhne aus seinem ersten Jahrgang stellte.

Dance Star AT ließ damit erneut keinen Zweifel, dass er in die Fußstapfen seines Vaters Dressman I treten möchte – und die sind ja nun nicht gerade klein ... Aber der Reihe nach, denn die Geschichte von Dance Star AT beginnt nicht im rheinischen Bedburg, wo

Boxennachbar seines Vaters in Bedburg: der 2. Reservesieger Dreidimensional AT

Adolf Theo Schurf seit etlichen Jahren eine hoch erfolgreiche Reitpony-Hengststation betreibt, sondern in Großbritannien. Dort entdeckte der Weser-Ems-Zuchtleiter Dr. Dieter Schön 1975 ein Stutfohlen von Chirk Caradoc aus einer Mutter von Kiry Cane Game. Die Welsh B-Stute

Del Estero AT ging in Münster-Handorf ebenfalls auf dem Prämienring

wurde zwar nur 124 Zentimeter groß, aber ihre Zuchtleistung überragt diese Größenangabe um ein Vielfaches. Auf dem Gestüt Kastanienhof der Familie Coldewey im niedersächsischen Sage-Haast brachte die kleine Supermama 20 Fohlen zur Welt – und begründete damit eine der wohl leistungsstärksten Stutenlinien in der modernen Ponyzucht. Über 25 gekörte Hengste gingen bislang daraus hervor.

Der inzwischen gekörte Big Dresscode 2009 auf dem Endring beim Deutschen Fohlenchampionat in Lienen

In Anpaarung mit Brillant fohlte Gina 1983 die Stute Giana, die ihrerseits Mutter der 1993 geborenen Gina (v. Folklore) wurde. Letztgenannte Dunkelbraune trug den Namen ihrer berühmten Großmutter wahrlich zu recht. „Da stimmte einfach alles: Schritt, Trab, Galopp, Interieur, Körper", gerät Adolf Theo Schurf ins Schwärmen. Und so gab es auch kein Halten mehr – der Stutentraum musste her. Doch Reinhard Kramer, der Gina als Fohlen gekauft hatte, wusste auch, was er da im Stall stehen hatte. Schließlich hatte Gina 1996 bei der Elitestutenschau des Pferdestammbuchs Weser-Ems (fast) ganz vorne gestanden und war auch bei der Bundesstutenschau mit einer Schleife dekoriert worden. „Wir haben lange verhandelt, aber dann gehörte sie mir", lächelt Adolf Theo Schurf noch heute verschmitzt, wenn er an den gelungenen Coup von damals denkt.

Zum Bundes- und EM-Multichampion Dressman I ergab sich jedenfalls eine Passerpaarung, der bislang sieben gekörte Hengste entsprungen sind. Der älteste, der 2001 geborene Der feine Lord AT marschierte schnurstracks vom Bundeschampionatssilber zum EM-Gold. Auch Dance Star AT betrat dreijährig die Warendorfer Bühne, musste sich aber, wie dann auch ein Jahr später im Klassement der Vierjährigen, hinter Noir de Luxe einreihen. Im Sattel saßen damals Daniela Waxenberger und dann Desiree Schurf, die Tochter von Adolf Theo Schurf, die schon Dance Stars Vater Dressman I zu EM-Gold geritten hatte. „Ganz ehrlich, die ‚Niederlagen' waren schon bitter. Aber wir haben auf unsere Chance gewartet – und die kam dann 2009 bei den fünfjährigen Dressurponys." Und hier machte Dance Star AT den Sack zu. Mit Einzelnoten bis 9,5 für den Trab und einer Gesamtbewertung von 9,0 tanzte Dance Star AT der Konkurrenz förmlich davon. Geritten wurde der Braune von Bianca Nowag, die auch die Silbergewinnerin Die kleine Liebe im Warendorfer Viereck unter dem Sattel hatte. Das Besondere daran: Es handelt sich dabei um eine Tochter des bereits erwähnten Dance Star-Vollbruders Der feine Lord AT.

2010 stellte sich Dance Star AT erneut dem Kräftemessen im Rahmen der inoffiziellen Meisterschaft der besten deutschen Nachwuchsponys und sicherte sich eine weitere Medaille – und zwar die Bronzene für den dritten Platz bei den sechsjährigen Dressurponys. Auch hier war es wieder die Gymnasiastin Bianca Nowag, die den Hengst vorstellte.

Und was zeichnet Dance Star AT besonders aus? Da muss Adolf Theo Schurf nicht lange überlegen: „Sein phänomenaler Typ, seine super Bewegungen und sein Interieur. Er ist wirklich genau so, wie Ponys sein müssen, damit sie ihren

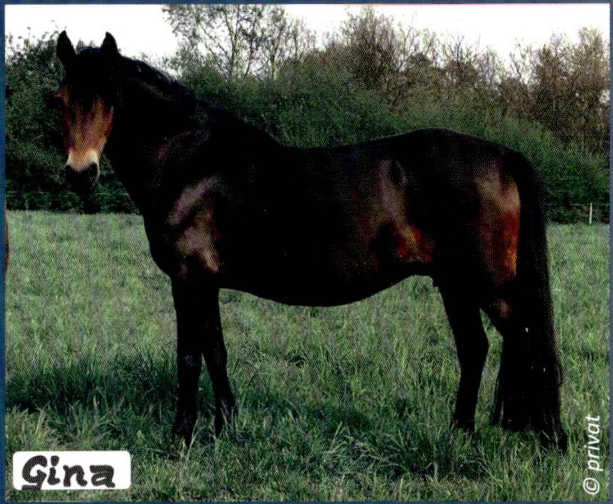

Stammmutter Gina

jungen Reitern Reitspaß vermitteln können. Hier stimmt einfach das Gesamtpaket." Was nützten spektakulärste Bewegungen, wenn ein kleiner Jockey sie nicht in vernünftige Bahnen lenken könne, fährt Adolf Theo Schurf fort. Die Ponyzucht dürfe nie aus dem Blick verlieren, dass ihr die Aufgabe zukomme, eine (hoffentlich) lebenslange Begeisterung für die Reiterei zu wecken. „Wenn die Kinder aber schon im Ponysattel nur Misserfolge ernten und sich dann auch die Eltern fragen, wozu sie den hohen finanziellen und zeitlichen Aufwand betreiben, der ja nun einmal damit verbunden ist, dann ist das Aufhören vorprogrammiert."

Für Dance Star AT soll es nun weitergehen. Nach dem altersbedingten Ausscheiden von Bianca Nowags hat er eine neue talentierte Reiterin. Das erste Saisonziel 2012 des neuen Paares heißt Preis der Besten im Mai in Warendorf. Und vielleicht trifft er hier ja seinen Vollbruder Der feine Lord AT, der inzwischen auch eine hochveranlagte neue Reiterin hat: Semmieke Rothenberger, die 2011 als jüngste Teilnehmerin überhaupt bei der EM in Polen half, Teamgold für Deutschland zu sichern.

Auch in Sachen Zucht soll es weitergehen. Und zwar nicht nur, was Dance Star AT selbst anbelangt. Auch von seiner Mutterstute erhofft sich Adolf Theo Schurf noch einiges: „Nachdem Gina zunächst zwei Stutfohlen brachte, fohlte sie acht Hengste in Folge. Da wurde ich schon etwas nervös und habe eine zu Beginn nach Luxemburg verkaufte Vollschwester des Dance Star AT zurückgekauft." Doch inzwischen habe Gina weitere Stutfohlen gebracht – das letzte Kapitel dieser Erfolgsgeschichte ist also noch lange nicht geschrieben …

Dr. Tanja Becker

Dance Stars Vollbruder Der feine Lord AT hier unter Joline Thüning, und jetzt unter Semmieke Rothenberger

© RECKI

DR WESTFALEN
DE 441411285604
BRAUNER HENGST
***4.2.2004**
STM.: 149 CM

ZÜCHTER
Adolf Theo Schurf
50181 Bedburg

BESITZER
Adolf Theo Schurf
Oberembter Str. 1
50181 Bedburg
Tel.: 02272-911929
Mobil: 0172-7104022
Fax: 02272-91190
info@reitpony.com
www.reitpony.com

STATION
beim Besitzer

KÖRUNG
3.12.2006 in Münster-H. (durch Westf.)
Siegerhengst

EIGENLEISTUNG
HLP 2008 in Münster-H. 8,63 (1./16)
2009 Bundeschampion

DECKEINSATZ ÜBER FS

VERERBUNGSDATEN
E-LGS 2011 1.706 EURO
N-LGS 2011 32 EURO

DANCE STAR AT

Gekörte Hengste: 3 – Dreidimensional AT, Del Estero AT, Big Dresscode
Staatsprämienstuten: 3

Familie: Der Vater Dressman I sorgte im Sport und in der Zucht für Furore.

Die Mutter St.Pr.St. Gina war Reservesiegerstute der Weser-Ems Elite-Stutenschau und brachte mit Dressman I die gekörten Hengste Der Feine Lord AT (2003 2. Pl. Bch. 3j. H., 2007 14. Pl. DM), D'Artagnon AT I (Siegerhengst; 2004 3. Pl. Bch. 3j. H.), D'Artagnon II und Dark Knight, 2007 in Westfalen Prämienhengst, der nach Großbritannien verkauft wurde. Aus der Gina stammen außerdem die beiden staatsprämierten Vollschwestern Donnerlittchen und Dulcinea Chupa (beide v. Dressman I) sowie die Stute Gina D, die Mutter des gekörten Prinz Piccolino (v. Pilgrim's Red) und dessen Vollschwester St.Pr.St. Grazia WE (2009 3. Pl. Bch. 6j. Dr.) wurde. Gina D war 2006 2. Reservesiegerstute der Elite-Stutenschau in Hude-Wüsting und belegte Platz fünf beim Bundeschampionat (3j. St. u. W.). Aus ihr stammt außerdem der Weser-Ems-Landeschampion 2007 und 2008 in Rastede, Rainman WE (v. Ruby Gold I).

Die Großmutter Giana war 1986 DLG-Siegerstute und wurde Mutter der gekörten Hengste Friedrichshof Dark Gigolo (v. AMD D'Agostino) und FH Maverick (v. Markgraf), der St.Pr.St. Auenhof's Grace (v. Mozart), die den gekörten Hengst Auenhof's Allstar (v. Alexander) lieferte, und der zweifachen Hengstmutter Gracia (v. Alexander), aus der die gekörten Vollbrüder Friedrichshof Night Gun (v. Nightfire; 2003 1. Pl. Bch. 6j. Spr.) und Friedrichshof Kaisergun (v. Kaiserwalzer) stammen.

Eigenleistung: Dance Star AT wurde 2006 in Münster-Handorf zum Westfälischen Siegerhengst gekürt. In seiner ersten Turniersaison verbuchte er 2007 vordere Platzierungen in Reitpferdeprüfungen und wurde in Warendorf unter Daniela Waxenberger Vize-Bundeschampion (3j. H.). 2008 schloss Dance Star AT seine HLP in Münster-Handorf als Sieger mit der Gesamtnote 8,63 ab. Jeweils an der Spitze lag er in den Teilkriterien Interieur, Trab, Schritt, Rittigkeit, an zweiter Stelle in allen anderen Kriterien wie Galopp, Springanlage und Geländeeignung. Im selben Jahr wurde er unter Desiree Schurf erneut Vize-Bundeschampion, diesmal bei den vierjährigen Hengsten. 2009 gewann er zunächst das Westfalen-Championat mit der Note 9,0, danach unter Bianca Nowag auch das Bundeschampionat der fünfjährigen Dressurponys, ebenfalls mit der Gesamtnote 9,0. Auch 2010 löste er wieder das Ticket für Warendorf
Nachkommen: Drei Söhne des Dance Star AT wurden bereits gekört: Dreidimensional AT (2011 2. Reservesieger der Westfälischen Körung), Del Estero AT (2011 Prämienhengst der Westfälischen Körung) und Big Dresscode. Ebenso wurden drei Töchter mit der Staatsprämie ausgezeichnet, Tamira in Mecklenburg-Vorpommern sowie in Münster-Handorf Daydream Ballerina und Darling Deleila, die zuvor bei ihrer SLP die Note 8,25 erreichte. Seine beiden Töchter Darling Deleila und MBF Golden Starlight WE sind bereits erfolgreich in Reitpferdeprüfungen.

Dressman I (DR) Fuchs *1988	**Domingo (DR)**	**Derby (DR)**	**v. Dandy (DR)**
		Valerina (DR)	**v. Valentino (GB)**
	St.Pr.St. Nadin (DR)	**Niklas I (DR)**	**v. Nijm ox**
		Verb.Pr./El.St. Suleika (DR)	**v. Shalom (WB)**
St.Pr.St. Gina (DR) Dunkelbraun *1993	**Folklore (NiPo)**	**Ponny Power Darling Boy (NiPo)**	**v. Downland Folklore (GB)**
		Brigitte (NiPo)	**v. El Malaak ox**
	Giana (DR)	**Brillant (GB)**	**v. Piran John Halifax (GB)**
		Gina (WB)	**v. Chirk Caradoc (WB)**

Dancing Dynamic

DR ZFDP
DE 410101232607
SCHIMMELHENGST
***20.5.2007**
STM.: 148 CM

ZÜCHTER
Gerhard Assmann
88145 Opfenbach

BESITZER
Equestrian-Center Opfenbach
Fachpraxis für Pferde
Mannsnetter Str. 28
88145 Opfenbach
Tel.: 08385-9220-0
Fax: 08385-9220-20
info@pferdeklinik-opfenbach.de
www.pferdeklinik-opfenbach.de

STATION
beim Besitzer

KÖRUNG
3.10.2009 in Alsfeld (durch Süddtsch.)

EIGENLEISTUNG
KP 2011 in Schönhorst (8,75)
2010 u. 2011 Bundeschampion

DECKEINSATZ ÜBER FS, TG

VERERBUNGSDATEN
E-LGS 2011 881 EURO

DANCING DYNAMIC

Familie: Der Vater FS Dior de Luxe war 2005 Reservesieger der Rheinischen Körung. 2006 erreichte er Platz vier beim Bundeschampionat der dreijährigen Hengste. 2007 holte er in Warendorf Bronze bei den vierjährigen Hengsten. 2008 belegte er Rang fünf bei den fünfjährigen Dressurponys. 2009 absolvierte er den Kurztest mit der Note 8,55. Zahlreiche Siege und Platzierungen in Dressurpferdeprüfungen der Klassen A und L gehen auf sein Erfolgskonto. Seine Gewinnsumme beträgt 1.375 Euro. Bereits aus seinem ersten Jahrgang konnten mit Don Joan, Dubai und Dancing Dynamic drei Hengste gekört werden. Insgesamt wurden acht seiner Söhne gekört, darunter der Rheinische Siegerhengst FS Calimero, der Bayerische Siegerhengst FS Dior's Daikiri und der beste Springhengst der Westfälischen Körung 2011, Dragonfly

Die Mutter St.Pr./El.St. Vivien brachte neben Dancing Dynamic noch den ebenfalls gekörten Hengst Chardonnay (v. Creston Dundee; L-Spf.), die Verb.Pr.St. Don't Worrys la Bonita (v. FS Don't Worry; Rpf.), das L-Springpony Forest Gump (v. FS Don't Worry) und die Verb.Pr.St. DVD (v. Douglas).

Der Muttervater Varello war 1995 Reservesieger seiner Körung in Westfalen.

Die Großmutter St.Pr.St. Ninive sammelte 78 Platzierungen bis M-Springen. 1987 belegte sie beim Bundeschampionat der vierjährigen Reitponys in Verden Rang sieben. Zudem ist sie im FN-Leistungsstutbuch B eingetragen und kommt auf eine Lebensgewinnsumme von 2.221 Euro. Ihr Sohn Dow Jones (v. Douglas) war 2002 Siegerhengst der Süddeutschen Körung und siegte bis L-Springen. Ninives-Tochter St.Pr.St. Ninivetta (v. Dornik B; A-Dpf.) brachte den gekörten Hengst Don Diego (v. Douglas; A-Spf.), die St.Pr.St. Destany (v. FS Don't Worry; L-Dr.) und die Verb.Pr.St. Die Douglas (v. Douglas; A-Spr.). Außerdem wurde Ninive Mutter der St.Pr.St. Coco Chanel (v. Creston Dundee), 2004 Ih-Preisträgerin der Bayerischen Landesstutenschau in München-Riem, und der Verb.Pr.St. Douglas Red Sun (v. Douglas), 2009 Jugendchampionesse beim Bayerischen Jugendchampionat in Finning. Letztere brachte mit Tomi Hilfiger das Siegerfohlen der Qualifikation für das Deutsche Fohlenchampionat auf dem Gestüt Birkhof 2010.

Eigenleistung: Dancing Dynamic wurde 2009 in Alsfeld süddeutsch gekört. 2010 wurde er unter Stefanie Görlich Bundeschampion der dreijährigen Hengste. 2011 folgte die Körung vom Westfälischen Verband. Den Kurztest in Schönhorst beendete er mit 8,75 als bester Hengst. Er erhielt für seinen Schritt und die Rittigkeit die 9,0, Trab. Galopp und Springen wurde jeweils mit 8,5 bewertet. Beim Bundeschampionat der vierjährigen Hengste war er erneut nicht zu schlagen. Von den Fremdreitern erhielt er gesamt 19,5 Punkte. Siege und Platzierungen in Reitpferde- und Dressurpferdeprüfungen der Klasse A gehen auf sein Erfolgskonto. So siegte er beim Dressurfestival in Marbach in der Reitpferdeprüfung u.a. gegen Großpferde, so auch gegen den süddeutschen Champion.

FS Dior de Luxe (DR) Palomino *2003	**FS Don't Worry (DR)**	**FS Dacapo Doro (DR)**	**v. Derano Gold (DR)**
		St.Pr.St. FS Golden Sunlight (DR)	**v. Golden Dancer (DR)**
	St.Pr.St. FS Golden Fleur (DR)	**Golden Dancer (DR)**	**v. Dancer (DR)**
		Petit Fleur (DR)	**v. Power Boy (DR)**
St.Pr./El.St. Vivien (DR) Schimmel *1998	**Varello (DR)**	**Valento (DR)**	**v. Valentino (GB)**
		Daggy (DR)	**v. Domingo (DR)**
	St.Pr.St. Ninive (DR)	**Nedo II (DR)**	**v. Nijm ox**
		Natascha (DR)	**v. Nalet ox**

DR ZFDP
DE 310100087392
PALOMINOHENGST
*19.3.1992
STM.: 145 CM

GLEISBERG DAIQUIRY

© WAGNER

ZÜCHTER
Kurt Stoll
65468 Trebur

BESITZER
Werner Elberich
Parkstr. 14 c
64289 Darmstadt

STATION
Hengststation Danica Duen
Taubenweg 20
32545 Bad Oeynhausen
Tel.: 05731-91718
Mobil: 0170-5887542
Fax: 05731-9961
info@eliteponys.de
www.eliteponys.de

KÖRUNG
12.03.2002 in Griesheim (durch Hess.)

EIGENLEISTUNG
über Turniererfolge
(bis Dressur Kl.S erfolgreich)

DECKEINSATZ ÜBER FS

VERERBUNGSDATEN
E-LGS 2011 4.499 EURO
N-LGS 2011 934 EURO

Familie: Der Vater Derby wurde 1979 vom Rheinischen Pferdestammbuch gekört und als Siegerhengst herausgestellt. 1981 war er Rheinischer Vizechampion der vierjährigen Reitponys. Er war siegreich in Dressurprüfungen der Klasse A. Elf seiner Söhne wurden gekört, darunter Domingo, dem als Vater von Dressman I besondere Bedeutung zu kommt. Der Derby-Sohn Desteny war 1985 Vize-Bundeschampion der vierjährigen Reitponys mit Heiner Schiergen und 1989 in Frankfurt DLG-Sieger. Er wurde erfolgreich bis zur Klasse S vorgestellt. Vier Derby-Töchter wurden mit der Staatsprämie ausgezeichnet. Dorina wurde Mutter des gekörten Arts-Ramason (v. Ramagun), der 1996 und 1997 Platz elf bei den Bundeschampionaten der fünf- und sechsjährigen Dressurponys belegte und über 100 Platzierungen erzielte, davon 14 Siege in der Klasse L, und des ebenfalls gekörten Arts-Arason (v. Mac Aratoss) sowie von den Sportponys Kalanak (v. Leuth Koriolan; siegr. M-Dr.) und Arts-Amigo-Star (v. Mac Aratoss; 2005 5. Pl. Bch. F., siegr. M-F.). Die Tochter St.Pr.St. Seven Mountain Derbyna war 2001 Siegerstute der Rheinischen Elitestutenschau und gewann 2002 das Bundeschampionat der vierjährigen Reitponys mit Andrea Müller-Kersten. Sie wurde Mutter des gekörten Champion Indeed (v. FS Champion de Luxe). Seine Nachkommen gewannen bisher 53.912 Euro.
Derby ist Muttervater der gekörten Hengste Diamond Boy (v. Durello; siegr. M-Dr.), Arts-Ramason (v. Ramagun), Arts-Arason (v. Mac Aratoss) und Champion Indeed (v. FS Champion de Luxe).

Die Mutter Goldammer ging siegreich und platziert in Dressurprüfungen der Klasse A.
Der Muttervater Valencianer wurde 1980 vom Rheinischen Verband gekört. Über 200 Siege und Platzierungen bis zur Klasse M konnte er in seiner Springkarriere verbuchen. Auch seine nur wenigen Nachkommen konnten sich im Sport in der Klasse M behaupten.

Eigenleistung: Daiquiry war hocherfolgreich im Viereck. Er startete seine Karriere 1995 und 96 unter Carol Burow mit Seriensiegen und -platzierungen in Reitpferdeprüfungen. Es schlossen sich Erfolge in Dressurpferde- und Dressurprüfungen an, ab 2000 unter Cornelia Guhl. Ab 2009 führte Klarissa-Alexandra Liss Daiquiry zu Siegen und Platzierungen bis S*-Dressuren. 2010 kamen Schleifen in St. Georges –Dressuren für das Paar hinzu. Fast 4.500 Euro an Gewinngeldern stehen für Daiquiry zu Buche. 2002 wurde er bereits vom Hessischen Verband gekört, 2012 dann vom Westfälischen.

Nachkommen: Seine Tochter Gleisberg Daila gewann 2008 die Bronzemedaille beim Bundeschampionat der vierjährigen Reitponys. Gleisberg Luno nahm 2011 am Bundeschampionat der dreijährigen Hengste teil.

Derby (DR) Fuchs *1977	**Dandy (DR)**	**Catherston Red Gold (GB)**	**v. Bubbley (GB)**
		Violina	**v. Gredington Viceroy**
	Britta (DR)	**Black Magic (WB)**	**v. Chirk Crogan (WB)**
		Dunja (DR)	**v. Eckley (GB)**
Goldammer Palomino *1986	**Valencianer (DR)**	**Valentino (GB)**	**v. Valentino (GB)**
		Sonny Girl (WB)	**v. Sonny Boy (WB)**
	Gloria (Wel.C)	**Coxwold Dafydd (WD)**	**v. Synod Dafydd (WD)**
		St.Pr.St. Gilka (WB)	**v. Cusop Sprig (WB)**

DR HANNOVER
DE 434340154606
FUCHSHENGST
*20.3.2006
STM.: 144 CM

© CONZEPT DIGITAL

ZÜCHTER
Sabine Goldberg
31311 Uetze

BESITZER
Gestüt Goldberg
Schaftrift 6
31311 Uetze/Altmerdingsen
Tel.: 05147-1029
Mobil: 0170-1626048
info@Reitponyzucht-Goldberg.de
www.Reitponyzucht-Goldberg.de

STATION
beim Besitzer

KÖRUNG
18.10.2008 in Verden (durch Hann.)

EIGENLEISTUNG
HLP 2010 in Adelheidsdorf

DECKEINSATZ ÜBER NS

VERERBUNGSDATEN
E-LGS 2011 51 Euro

DANCING ENERGY

Familie: Der Vater Golden Dancer wurde 1990 in Aachen vom Rheinischen Pferdestammbuch gekört. Seine Eigenleistung bewies er durch 215 Siege und Platzierungen in Dressurprüfungen bis einschließlich der Klasse S. 1991 wurde er Bundeschampion in München, 1993 belegte er Platz drei bei den sechsjährigen Dressurponys. 1996 wurde er Mannschafts- und Einzeleuropameister in Barthahus/DEN mit Jana Kun sowie Deutscher Meister. 1998 wurde er Zehnter auf der Deutschen Meisterschaft mit Marie Jaeger. 1999 folgte die Mannschafts-Goldmedaille bei den Europameisterschaften. 2000 wurde er mit Laura Bechtoldsheimer Mannschafts-Vize-Europameister. 2002 gewann er die Bronzemedaille bei der Deutschen Meisterschaft mit Stephanie Jansen, 2003 wurden sie Vierte.
21 seiner Söhne wurden gekört, darunter die Siegerhengste Geronimo B, FS Golden Moonlight und Going East. Zu seinen Töchtern zählen die St.Pr.St. FS Golden Sunlight, Mutter der gekörten Hengste FS Don't Worry, FS Chambertin, FS Chacco blue und FS Mr. Right, und die St.Pr.St. FS Golden Fleur, die die gekörten Hengste FS Champion de Luxe, FS Delon und FS Dior de Luxe brachte.

Die Mutter St.Pr./El.St. Mara brachte auch die St.Pr.St. Magenta (v. FS Champion de Luxe), aus der der gekörte und in Reitpferdeprüfungen erfolgreiche No Problem (v. Noir de Luxe) stammt, das A-Dressurpony Anno's Alabaster (v. Anno Domini) und die Stute Midnight Diamond (v. Astor), aus der wiederum das L-Dressurpony Daylight (v. Arts-Dancer-Boy), der in L-Dressuren und L-Springen siegreiche Daddy Cool (v. Arts-Dancer-Boy) und die St.Pr.St. Magnolia (v. Golden Dancer) stammen.
Der Muttervater Nantano galt als einer der profiliertesten Vererber in der Reitponyzucht. Er wurde 1977 als Reservesieger gekört und wurde 1979 der erste Bundeschampion der vierjährigen Reitponys. Zahlreiche Siege und Platzierungen bis zu Springprüfungen der Klasse M gehören zu seinen sportlichen Erfolgen. Mit Kai Ligges und Thomas Tönnissen war er Sieger in Nationenpreisen, mit Thomas Tönnissen wurde er bei der Spring-Europameisterschaft in Rotterdam 1985 Siebter. Etwa 50 Söhne des Nantano wurden gekört, darunter die Siegerhengste Negro (1982), Navelino (1983), Navarino (1987), Top Nonstop (1994), Notre Beau (1996) und Top Natrejo (2003 in Belgien).
Aus der Großmutter Mischa stammen die gekörten Hengste Nion (v. Nantan) und Captain (v. Colonel; L-Spr.).
Die vierte Mutter Nixe (v. Nalet ox) wurde Mutter der M-Springstute St.Pr.St. Freesia (v. Flamingo), die auf eine Gewinnsumme von 5.227 Euro kam.

Golden Dancer (DR) Palomino *1987	**Dancer (DR)**	**Dandy (DR)**	**v. Catherston Red Gold (GB)**
		Valerina (DR)	**v. Valentino (GB)**
	Golden Charm (DR)	**Valentino (GB)**	**v. Bwlch Valentino (GB)**
		Goldina (DR)	**v. Eckley (GB)**
St.Pr./El.St. Mara (DR) Fuchs *1989	**Nantano (DR)**	**Nante I (DR)**	**v. Nalet ox**
		El.St. Komtesse (DR)	**v. Kristallo (Arab.)**
	Mischa (DR)	**Silvertop's Ricco (NiPo)**	**v. Catherston Red Gold (GB)**
		Maigloeckchen (DR)	**v. Metol (DR)**

Eigenleistung: Dancing Energy (= Dextro Energy) wurde 2008 vom Ponyverband Hannover in Verden gekört. Seine Hengstleistungsprüfung legte er 2010 in Adelheidsdorf ab. Er konnte erste Platzierungen in Reitpferde- und Dressurprüfungen der Klasse A erzielen.

Vererbung: Die ersten Fohlen des Dancing Energy wurden 2011 geboren, sie wurden alle prämiert.

ZÜCHTER
ZG Lehmann, Meinrad u. Doris
77723 Gengenbach

BESITZER
Doris u. Meinrad Lehmann
Haigerach 6
77723 Gengenbach
Tel.: 07803-3286
Mobil: 0171-4663831
gestuethaigerach@gmx.de
www.gestuet-haigerach.de

STATION
beim Besitzer

KÖRUNG
21.3.2010 in Maichingen (durch BaWü.)
Siegerhengst

EIGENLEISTUNG
HLP 2011 in München-R. 8,15 (4./7)

DECKEINSATZ ÜBER NS

VERERBUNGSDATEN
E-LGS 2011 19 EURO

DR BADEN-WÜRTTEMB.
DE 473730612207
FUCHSHENGST
*21.6.2007
STM.: 147 CM

DAVID L

Familie: Der Vater FS Don't Worry war 1997 Reservesiegerhengst, 1998 und 1999 Bundeschampion (3j. bzw. 4j. H.), 2000 HLP-Sieger und geht inzwischen unter seiner Ausbilderin Jana Freund bis Inter I siegreich. Er ist Vater von über 60 gekörten Söhnen, darunter die Siegerhengste FS Daily Hero (2001), Don't Forget (2002), FS Don't Worry Junior (2004), Do it again (2005), Der kleine Donnerhall W (2007) und FS Daddy Cool (2008) und stellte bereits 14 Bundeschampions.

Die Mutter St.Pr.St.Nancy ist ein Ausnahmepony. Sie war mehrfache Siegerstute und Championesse auf Landesschauen der Welsh-Ponys in Baden-Württemberg und Rheinland-Pfalz. So siegte sie im Klassement der Welsh-Partbreds bei der Bundesschau der IG-Welsh. In Baden-Württemberg wird sie als Staatsprämienstute geführt. Ihre SLP in Forst absolvierte sie als Zweitbeste von 26 Teilnehmerinnen (gegen Großpferde). Sie ist eingetragen in die Leistungsstutbücher A und B der Deutschen Reiterlichen Vereinigung. Unter ihrer Reiterin Tanja Danner-Lehmann erreichte sie rund 70 Siege und Platzierungen in A- und L-Dressuren, die sich zu einer Lebensgewinnsumme von über 2.100 Euro addierten. Nancy brachte die St.Pr.St. Don Juana L (v. FS Don't Worry), die 2009 bei der Stutenschau in Marbach einen Ia-Preis gewann, 2010 SLP-Siegerin in Forst war und Siege in A-Dressuren unter Tanja Danner-Lehmann verbuchte. Der Nancy-Sohn Novalis L (v. Nanduc) qualifizierte sich 2004 für das Bundeschampionat der sechsjährigen Dressurponys und geht siegreich bis L-Dressuren.

Der Muttervater Nidel wurde 1975 in Marbach vom Baden-Württembergischen Verband, 1976 dann vom Westfälischen Verband gekört. Seine Nachkommen waren in der Dressur und im Springen erfolgreich.

Die Großmutter St.Pr.St.Sindy war 1994 Siegerstute der Zuchtstutenprüfung in Meißenheim. Zu Buche steht außerdem der Reservesieg im Klassement der Welsh-Partbreds auf der Bundesschau der Welshponys sowie Siege in A-Dressuren. Ihre Tochter Sissy L, selbst in der Dressur erfolgreich, brachte die in S-Fahrprüfungen siegreichen St.Pr.St. Doreen (v. Dressboy), die ihrerseits Mutter des S-Fahrponys Olesja L (v. Oweron) wurde, und Dorina (v. Dressboy). Doreen und Dorina standen mit ihrem Fahrer Fabian Gänshirt im Bundeskader.

Die Urgroßmutter Suleika brachte die Bundes- und Landeschampionesse, Europameisterin und Deutsche Vize-Meisterin Constanze (v. Caid AA).

Eigenleistung: David L wurde bereits als Fohlen mit der Goldplakette ausgezeichnet. 2010 wurde er in Maichingen (Baden-Württemberg) gekört und als Siegerhengst herausgestellt, zudem erhielt er die Junghengstprämie. 2011 erfolgte die süddeutsche Anerkennung mit Prämierung in Alsfeld. Seine HLP legte er in München-Riem mit der Gesamtnote 8,15 als Viertbester ab. In der Umgänglichkeit erhielt er die Maximalnote 10,0. Er wird erfolgreich in Reitpferdeprüfungen eingesetzt.

FS Don't Worry (DR) Fuchs *1995	FS Dacapo Doro (DR)	Derano Gold (DR)	v. Derano (DR)
		Karina (DR)	v. Downland Chorister (WB)
	St.Pr.St. FS Golden Sunlight (DR)	Golden Dancer (DR)	v. Dancer (DR)
		Eileen 2 (DR)	v. Black Magic (WB)
St.Pr.St. Nancy (DR) Fuchsschimmel *1994	Nidel (DR)	Nijm ox	v. Galan ox
		Hanni (Welsh)	v. Hannibal (WB)
	St.Pr.St. Sindy (DR)	Derby (DR)	v. Dandy (DR)
		Suleika (DR)	v. Silbermond (WB)

Nachkommen: Aus seinem ersten Jahrgang stellte er das Siegerfohlen der Schau in Meißenheim, das außerdem mit der Fohlenprämie ausgezeichnet wurde.

DR BRANDENBURG
DE 457000136006
DUNKELBR. HENGST
***27.3.2006**
STM.: 148 CM

© SCHROEDER

ZÜCHTER
Susanne Olnhoff
14715 Nennhausen OT Buckow

BESITZER
Anja Nehls
Kirchweg 41 a
14129 Berlin
Tel.: 030-8035030
Mobil: 0152-33773147
anjanehls@web.de

STATION
Susanne Olnhoff
Dorfstr. 13
14715 Nennhausen/Buckow
Tel.: 03387-890850
Mobil: 0179-9121512

KÖRUNG
23.1.2009 in Prussendorf (durch Berlin Brdbg. u. SAnh.)

EIGENLEISTUNG
HLP 2010 in Neustadt/D. 8,26 (5./20)

DECKEINSATZ ÜBER TG

VERERBUNGSDATEN
E-LGS 2011 609 EURO

DE LONG

Familie: Der Vater HB Daylight wurde 2003 1. Reservesieger seiner Körung im Rheinland. 2004 gewann er mit 9,02 seine HLP in Neustadt/D. und wurde im gleichen Jahr unter Henrike Sommer Zweiter beim Westfalenchampionat der dreijährigen Reitponys und Bundeschampion. 2005 wurde er mit Jana Freund Vize-Westfalenchampion. Beim Bundeschampionat der vierjährigen Hengste kam Bronze hinzu. Als Fünfjähriger wurde er Dressurpony-Bundeschampion. Anschließend gewann er internationale L-Dressuren. Vier seiner Söhne wurden gekört, darunter Dance on Top I, Mecklenburger Siegerhengst, HLP-Sieger, Landeschampion und Vierter beim Reitpony-Bundeschampionat, und sein Vollbruder Dance on Top II sowie Dankeschön. Seine ersten Nachkommen im Sport warten mit Siegen und Platzierungen in Reitpferdeprüfungen, Dressur- und Spring(pferde)prüfungen bis zur Kl. A auf.

Die Mutter St.Pr./El.St. D-S Roxy Brice war 1996 Teilnehmerin der Bundesstutenschau in Warendorf. Ihr Stutfohlen von Benedict ging 2010 auf dem Brillantring des Fohlenchampionats in Prussendorf.

Aus der Stutenfamilie der Grayling stammen der Siegerhengst Hakuna Matata sowie die ebenfalls gekörten Hengste Kabernee, Leonardo, Benedictus, Carribbean Gold, Champion de Leon J, Benardos, Monte Verdis Son, Broadway, Montevideo und Man in Black WE.

Eigenleistung: De Long wurde in seinem Geburtsjahr 2006 als Kandidat für das Fohlenchampionat in Krumke des Zuchtverbandes Brandenburg-Anhalt ausgewählt. 2009 folgte die Körung in Prussendorf, wobei er als Dressursieger und 2. Reservesieger herausgestellt wurde. 2010 legte er seine HLP in Neustadt/D. mit der Gesamtnote 8,26 als Fünftbester ab. Herausragend war seine Interieurbeurteilung: 9,4 und damit der höchstbewertete Hengst der Prüfung. Für seine Umgänglichkeit bekam er sogar die Traumnote 10,0. Seine Rittigkeit wurde mit 8,47 bewertet. Für den Schritt gab es eine 8,0, genau wie für das Gelände.
2010 siegte er im Landeschampionat in Prussendorf (Brandenburg-Anhalt) unter Anja Nehls und wurde für das Bundeschampionat nominiert, an dem er unter Pia-Katharina Voigtländer erfolgreich teilnahm. Im Januar 2011 vertrat er seinen Zuchtverband auf der Bundeshengstschau in Berlin. Im Juni 2011 gewann er die Qualifikation für das Bundeschampionat in Lengenfeld. Siege in Dressur- und Dressurpferdeprüfungen der Klasse A und L folgten. Beim Bundeschampionat 2011 gewann er unter der jungen Lea Nehls zunächst das Kleine Finale der fünfjährigen Dressurponys. Im Finale kam er dann auf Rang vier. Im Oktober gehörte er zu den Teilnehmern des Bundesnachwuchschampionats.

Nachkommen: Seine Fohlen wurden überwiegend prämiert, drei davon für das Fohlenchampionat ausgewählt. 2010 gewann sein Sohn Daydream Believer mit der 10,0 im Typ die Fohlenschau in Gröben und nahm erfolgreich am Fohlenchampionat in Prussendorf teil.

HB Daylight (DR) Fuchsfalbe *2001	**FS Don't Worry (DR)**	**FS Dacapo Doro (DR)**	**v. Derano Gold (DR)**
		St.Pr.St. FS Golden Sunlight (DR)	**v. Golden Dancer (DR)**
	Golden Dream (DR)	**Dancer (DR)**	**v. Dandy (DR)**
		Golden Charm (DR)	**v. Valentino (GB)**
St.Pr./El.St. D-S Roxy Brice (DR) Rappe *1993	**Brillant (GB)**	**Piran John Halifax (GB)**	**v. Bwlch Hill Wind (GB)**
		St.Lawrence Lilactime (GB)	**v. Arthur Sullivan xx**
	Romana (DR)	**Royal Prince (DR)**	**v. Oakley Bubbling Spring (GB)**
		Regina (DR)	**v. Kilbees Gay Jenkin**

© www.foto-job.com

Del Estero AT

DR WESTFALEN
DE 441410502509
SCHWARZBR. HENGST
***15.1.2009**
STM.: 145 CM

ZÜCHTER
Antonius Sternschulte
59514 Welver-Klotingen

BESITZER
Danica Duen
Taubenweg 20
32545 Bad Oeynhausen
Tel.: 05731-91718
Mobil: 0170-5887542
Fax: 05731-9961
info@eliteponys.de
www.eliteponys.de

STATION
Hengststation Danica Duen

KÖRUNG
27.11.2011 in Münster-H. (durch Westf.)

DECKEINSATZ ÜBER FS

DEL ESTERO AT

Familie: Der Vater Dance Star AT wurde 2006 Siegerhengst der Westfälischen Körung in Münster-Handorf. 2008 gewann er an selber Stelle seine HLP mit gesamt 8,63. 2007 wurde er unter Daniela Waxenberger Vize-Bundeschampion der dreijährigen Hengste, 2008 mit Desiree Schurf Vize-Bundeschampion der vierjährigen Hengste. 2009 gewann er mit Bianca Nowag zunächst das Westfalen-Championat (Note 9,0) und danach auch das Bundeschampionat der fünfjährigen Reitponys, ebenfalls mit der Gesamtnote 9,0. 2010 wurde er Dritter bei den sechsjährigen Dressurponys. Zahlreiche Siege und Platzierungen bis zu Dressurpferdeprüfungen der Kl. L gehen bisher auf sein Erfolgskonto. Aus seinem ersten Jahrgang wurden drei seiner Söhne gekört: der 2. Reservesieger der westfälischen Körung 2011, Dreidimensional AT, der Prämienhengst Del Estero AT und Big Dresscode. Mit der Staatsprämie wurden drei Töchter ausgezeichnet.

Mutter ist die Ausnahmestute Madonna. Sie wurde fünffache Hengstmutter: Don Joshi I (v. Dressman I; Ie-Prämienhengst, Bundeschampion, Vize-Bundeschampion, EM-Teambronzegewinner und Vater von neun gekörten Söhnen), Don Joshi II (v. Dressman I; Ie-Prämienhengst), Debussy (v. Dressman I; Ig-Prämienhengst), Destino (v. Dressman I; siegr. Rpf.) und Del Estero AT. Madonnas Tochter St.Pr.St. Donna Joshi AT (v. Dressman I) wurde Mutter des Prämienhengstes Dumbledore AT (v. Doolittle), 2005 2. Reservesieger der Westfälischen Körung und siegreich in Reitpferdeprüfungen. Aus der Madonna-Tochter Durella AT (v. Dressman I) stammen die gekörten Hengste Davidoff (v. Dreamdancer), 2007 Prämienhengst der Westfälischen Körung und 2010 Fünfter beim Bundeschampionat der fünfjährigen Dressurponys, und Diorello (v. Dreamdancer), siegreich in A-Springen.

Der Muttervater Marsvogel xx genießt einen legendären Ruf als Veredler in der Reitponyzucht.

Die Großmutter Verb.Pr.St. Angelina brachte den gekörten Hengst Montano (v. Merafic ox, L-Spr.) sowie mit Nahib (v. Nalet) eines der erfolgreichsten Sportponys, dessen 25 Siege in M-Springen und 250 Platzierungen sich zu einer Gewinnsumme von 12.459 Euro summierten. Aus der Angelina-Tochter Charmante (v. Chantre B) stammt der gekörte Nobler Boy (v. Night-Power), der 2009 Platz drei beim Westfalen-Championat belegte. Die Angelina-Tochter brachte die drei L-Dressurponys Highlight (v. Halenkino), Samurai (v. Smaragd ox) und Dac (v. Diamond Boy) sowie die beiden ebenfalls in L-Dressuren erfolgreichen St.Pr.Stuten Hillary (v. Halenkino) und Dajana (v. Diamond Boy).

Aus dem Stamm kommt noch der gekörte Hengst Nordwind (v. Nazim).

Eigenleistung: Del Estero AT wurde 2011 in Münster-Handorf vom Westfälischen Pferdestammbuch gekört und als Prämienhengst ausgezeichnet. 2012 folgte die Anerkennung und Einstufung in die Prämienklasse II beim Pferdestammbuch Weser-Ems.

Dance Star AT (DR) Braun *2004	**Dressman I (DR)**	**Domingo (DR)**	**v. Derby (DR)**
		St.Pr.St. Nadin (DR)	**v. Niklas I (DR)**
	St.Pr.St. Gina (DR)	**Folklore (DR)**	**v. Ponny Power Darling Boy (DR)**
		Giana (DR)	**v. Brillant (GB)**
Madonna (DR) Dunkelbraun *1991	**Marsvogel xx**	**High Game xx**	**v. High Hat xx**
		Malteserin xx	**v. Arjon xx**
	Verb.Pr.St. Angelina (DR)	**Amour (DR)**	**v. Amir (Arab.)**
		Nanett (Wildb.)	**v. Nazim (GB)**

© SCHNELL

DR RHEINLAND
DE 343431959099
PALOMINOHENGST
***7.7.1999**
STM.: 147 CM

ZÜCHTER
Gestüt Bönniger/Ludwig Stassen
47918 Tönisvorst

BESITZER
Dressurstall Rothenberger/Erlenhof OHG
Im Gestüt Erlenhof 4
61350 Bad Homburg
Tel.: 06172-305894
Mobil: 0171-8906747
Fax: 06172-305871
info@dressurstall-rothenberger.de
www.dressurstall-rothenberger.de

STATION
beim Besitzer

KÖRUNG
4.4.2002 in Aachen (durch Rhld.)

EIGENLEISTUNG
HLP 2003 in Münster-Handorf 8,53 (2./25)

DECKEINSATZ ÜBER TG

VERERBUNGSDATEN
E-LGS 2011 5.834 EURO
N-LGS 2011 3.566 EURO

DEINHARD B

gekörte Hengste: 4 - Dein Prinz SL, Dip BeAT, Don Carino du Bois, Dumont BE
Staatsprämienstuten: 3

Familie: Der Vater Dornik B war zwölfmal Europa- und dreimal Deutscher Meister, viermal Bundeschampion und zählt zu den erfolgreichsten Ponyvererbern überhaupt.
Die Mutter Gwenduline B brachte auch den gekörten Hengst Pythagoras B (v. Prometheus) und den Bundeschampionatsvierten Pegasus B (v. Pan Tau; 5j. Dr.).

Der Muttervater Golden Dancer wurde 1991 Bundeschampion (4j.), ist mehrfacher Europameister und Deutscher Meister in der Dressur und verbuchte Siege in 20 M- und sieben S-Dressuren. Mehr als 20 seiner Söhne wurden gekört, darunter die Siegerhengste Geronimo B, FS Golden Moonlight und Going East.
Die Großmutter St.Pr.St. Gioconda ging erfolgreich in L-Springen.
Die Urgroßmutter Waldfee war u.a. mit Horst Ense im Parcours erfolgreich.
Eigenleistung: Deinhard B wurde 2002 in Aachen (Rheinland) gekört und legte 2003 seine HLP in Münster-Handorf als Reservesieger mit der Gesamtnote 8,53 ab. 2002 und 2003 wurde er jeweils Vierter beim Bundeschampionat (3j. u. 4j. H.), 2004 und 2005 Vize-Bundeschampion (5j. u. 6j. Dr.). Seine internationale Dressurkarriere startete er 2005 unter Anna von Negri mit dem Sieg im Nationenpreis in Freudenberg, dem EM-Doppelsieg in Pratoni del Vivaro/ITA und dem dritten Platz beim CHIOP in Freudenberg. Ebenfalls 2005 wurde er Rheinischer Meister, gewann den Preis der Besten und wurde bei der DM Fünfter. Ab 2006 saß Sönke Rothenberger im Sattel des Deinhard B. Das Paar belegte 2006 bei der DM in Freudenberg Platz zehn und siegte im Nationenpreis von Saumur/FRA, gewann 2007 bei der EM in Freudenberg Team-Gold und Einzel-Bronze, belegte bei der DM in Steinfeld Platz vier und wurde Dritter beim Preis der Besten. 2008 kam EM-Team-Doppelgold in Avenches/SUI hinzu sowie der Sieg im Preis der Besten und Silber bei der DM. 2009 holten sie in Moorsele/BEL Team-Gold und Einzel-Silber, nachdem sie erneut den Preis der Besten und die DM gewonnen hatten. Ab 2010 gewann Deinhard B mit Lena Charlotte Walterscheidt den Hagener Nationenpreis, EM-Teamsilber und Einzelsilber und -bronze in Bishop Burton/GBR und DM-Bronze in Aachen. Inzwischen hat die junge Semmieke Rothenberger den Beritt übernommen und sich bei den Sichtungen für den Preis der Besten empfohlen. Über 150 Platzierungen stehen bis zur Klasse M zu Buche, davon 58 Siege in L-Dressuren.

Nachkommen: Aus seinem ersten Jahrgang stammt der gekörte Hengst Dumont BE. Auch die Söhne Don Carino du Bois, Dein Prinz und Dip BeAT, 2009 Bundeschampionats-Teilnehmer, wurden gekört. Die St.Pr.St. Dynasty belegte 2009 Platz vier beim Bundeschampionat (5j. Dr.). Sechsjährig absolvierte sie bereits FEI Aufgaben mit über 72,00 Prozent. Sein Sohn Dreamdancer geht erfolgreich in der Klasse M an den Leinen von Jörn Rennebach. 2011 belegte Dujardin B Platz sieben beim Bundeschampionat der fünfjährigen Dressurponys.

Dornik B (DR) Fuchs *1991	**Derano Gold (DR)**	**Derano (DR)**	**v. Derby (DR)**
		Verb.Pr.St. Victoria (DR)	**v. Valentino (GB)**
	Verb.Pr.St. Dubary (DR)	**Derbino (DR)**	**v. Derby (DR)**
		Vienna (DR)	**v. Valentino (GB)**
Gwenduline B (DR) Palomino *1994	**Golden Dancer (DR)**	**Dancer (DR)**	**v. Dandy (DR)**
		Golden Charm (DR)	**v. Valentino (GB)**
	St.Pr.St. Gioconda (Rhld.)	**Goldstrand (Westf.)**	**v. Goldlack (Hann.)**
		Waldfee (Hann.)	**v. Wendekreis (Hann.)**

DR BRANDENB.-ANH.
DE 456570311708
BRAUNFALBHENGST
***24.5.2008**
STM.: 142 CM

ZÜCHTER
Christian Fatke
14793 Bücknitz

BESITZER
Tahani Ibrahim
Düsseldorfer Str. 8
10719 Berlin
Mobil: 0178-4559808
ibikusb@googlemail.com
www.TI-Sportpferde.de

STATION
Gestüt Friedrichshof - Reitanlage Schwolow
Seegefelder Str. 5
14624 Dallgow-Döberitz
Tel. u. Fax: 03322-25603
Mobil: 0172-3276139
dallgow@t-online.de
www.reiten-dallgow.de

KÖRUNG
5.2.2011 in Prussendorf (durch S.Anh. u. Süddt.)

DECKEINSATZ ÜBER NS

VERERBUNGSDATEN
E-LGS 2011 17 EURO

DEAR MAX

Familie: Der Vater Friedrichshof Daydream wurde 2005 in Prussendorf für die Verbände Berlin-Brandenburg und Sachsen-Anhalt gekört. Auf der Mitteldeutschen Hengstschau in Magdeburg 2006 ging er als Siegerhengst hervor. 2007 legte er seine Kurzprüfung in Prussendorf mit der Gesamtnote 8,15 ab (Freispringen 9,5, Springanlage 9,0). Beim Bundeschampionat der fünfjährigen Springponys belegte er im Kleinen Finale Platz neun.

Die Mutter Gwen war 2007 Siegerstute der Staatsprämienschau in Magdeburg, Reservesiegerstute der Landesjungpferdeschau in Paaren/Glien und Reservesiegerin der SLP in Vietzen sowie 2011 Reservesiegerin der Welsh-Partbred Stuten im Einzel- und Familienwettbewerb auf der Bundes-Welsh-Schau Neustadt/D. Für Gwen ist Dear Max das erste Fohlen.

Der Muttervater Ombre, 1994 Hessischer Siegerhengst und 2000 Bundesprämienhengst, verbuchte über 150 Siege und Platzierungen in z.T. internationalen Dressuren bis Klasse M. Ombre vererbt sich außerordentlich vielseitig. Seine Nachkommen sind im Springen und in der Dressur erfolgreich.

Die Großmutter Gladdys brachte den gekörten Hengst Notre Dame (v. Notre Bon) und ein Hengstfohlen (v. Can Dance), das 2011 Siegerfohlen des Fohlenchampionats Neustadt/D. wurde sowie Genesis (v. Black Boy), 2008 ausgezeichnet mit einem Ic-Preis beim Internationalen Ponyfestival in Barsinghausen.

Die Urgroßmutter Giana war 1986 DLG-Siegerstute und wurde Mutter der gekörten Hengste Friedrichshof Dark Gigolo (v. AMD D'Agostino) und Friedrichshof Maverick (v. Markgraf), der St.Pr.St. Auenhof's Grace (v. Mozart), die den gekörten Hengst Auenhof's Allstar (v. Alexander) lieferte, und der zweifachen Hengstmutter Gracia (v. Alexander), aus der die gekörten Vollbrüder Friedrichshof Night Gun (v. Nightfire; 2003 1. Pl. Bch. 6j. Spr.) und Friedrichshof Kaisergun (v. Kaiserwalzer) stammen.

Die Giana-Tochter St.Pr.St. Gina war Reservesiegerstute der Weser-Ems Elite-Stutenschau und brachte mit Dressman I sieben gekörte Vollbrüder: den Siegerhengst und Bundeschampion Dance Star AT, den Team-Europameister Der Feine Lord AT, den Siegerhengst D'Artagnon AT I, D'Artagnon II, den Prämienhengst Dark Knight sowie Dynamik Star AT und zuletzt besagten Dynastie AT. Aus der Gina stammt weiterhin die El.St. Gina D, die Mutter des gekörten Prinz Piccolino (v. Pilgrim's Red) und dessen Vollschwester St.Pr.St. Grazia WE (2009 3. Pl. Bch. 6j. Dr.) wurde, die 2006 2. Reserve-Siegerstute der Elite-Stutenschau in Hude-Wüsting wurde und Platz fünf beim Bundeschampionat belegte. Aus der Gina D stammt außerdem der Weser-Ems-Landeschampion 2007 und 2008 in Rastede, Rainman WE (v. Ruby Gold I).

Eigenleistung: Dear Max wurde 2011 in Prussendorf von den Süddeutschen Verbänden gekört. Er ist unter Tahani Ibrahim in Reitpferdeprüfungen erfolgreich. 2011 gewann er den Freispringtag in Brieselang (mit der 9,0 für sein Vermögen) und nahm erfolgreich am Freispringchampionat in Neustadt/D. teil.

Friedrichshof Daydream (DR) Palomino *2002	**Desperado K (DR)**	**Dornik B (DR)**	**v. Derano Gold (DR)**
		St.Pr.St. Solaris K (DR)	**v. Losander (DR)**
	St.Pr.St. Auenhof Alexis (DR)	**Alexander (GB)**	**v. Alex ox**
		St.Pr.St. Red Rock Tiffany (DR)	**v. Rosedale Tiberius (WB)**
St.Pr.St. Gwen (DR) Braun *2004	**Ombre (DR)**	**Burstye Orpheus (WB)**	**v. Oakley Bubbling Spring (GB)**
		Vallentine (DR)	**v. Valentino (GB)**
	Gladdys (DR)	**Kaiserwalzer (DR)**	**v. Kaiserjäger xx**
		Giana (DR)	**v. Brillant (GB)**

DR WESTFALEN
DE 441411124808
BRAUNFALBHENGST
***1.4.2008**
STM.: 145 CM

© REITSPORTAGENTUR JANDKE

ZÜCHTER
Jürgen Felstehausen
49453 Wetschen

BESITZER
Jürgen Felstehausen
Wetscherbruchstr. 80
49453 Wetschen
Tel.: 05446-2187
Mobil: 0151-11672118
felstehausen@web.de
www.felstehausen.de.tl

STATION
beim Besitzer

KÖRUNG
16.10.2010 in Verden (durch Hann.)

DECKEINSATZ ÜBER NS

DEL PIERO

Familie: Der Vater Der Harlekin B wurde 2004 in Aachen vom Rheinischen Verband gekört. Seine Eigenleistung hat er durch Turniererfolge erbracht. Er gewann 2006 Bronze beim Bundeschampionat der vierjährigen Hengste. 2007 belegte er unter Annabell Frenzen Rang vier beim Bundeschampionat der fünfjährigen Dressurponys. Mittlerweile ist er international erfolgreich unter der Niederländerin Shelby Spierenburg. Vier seiner Söhne sind bisher gekört worden: neben Del Piero noch Diego, Hemingway B und Helios B. Der Harlekin B-Nachkomme Don't Dream nahm 2011 am Bundeschampionat der fünfjährigen Dressurponys teil.

Die Mutter St.Pr.St. Charina war 1999 Klassensiegerin und erreichte auf dem Endring der Westfälischen Elitestutenschau in Münster-Handorf den If-Rang. Sie stellte noch die gekörten Hengste Dreamcatcher (v. Danny Gold), 2003 2. Reservesieger der Hannoverschen Ponykörung und 2005 Bronzegewinner beim Bundeschampionat der Fahrponys in Moritzburg, Don't Touch (v. FS Don't Worry Junior), 2007 Teilnehmer am Bundeschampionat der fünfjährigen Dressurponys, und Calvin Klein (v. FS Champion de Luxe), 2007 als bester Springhengst der Hannoverschen Ponykörung in Verden ausgezeichnet und siegreich in A-Dressuren. Charinas Tochter Dreamgirl (v. Danny Gold) erhielt die Staatsprämie und brachte die St.Pr.St. Donnerlittchen (v. Donnerwetter).

Der Muttervater Chantre B, 1993 in Aachen Rheinischer Siegerhengst und 1995 HLP-Sieger, stellte neun gekörte Söhne, darunter der Reitpony-Bundeschampion Charm of Nibelungen und Carlson, dessen Sohn Call me Charly 2009, 2010 und 2011 das Bundesnachwuchschampionat im Springen in Verden gewann. Von den Töchtern des Chantre B erhielten 17 die Staatsprämie, wie Coleen (2002 Siegerstute der Westfälischen Elitestutenschau in Münster-Handorf), Coco (2001 Reservesiegerin der Westfälischen Elitestutenschau in Münster-Handorf), Chanel (2000 2. Reservesiegerin der Westfälischen Elitestutenschau in Münster-Handorf). Die St.Pr.St. Charisma war 2000 Bundesreservesiegerstute der jüngeren Stuten. Die St.Pr.St. Chantelle brachte die Doppel-Bundeschampionesse von 2003 und 2004 und Bronzemedaillengewinnerin der EM 2011, St.Pr.St. HB Dream Girl (v. FS Don't Worry). Ebenso ist Chantre B Muttervater zur Vize-Bundeschampionesse 2006 und 2007 der drei- bzw. vierjährigen Reitponys, FS Dark Surprise (v. FS Champion de Luxe). Chantres Tochter Choco que linda war 2007 Vize-Bundeschampionesse der fünfjährigen Springponys.

Eigenleistung: Del Piero wurde 2010 in Verden vom Ponyverband Hannover gekört und als Reservesieger, Prämienhengstanwärter und bester selbstgezogener Hengst herausgestellt. 2011 debütierte Del Piero erfolgreich im Turniersport und platzierte sich unter Isabell Meinert in Reitpferdeprüfungen mit Noten bis 9,0 für den Schritt.

Der Harlekin B (DR) Palomino *2002	Golden Dancer (DR)	Dancer (DR)	v. Dandy (DR)
		Golden Charm (DR)	v. Valentino GB
	St.Pr.St. Destiny B (DR)	Dornik B (DR)	v. Derano Gold (DR)
		St.Pr.St. Diva (DR)	v. Derbino (DR)
St.Pr.St. Charina (DR) Dunkelbraun *1996	Chantre B (DR)	Catherston Night Safe (GB)	v. Triumph (GB)
		Verb.Pr.St. Variante (DR)	v. Valentino (GB)
	Nina (DR)	Nibelungenheld (DR)	v. Nobel (DR)
		Heidi (DR)	v. Harun (DR)

DR RHEINLAND
DE 443431859800
BRAUNER HENGST
*25.2.2000
STM.: 146 CM

ZÜCHTER
Adolf Theo Schurf
50181 Bedburg

BESITZER
Dressurstall Rothenberger/Erlenhof OHG
Im Gestüt Erlenhof 4
61350 Bad Homburg
Tel.: 06172-305894
Mobil: 0171-8906747
Fax: 06172-305871
info@dressurstall-rothenberger.de
www.dressurstall-rothenberger.de

STATION
beim Besitzer

KÖRUNG
8.12.2002 in Münster-H. (durch Westf.)

EIGENLEISTUNG
HLP 2004 in Radegast 8,52 (1./25)

DECKEINSATZ ÜBER NS, TG

VERERBUNGSDATEN
E-LGS 2011 5.729 EURO
N-LGS 2011 13.653 EURO

DER FEINE LORD AT

Gekörte Hengste: 7 – Decato, Der Fürst, Der kleine Aprilscherz, Diamond of Lord, Dream of Lord, Dubidu, Dutchman's Lord.
Staatsprämienstuten: 25

Familie: Der Vater Dressman I setzte in Zucht und Sport Maßstäbe.
Die Mutter St.Pr.St. Gina war Reservesiegerstute der Weser-Ems Elite-Stutenschau und brachte mit Dressman I sieben gekörte Vollbrüder, darunter den Siegerhengst und Bundeschampion Dance Star AT.
Eigenleistung: Der Feine Lord AT wurde 2002 in Münster-Handorf vom Westfälischen Pferdestammbuch gekört und als 2. Reservesieger herausgestellt. 2003 wurde er Vize-Bundeschampion der dreijährigen Hengste. 2004 absolvierte er seine HLP in Prussendorf als Sieger mit der Gesamtnote 8,52. Beim Bundeschampionat der vierjährigen Hengste kam ein sechster Rang hinzu. Bei den Bundeschampionaten der fünf- und sechsjährigen Dressurpony 2005 und 2006 belegte er die Plätze sieben und vier. 2007 rangierte er bei der DM in Steinfeld an 14. Stelle. Unter Bianca Nowag wurde Der feine Lord AT 2008 Vierter bei der DM in Hannover. 2009 kam Platz zwei beim Preis der Besten in Warendorf, Platz vier bei der DM in München und EM-Teamgold sowie ein sechster Platz in der EM-Einzelwertung in Moorsele/BEL hinzu. 2010 siegte das Paar in den Nationenpreisen von Hagen a.T.W. und Moorsele/BEL. Unter Joline Thüning setzte der feine Lord AT 2010 seine Karriere mit Platz fünf bei der DM in Freudenberg fort. Anschließend wechselte er in den Beritt der jungen Semmieke Rothenberger, die ihn auf weitere internationale Starts vorbereitet. Über 40 Siege in L-Dressuren stehen zu Buche sowie Platzierungen in M-Dressuren.
Nachkommen: Sieben Söhne des Der feine Lord AT wurden gekört: Decato, Der Fürst, Der kleine Aprilscherz, Diamond of Lord RB, 2008 Prämienhengst und bester Springhengst der Westfälischen Körung sowie 2009 Fünfter beim Bundeschampionat der dreijährigen Hengste, Dream of Lord, Dubidu und Dutchman's Lord. 25 Töchter wurden mit der Staatsprämie ausgezeichnet, darunter Die feine Dame, 2007 Siegerstute der Westfälischen Elitestutenschau, Die feine Cindy II RB, 2008 Reservesiegerin der Westfälischen Elitestutenschau, Die feine Chanel, 2008 Sechster Platz auf dem Endring der Westfälischen Elitestutenschau, 2011 Westfalenchampionesse und Dritte beim Bundeschampionat der sechsjährigen Dressurponys, Donna (= Diamant Devinette), 2010 Sechste beim Bundeschampionat der fünfjährigen Springponys, Dadiva AS, siegreich in L-Dressuren, Dorette, 2009 Siebte auf dem Endring der Westfälischen Elitestutenschau, 2011 Zehnte beim Bundeschampionat der fünfjährigen Springponys, Donata, 2009 Fünfte auf dem Enring der Westfälischen Elitestutenschau, und schließlich Dilaila, 2011 Sechste auf dem Endring der Westfälischen Elitestutenschau.
Die Nachkommen des Der feine Lord AT sind hauptsächlich in der Dressur sehr erfolgreich, so Die kleine Liebe, die 2009 Vize-Bundeschampionesse der fünfjährigen Dressurponys wurde und 2010 dann Bundeschampionesse der sechsjährigen Dressurponys. Auf den Bundeschampionaten konnten sich weitere Nachkommen empfehlen. In M-Dressuren ist Die Wilde Dreizehn erfolgreich.

Dressman I (DR) Fuchs *1988	Domingo (DR)	Derby (DR)	v. Dandy (DR)
		Valerina (DR)	v. Valentino (GB)
	St.Pr.St. Nadin (DR)	Niklas I (DR)	v. Nijm ox
		Suleika (DR)	v. Shalom (WB)
St.Pr.St. Gina (DR) Dunkelbraun *1993	Folklore (NiPo)	Ponny Power Darling Boy (NiPo)	v. Downland Folklore (GB)
		Brigitte (NiPo)	v. El Malaak ox
	Giana (DR)	Brillant (GB)	v. Piran John Halifax (GB)
		Gina (WB)	v. Chirk Caradoc (WB)

Destino

DR WESTFALEN
DE 441410606208
DUNKELFUCHSHENGST
*23.1.2008
STM.: 147 CM

ZÜCHTER
Antonius Sternschulte
59514 Welver

BESITZER
Katharina Freifrau von Salmuth
Gestüt Lilienhof
Obermeckenhof 4
88213 Ravensburg
Tel.: 0751-7694949
Mobil: 0173-3711561
katharina.salmuth@gmx.de
www.der-lilienhof.de

STATION
beim Besitzer

KÖRUNG
28.11.2010 in Münster-H. (durch Westf.)

DECKEINSATZ ÜBER FS

VERERBUNGSDATEN
E-LGS 2011 87 EURO

DESTINO

Familie: Der Vater Dressman I legte eine Bilderbuchkarriere auf's Parkett: Körsieger, HLP-Sieger, vierfacher Bundeschampion, zweifacher Deutscher Meister, siebenfacher EM-Teamgold- und zweifacher EM Einzelgoldgewinner. Auch 2011 firmiert Dressman I unter den TOP 5 der erfolgreichsten Rittigkeits-Vererber.

Die Mutter, die Ausnahmestute Madonna, brachte noch die gekörten Hengste Don Joshi I (v. Dressman I; Ie-Prämienhengst, Bundeschampion, Vize-Bundeschampion, EM-Teambronzegewinner und Vater von neun gekörten Söhnen), Don Joshi II (v. Dressman I; Ie-Prämienhengst), Debussy (v. Dressman I; Ig-Prämienhengst) und Del Estero AT (v. Dance Star AT; Prämienhengst). Madonnas Tochter St.Pr.St. Donna Joshi AT (v. Dressman I) wurde Mutter des Prämienhengstes Dumbledore AT (v. Doolittle). Aus der Madonna-Tochter Durella AT (v. Dressman I) stammen die gekörten Hengste Davidoff (v. Dreamdancer; Prämienhengst, 5. Pl. Bundeschampionat) und Diorello (v. Dreamdancer).

Der Muttervater Marsvogel xx (1980 – 2007) zählt zu den angesehensten Vollbluthengsten in der Reitponyzucht. Zwölf seiner Söhne wurden gekört: u.a. Markgraf, FS Maracaibo, Maskaron, Marcello, Top Mercury, Malteser, Meteor, Marsstern, Top Montreal, Masher und zuletzt der Siegerhengst der Körung 2010 in Prussendorf, Marschall. Sein Einfluss kommt auch zum Tragen, wenn er bereits weiter hinten im Pedigree steht. 2003 stellte Marsvogel xx mit Marja die Reservesiegerstute bei der Elite-Stutenschau in Mühlengeez/Mecklenburg-Vorpommern.

Die Großmutter Verb.Pr./El.St. Angelina brachte den gekörten Hengst Montano (v. Merafic ox; L-Spr.) sowie mit Nahib (v. Nalet) eins der erfolgreichsten Sportponys, dessen 25 Siege in M-Springen und 250 Platzierungen sich zu einer Gewinnsumme von 12.459 Euro summierten. Aus der Angelina Tochter Charmante (v. Chantre B) stammt der gekörte Nobler Boy (v. Night-Power), der 2009 Platz drei beim Westfalen-Championat belegte. Die Angelina-Tochter Nanu (v. Nalet ox) brachte die beiden St.Pr.Stuten und in L-Dressuren erfolgreichen Hillary (v. Halenkino) und Dajana (v. Diamond Bo) sowie vier weitere Sportponys.

Der Mutterstamm lässt sich auf Dülmener Wildbahnstuten zurückführen, die Großmutter Angelina wurde vom Wildbahngestüt Nordkirchen gezogen.

Eigenleistung: Destino wurde 2010 in Münster-Handorf vom Westfälischen Pferdestammbuch gekört und im Jahr darauf vom Baden-Württemberger Verband anerkannt. Erste Starts in Reitponyprüfungen münzte er in Siege um.

Dressman I (DR) Fuchs *1988	Domingo (DR)	Derby (DR)	v. Dandy (DR)
		Valerina (DR)	v. Valentino (GB)
	St.Pr.St. Nadin (DR)	Niklas I (DR)	v. Nijm ox
		Verb.Pr./El.St. Suleika (DR)	v. Shalom (WB)
Madonna (DR) Dunkelbraun *1991	Marsvogel xx	High Game xx	v. High Hat xx
		Mateserin xx	v. Arjon xx
	Verb.Pr./El.St. Angelina (DR)	Amour (DR)	v. Amir (Arab.)
		Nanett (Wildb.)	v. Nazim (GB)

DR MECKLENBURG
DE 427270206109
BRAUNER HENGST
***1.4.2009**
STM.: 147 CM

DIABLO

ZÜCHTER
Klaus-Dieter Drogi
19273 Neuhaus/Elbe

BESITZER
Julia Voigtländer
Dressurstall Eichkamp
Eichkampstraße 145-153
14055 Berlin
Mobil: 0163-2783333
info@dressurstall-eichkamp.de
www.dressurstall-eichkamp.de

STATION
beim Besitzer

KÖRUNG
25.1.2012 in Redefin (durch Meckl.-Vorp.)

DECKEINSATZ ÜBER NS

Familie: Der Vater Destino R, in dessen Adern über die Großmutter Flying Up Traberblut fließt, wurde 2003 in Redefin für Mecklenburg-Vorpommern gekört. Seine Hengstleistungsprüfung legte er in Neustadt/D. mit der Gesamtnote 7,93 ab. Seine beiden Söhne Down Under (2007 Körungssieger in Mecklenburg-Vorpommern) und Diablo wurden gekört, vier Töchter mit der Staatsprämie ausgezeichnet. Down Under belegte 2009 Rang drei beim Landeschampionat der vierjährigen Reitponys und wurde für das Bundeschampionat nominiert. 2010 wurde er in Mühlengeez Landeschampion der fünfjährigen Dressurponys und in Neu-Benthen bei den Springponys. Er siegte in L-Dressuren und platzierte sich in A-Springen. Ebenfalls auf L-Dressur-Niveau ist auch der Destino R-Sohn Destimo siegreich. Die Lebensgewinnsumme der Destino R-Nachkommen beträgt 2.445 Euro.

Die Mutter Diana wurde mit der Verbandsprämie ausgezeichnet.

Der Muttervater Doran wurde 1999 in Redefin für Mecklenburg-Vorpommern gekört. Er legte 2001 seine Hengstleistungsprüfung in Prussendorf mit der Gesamtnote 7,98 ab. Er ist erfolgreich in M-Springen und sammelte Gewinngelder in Höhe von 2.326 Euro. Seine Nachkommen sind ebenfalls im Springsport zu finden.

Die Großmutter Elisette erhielt die Staatsprämie.

Aus der Urgroßmutter Nordfee stammt das L-Dressur- und A-Springpony Elan (v. Eldorrado).

Die vierte Mutter Sascha vom Vollblutaraber Samir wurde außerdem Mutter der staatsprämierten Stute Nisa (v. Nijm ox), aus der ihrerseits die St.Pr.St. Namara (v. Nikado) stammt. Letztere brachte die St.Pr.St. Baroness (v. Bavarottie), die 1996 2. Reservesiegerin der Westfälischen Elitestutenschau wurde und bei der Bundesponyschau in Warendorf einen Ib-Preis erhielt.

Die fünfte Mutter Katja (v. Korvin ox) ist auch Mutter der Stute Sabinchen (v. Samir ox). Diese brachte das M-Springpony Nashville (v. Nordcap) und die Stute Nicoll (v. Nordcap), selbst Mutter des L-Springponys Hanno (v. Henbury Ragtime). Die Sabinchen-Tochter brachte das L-Dressurpony Stubbenhof Dream of Summer (v. Dressman I).

Eigenleistung: Diablo wurde 2012 in Redefin für den Verband Mecklenburg-Vorpommern gekört.

Destino R (DR) Dunkelbraun *2000	**Derby B (DR)**	**Dornik B (DR)**	**v. Derano Gold (DR)**
		St.Pr.St. Golden Dream (DR)	**v. Dancer (DR)**
	Kismahiba R (DR)	**Kavalier (DR)**	**v. Kheman ox**
		Flying Up	**v. Laurelton Hanover**
Verb.Pr.St. Diana (DR) Braun *2001	**Doran**	**Don Carlos (DR)**	**v. Dijon (DR)**
		Gwendolina x	**v. Parsek ox**
	St.Pr.St. Elisette (DR)	**Eldorrado (DR)**	**v. El Beauty**
		Nordfee (DR)	**v. Nordstrom (DR)**

DR WESTFALEN
DE 441411252808
FALBHENGST
*13.2.2008
STM.: 147 CM

ZÜCHTER
Ursula u. Ernst Prost
415157 Gelsenkirchen

BESITZER
W. Steinheuer
Hilgenort 26
45768 Marl
Tel.: 02365-72151
Mobil: 0162-2359940
www.Reitponyzucht-Steinheuer.de

STATION
beim Besitzer

KÖRUNG
28.11.2010 in Münster (durch Westf.)

DECKEINSATZ ÜBER NS

DIEGO

Familie: Der Vater Der Harlekin B wurde 2004 vom Rheinischen Pferdestammbuch in Aachen gekört. Seine Eigenleistung hat er durch Turniererfolge erbracht. 2006 war er Dritter beim Bundeschampionat der vierjährigen Hengste. 2007 kam Rang vier bei den fünfjährigen Dressurponys unter Annabell Frenzen hinzu. Mittlerweile ist er international erfolgreich unter der Niederländerin Shelby Spierenburg. Vier seiner Söhne sind bisher gekört worden, neben Diego noch Del Piero, Hemingway B und Helios B.

Die Mutter Maja ging selbst erfolgreich in A-Dressuren. Ihre Tochter Deladiva (v. Harlekin B) erreichte 2010 bei der Stutenschau in Gevelsberg einen fünften Platz/Gold.

Der Muttervater Marsvogel xx stand von 1987 bis 2004 im Zuchtgebiet Westfalen und dann bis zu seinem Tod 2007 in Berlin-Brandenburg. Er zählt zu den angesehensten Vollbluthengsten in der Reitponyzucht. Zwölf seiner Söhne wurden gekört, darunter der Siegerhengst der Körung 2010 in Prussendorf, Marschall. Sein Einfluss kommt auch zum Tragen, wenn er bereits weiter hinten im Pedigree steht. 2003 stellte Marsvogel xx mit Marja die Reservesiegerstute bei der Elite-Stutenschau in Mühlengeez/Mecklenburg-Vorpommern. Die Tochter AMD Lalique war 2004 Siegerin des Thüringer Fohlen-Championats. 2008 wurde sie 2. Reservesiegerin ihrer Stutenleistungsprüfung sowie Teilnehmerin an der Staatsprämienschau in Magdeburg. Auch die 1. Reservesiegerstute der 38. Elite-Stutenschau 2005 in Westfalen, Nip Tuck (v. Nantano), führt Marsvogel xx als Muttervater im Pedigree. Sie erreichte im selben Jahr den dritten Platz im Westfalen-Championat (3j.) und wurde 2007 Bundeschampionesse (5j. Dr.) und 2008 Vize-Bundeschampionesse (6j. Dr.). Marsvogel xx ist Muttervater der gekörten Vollbrüder Don Joshi I, Don Joshi II und Debussy (v. Dressman I) sowie von Del Estero AT (v. Dance Star AT) und Destino (v. Dressman I) und von dem erfolgreichsten Springpony 2011, Top Less (v. Top King).

Die Großmutter Prinzessin brachte die M-Springstute Deja-vue S (v. Domingo), die ihrerseits die bis L-Springen siegreiche St.Pr.St. Carina S (v. Top Karetino) und das A-Dressurpony Top Darnell (v. Top Grissue) brachte. Die Prinzessin-Tochter Dukati (v. Durello) brachte das L-Dressurpony Nonstop's Anton (v. Top Nonstop). Die Stute The last of New Star (v. New Star) wurde zweifache Hengstmutter: Natos S (v. Top Nonstop), 2006 2. Reservesieger der Westfälischen Körung und erfolgreich in A-Springen, und Top Dubidu (v. Domingo), 2007 Siegerhengst der Westfälischen Körung, 2009 Sieger seiner HLP in Münster-Handorf mit der Gesamtnote 8,23 und platziert bis L-Springen. The last of New Star brachte außerdem die St.Pr.St. Vicky S (v. Vis-A-Vis II) und die beiden Verb.Pr.Stuten Nenzi (v. Natos S) und Dominga (v. Domingo).

Eigenleistung: Diego wurde 2010 in Münster-Handorf vom Westfälischen Pferdestammbuch gekört.

Der Harlekin B (DR) Palomino *2002	Golden Dancer (DR)	Dancer (DR)	v. Dandy (DR)
		Golden Charm (DR)	v. Valentino (GB)
	Destiny B (DR)	Dornik B (DR)	v. Derano Gold (DR)
		Diva (DR)	v. Derbino (DR)
Maja (DR) Braun *2003	Marsvogel xx	High Game xx	v. High Hat xx
		Malteserin xx	v. Arjon xx
	Prinzessin (DR)	Principal Boy (DR)	v. Tetworth Crimson Lake (WB)
		Nina (DR)	v. Niklas I (DR)

Nachkommen: Sein erstes Fohlen wurde 2011 geboren.

ZÜCHTER
Hubert Waning
48691 Vreden

BESITZER
Adolf Theo Schurf
Oberembter Str. 1
50181 Bedburg
Tel.: 02272-911929
Mobil: 0172-7104022
Fax: 02272-911911
info@reitpony.com
www.reitpony.com

STATION
beim Besitzer

KÖRUNG
28.11.2010 in Münster-H. (durch Westf.)
Siegerhengst

DECKEINSATZ ÜBER FS

VERERBUNGSDATEN
E-LGS 2011 24 EURO

DR WESTFALEN
DE 441410622608
FUCHSHENGST
*8.5.2008
STM.: 146 CM

DIMENSION AT

Familie: Der Vater Donchester wurde 2001 vom Westfälischen Verband gekört. 2003 legte er seine HLP in Münster-Handorf mit gesamt 8,54 ab. 2002 kam Rang sechs beim Bundeschampionat der dreijährigen Hengste und 2003 Platz drei bei den vierjährigen hinzu. 2005 wurde er Fünfter beim Bundeschampionat der sechsjährigen Dressurponys. Zahlreiche Siege und Platzierungen in Dressurprüfungen der Klasse L stehen auf seinem Erfolgskonto. Seine zwei Söhne Don Diabolo, 2006 Reservesieger der Westfälischen Körung, 2010 Dritter bei den sechsjährigen Springponys und mittlerweise bis M-Springen siegreich, und Dimension AT wurden bisher gekört. Fünf Töchter erhielten die Staatsprämie. Auch im Sport sind seine Nachkommen sehr erfolgreich.

Die Mutter St.Pr.St. Nady brachte noch die beiden St.Pr.Stuten Vicky (v. Vivaldi) und Diwa (v. Donchester).

Der Muttervater Notre Beau war 1996 Siegerhengst der Westfälischen Körung. 1996, 1997 und 1998 platzierte er sich in den Finals der Bundeschampionate. Zahlreiche Siege und Platzierungen in Dressurprüfungen bis zur Klasse M gehen auf sein Konto. Sechs seiner Söhne sind bisher gekört worden, darunter der Reservesieger Nabucco R, der 2. Reservesieger Navarno und die Prämienhengste Notre D'Amour und Nabot. 14 seiner Töchter erhielten bisher die Staatsprämie, darunter die Siegerstute der Westfälischen Elitestutenschau Napoli, die den gekörten Van Heinrich brachte. Auch im Sport machen seine Nachkommen auf sich aufmerksam, so wurde Heiligenbergs Nice Blue Eyes 2008 Bundeschampionesse der vierjährigen Reitponys. Seine Nachkommen gewannen bis 2011 29.442 Euro.

Die Großmutter Verb.Pr.St. Nena platzierte sich in L-Dressuren und L–Springen. Aus ihr stammt die Endringstute St.Pr.St. Dancing Happiness (v. Durello) und die Verb.Pr.St. Nelope (v. Notre Beau), die den Prämienhengst Vidalgo (v. Vivaldi), den ebenfalls gekörten und bis M-Dressuren erfolgreichen Vollbruder zu Marienhof's Voyou, und den Reitpony-Bundeschampion Vodka Absolut (v. Vivaldi) brachte.

Die Urgroßmutter Mona brachte die gekörten Vollbrüder Night Star I (L-Spr.), Night Star II (L-Spf.) und Night Star III (alle v. Nalet ox; 1992 1. Pl. Bch. 5j. Spr. u. 1993 5. Pl. Bch. 6j. Spr.; M-Spr.) sowie den gekörten Hengst Newton-Star (v. Nalet Stern ox). Ihre Tochter St.Pr.St. Nada (v. Nalet ox) wurde Mutter des gekörten Hengstes Nightfire (v. Navarino; L-Spr.). Aus der Mona-Tochter Verb.Pr.St. Destiny (v. Dublin) stammen die gekörten Vollbrüder Navarno und Nabucco R (beide v. Notre Beau) und der Bundeschampion und Deutsche Meister Ghost (v. Going Top).

Eigenleistung: Dimension AT war 2010 Siegerhengst der Westfälischen Körung in Münster-Handorf. 2011 und Einstufung in die Prämienklasse II beim Pferdestammbuch Weser-Ems. In Reitpferdeprüfungen konnte er sich bereits hoch platzieren.

Nachkommen: Seine ersten Fohlen wurden 2012 geboren.

Donchester (DR) Fuchs *1999	FS Don't Worry (DR)	FS Dacapo Doro (DR)	v. Derano Gold (DR)
		St.Pr.St. FS Golden Sunlight (DR)	v. Golden Dancer (DR)
	St.Pr.St. Toffy (DR)	Top Gun I (DR)	v. Rosedale Tiberius (WB)
		Nontesse (DR)	v. Nils (DR)
St.Pr.St. Nady (DR) Braun *2000	Notre Beau (DR)	Nantano (DR)	v. Nante I (DR)
		Cindy (Welsh)	v. Chirk Ceiniad (WB)
	Verb.Pr.St. Nena (DR)	Nalet ox	v. Arax ox
		Mona (DR)	v. Meran (DR)

DR RHEINLAND
DE 443431236906
PALOMINOHENGST
***16.5.2006**
STM.: 147 CM

© PFERDKREATIV

ZÜCHTER
ZG Ingrid u. Hermann Berger
41751 Viersen

BESITZER
Katharina Freifrau von Salmuth
Gestüt Lilienhof
Obermeckenhof 4
88213 Ravensburg
Tel.: 0751-7694949
Mobil: 0173-3711561
katharina.salmuth@gmx.de
www.der-lilienhof.de

STATION
beim Besitzer

KÖRUNG
30.11.2008 in Münster-H. (durch Westf.)

DECKEINSATZ ÜBER FS

VERERBUNGSDATEN
E-LGS 2011 221 EURO

DIP BEAT

Familie: Der Vater Deinhard B legte, im Anschluss an seine Körung 2002 in Aachen, seine HLP in Münster-Handorf als Reservesieger mit gesamt 8,53 ab. 2002 und 2003 wurde er jeweils Vierter beim Bundeschampionat der drei- bzw. vierjährigen Reitponys. 2004 und 2005 war er Vize-Bundeschampion der Dressurponys und gewann 2005 mit Anna von Negri EM-Doppelgold in Pratoni del Vivaro/ITA. Das Paar belegte Platz drei beim CHIOP in Freudenberg und siegte in Saumur/FRA. 2005 kam der Titel des Rheinischen Meisters, der Sieg im Preis der Besten und Platz fünf bei der DM hinzu. Unter dem Sattel von Sönke Rothenberger kam 2007 EM-Teamgold in Freudenberg, 2008 EM-Doppelgold in Avenches/SUI und 2009 EM-Teamgold in Moorsele/BEL hinzu. 2010 ritt Lena Charlotte Walterscheidt Deinhard B zu EM-Teamsilber in Bishop Burton/GBR.
Vier Söhne des Deinhard wurden gekört. Seine Töchter Day of la Divinia, Golden Dream und Dynasty erhielten die Staatsprämie, letztere wurde 2009 beim Dressurpony-Bundeschampionat unter Sanneke Rothenberger Vierte. Sein Sohn Dreamdancer geht erfolgreich in M-Fahrprüfungen. Der gekörte Dein Prinz SL geht siegreich in L-Dressuren mit Anna von Negri, nachdem er 2010 mit Jessica Krieg beim Dressurpony-Bundeschampionat teilnahm. 2011 belegte Dujardin B Platz sieben beim Bundeschampionat der fünfjährigen Dressurponys.

Die Mutter Caprice brachte die gekörten Hengste Golden Mailight (v. Golden Dancer; L-Dr.), und Dubbeldam Be (v. Dornik B; L-Dr.). Ihre Tochter St.Pr.St. Die-Da Be (v. FS Don't Worry) nahm 2009 am Bundeschampionat (4j. St. u. W.) teil und belegte 2010 unter Lena Charlotte Walterscheidt Platz acht beim Bundeschampionat der fünfjährigen Dressurponys . Ebenfalls erfolgreich im Sport gehen Rubinchen BE (v. Rubioso N; L-Dr.) und Dornick Bonsai (v. Dornik B; A-Dr.). Die Caprice-Tochter Lo Lita BE (v. Levaro) erhielt die Verbandsprämie.

Der Muttervater Capri Moon ist Sohn des in den Niederlanden hochgeschätzten Bokkesprong Czardas, der auch in Deutschland die Reitponyzucht positiv beeinflusste. Als Muttervater tritt Capri Moon u.a. bei den Hengsten Dornik's Donovan (v. Dornik B), Depardieu AT (v. Don Joshi I AT) und Centauro's Golden Flashlight (v. FS Golden Highlight) auf.

Aus dem leistungsgesättigten Mutterstamm kommen noch die gekörten und sportlich überaus erfolgreichen Hengste FS Giacomo, Double Trouble, Pink Floyd, Chantré, Chester RB, Cognac de Pondole RB, Good Looking, Moorkieker Tacitus, Downland Chorister, Crusador und Downland Tanglewood.

Eigenleistung: Im Anschluss an seine Körung 2008 in Münster Handorf stand Dip Beat ein Jahr später im westfälischen Aufgebot für das Bundeschampionat. Inzwischen verbuchte er Platzierungen bis Dressurpferdeprüfungen der Klasse L.

Deinhard B (DR) Palomino *1999	**Dornik B (DR)**	**Derano Gold (DR)**	**v. Derano (DR)**
		Verb.Pr.St. Dubary (DR)	**v. Derbino (DR)**
	Gwenduline B (DR)	**Golden Dancer (DR)**	**v. Dancer (DR)**
		St.Pr.St. Gioconda (Rhld.)	**v. Goldstrand (Westf.)**
Caprice (DR) Fuchs *1992	**Capri Moon (NiPo)**	**Bokkesprong Czardas (NiPo)**	**v. Oakley Bubbling On (GB)**
		Oostings Tella (NiPo)	**v. Limbra's Soivny (NiPo)**
	Daisy (DR)	**Derbino (DR)**	**v. Derby (DR)**
		Katinka (WB)	**v. Downland Chevalier (WB)**

Domino Dancing

DR RHEINLAND
DE 343440472093
PALOMINOHENGST
*15.4.1993
STM.: 148 CM

DOMINO DANCING

ZÜCHTER
Hans-Georg Bönniger
47918 Tönisvorst

BESITZER
Dressurstall Rothenberger/Erlenhof OHG
Im Gestüt Erlenhof 4
61350 Bad Homburg
Tel.: 06172-305894
Mobil: 0171-8906747
Fax: 06172-305871
info@dressurstall-rothenberger.de
www.dressurstall-rothenberger.de

STATION
beim Besitzer

KÖRUNG
9.11.1996 in Aachen (durch Rhld.)

EIGENLEISTUNG
über Turniererfolge
(bis Dressur Kl.M erfolgreich)

DECKEINSATZ ÜBER NS

VERERBUNGSDATEN
E-LGS 2011 10.017 EURO
N-LGS 2011 1.941 EURO

Familie: Der Vater Derano Gold sammelte mit mehr als 230 Siegen und Platzierungen im Viereck über 8.600 Euro an Preisgeldern.

Der Muttervater Valentino ist ein Vertreter der weltberühmten Hengstlinie des Bwlch Valentino.

Eigenleistung: Domino Dancing wurde 1996 in Aachen vom Pferdestammbuch Rheinland gekört. Seine geforderte Eigenleistung erbrachte er durch Sporterfolge. 254 Siege und Platzierungen bis Dressur Kl. M, davon 52 Siege auf L-Niveau, gehen auf sein Erfolgskonto. 1996 begann Domino Dancing seine sportliche Karriere unter Stefanie Meyer-Biss mit Platz vier beim Bundeschampionat (3j. H.). Ab 1997 wurde er von Alice Fengels geritten, mit der er 1998 beim Dressurpony-Bundeschampionat (5j.) Bronze gewann und diesen Erfolg 1999 wiederholte (6j.). Hinzu kamen Platz vier bei der DM in Würselen und erste Platzierungen in internationalen Prüfungen, wie in Beek/NED. 2000 belegte Domino Dancing Rang neun bei der DM in Vlotho und wurde beim Deutschen Pony-Derby in Bad Salzuflen Zweiter. In Lanaken/BEL stand er ganz vorne. 2001 folgte der Wechsel zu Wendy Wehmeier, die Domino Dancing noch im selben Jahr zu Platz zehn bei der DM in Elmlohe ritt. 2002 wurden sie Achte bei der DM in Kreuth. Außerdem war Domino dancing bestes Pony beim Deutschen Pony-Derby. 2003 wurde Domino Dancing von Alice Fengels und Maria Theussen zu Siegen und Platzierungen in L-Dressuren geritten. Ab 2004 saß Sanneke Rothenberger im Sattel des Domino Dancing und erreichte mit ihm als Zweitpony hinter Konrad zahlreiche internationale Siege und Platzierungen, so in Beek/NED, Travagliato/ITA und Weert/NED. Bei der DM in Steinfeld belegten sie Rang acht. 2005 gewannen Domino Dancing und Sanneke Rothenberger erneut das Deutsche Pony-Derby in Bad Salzuflen. 2008 und 2009 kam Domino Dancing unter den Sattel von Alexandra Barbancon Mestres, die an die Erfolgsserie anknüpfen konnte. Sanneke Rothenbergers jüngere Schwester Semmieke übernahm ihn Ende 2009 und qualifizierte ihn 2010 für das Finale des Bundenachwuchschampionats der Pony-Dressurreiter. 2011 gelang der damals Elfjährigen und ihrem Ponyhengst dann die Sensation. Nach Rang elf beim Preis der Besten war das Paar beim internationalen Turnier in Hagen a.T.W. mit 73,42 Prozent in der Einzelaufgabe nicht zu schlagen und belegte in der Kür mit 74,00 Prozent Rang zwei. Mit einem Sieg und zwei dritten Plätzen in Neubeeren schafften Domino Dancing und Semmieke Rothenberger den Sprung ins Deutsche EM-Team. Als jüngste EM-Teilnehmerin überhaupt wurde Semmieke Rothenberger auf Domino Dancing Team-Europameister und belegte in den Einzelwertungen die Plätze sieben und acht. Bei der DM in Freudenberg kam Bronze hinzu. Saisonabschluss bildete Silber bei den Süddeutschen Meisterschaften in Seelitz.

Derano Gold (DR) *1987	Derano (DR)	Derby (DR)	v. Dandy (DR)
		Valentina (DR)	v. Valentino (GB)
	Verb.Pr.St. Victoria (DR)	Valentino (GB)	v. Bwlch Valentino (GB)
		Goldika (DR)	v. Eckley (GB)
Valerina (DR) *1976	Valentino (GB)	Bwlch Valentino (GB)	v. Valentine (GB)
		Bubbles (GB)	v. Count Dorsatz ox
	Downland Santolina (WB)	Downland Chevalier (WB)	v. Downland Dauphin (WB)
		Downland Springflower (WB)	v. Downland Romance (WB)

Nachkommen: Domino Dancing wurde züchterisch noch nicht viel eingesetzt. Seine wenigen Nachkommen sind auf L-Niveau erfolgreich.

DR Westfalen
DE 441410768607
Palominohengst
***27.4.2007**
Stm.: 148 cm

ZÜCHTER
Hermann-Josef Blomen
46414 Rhede

BESITZER
Nadine Krause
Gestüt Erlenhof, Jährlingsstall
61350 Bad Homburg v.d.H.
Mobil: 0170-2729356
ro4xs@aol.com
www.gestuet-erlenhof.de
und
Christina Wessling
Rotenhain 2
57078 Siegen

STATION
Hengststation Holkenbrink
Oberort 20
48163 Münster Albachten
Tel.: 02536-1098 Mobil: 0171-1969693
Fax: 02536-8660
info@hengststation-holkenbrink.de
www.hengststation-holkenbrink.de

KÖRUNG
29.11.2009 in Münster-H (durch Westf.)

DECKEINSATZ ÜBER FS

VERERBUNGSDATEN
E-LGS 2011 193 EURO

DON JOAN

Familie: Der Vater FS Dior de Luxe wurde 2005 vom Rheinischen Verband in Wickrath gekört und als Reservesieger herausgestellt. 2006 belegte er im Finale des NRW-Nachwuchsmeetings in Wickrath den dritten Platz. Beim Bundeschampionat kam ein vierter Platz hinzu. 2007 gewann FS Dior de Luxe in Warendorf die Bronzemedaille bei den vierjährigen Hengsten. 2008 wurde er Fünfter bei den fünfjährigen Dressurponys. Siege und Platzierungen bis zu Dressurprüfungen der Klasse L gehen auf sein Erfolgskonto. Seine Eigen-Lebensgewinnsumme betrug 2011 1.714 Euro. Acht seiner Söhne wurden gekört, darunter der Rheinische Siegerhengst 2010, FS Calimero, der Bayerische Siegerhengst 2011, FS Dior's Daikiri, und der beste Springhengst der Westfälischen Körung 2011, Dragonfly sowie der Doppelbundeschampion Dancing Dynamic.

Die Mutter Nantana brachte die in Reitpferdeprüfungen platzierte St.Pr.St. Carlotta (v. FS Champion de Luxe) die zweifache Hengstmutter wurde: die Vollbrüder WES Don Dolino (siegr. A-Dpf.) und FS Donadoni (beide v. FS Don't Worry; Rpf.).

Der Muttervater Top Nonstop war 1994 in Westfalen Siegerhengst, 1995 HLP-Reservesieger, nahm drei- bis fünfjährig an den Bundeschampionaten teil und ging bis zur DM erfolgreich. Aus seinem ersten Jahrgang wurden drei Söhne gekört: Tequila, Top Obsession und der Siegerhengst Top Natajo. Mittlerweile sind sechs seiner Söhne für die Zucht zugelassen (Timberland, Top No. 5, Nato S). 1999 brachte er mit der St.Pr.St. Tassja die Siegerstute der Westfälischen Elitestutenschau. Als Muttervater tritt er bei den gekörten Hengten D'Agostina (v. Da Capo), Casino Royale K WE (v. FS Champion de Luxe), Compositoro K WE (v. FS Champion de Luxe), Cream de Luxe K (v. FS Champion de Luxe), Hip Hop (v. Halifax), Vigo (v. Vivaldi), Friedrichshof Dr. No (v. D'Acord), Da Capo's Dancing Boy (v. Da Capo; S-Dr.) und D'Agostino (v. Da Capo).

Die Großmutter St.Pr.St.Valeska war 1995 Reservesiegerin der Westfälischen Elitestutenschau in Münster-Handorf und platzierte sich in A-Dressurpferdeprüfungen. Sie brachte den bis M-Dressuren siegreichen Chicco (v. FS Cocky Dundee), dessen Lebensgewinnsumme sich auf 4.652 Euro beläuft.
Aus dem Stamm kommen noch die gekörten Hengste Newcomer (v. Nantano; 2001 3. Pl. Bch. 6j. Spr.), Darwino (v. Durello; siegr. S-F.), Navelino (v. Nantano; L-Dr.), Nantario (v. Nantano; L-Spf.), Leonard (v. Leonardo; L-Dr.), Navarino (v. Nantano), Naxus (v. Nantano), Nasty Boy (v. Top Nordpol; L-Spr.) und der Deutsche Meister in der Dressur Nuck (v. Nantano).

Eigenleistung: Don Joan wurde 2009 in Münster-Handorf gekört. Es folgte die Anerkennung in Alsfeld mit der Auszeichnung zum Prämienhengst. 2010 wurde Don Joan Dritter beim NRW-Nachwuchsmeeting in Wickrath. Bei der Westfalen-Woche in Münster-Handorf gewann er die Sichtungsprüfung für das Bundeschampionat mit der Note 8,17. Er ist erfolgreich in Reitpferde- und Dressurpferdeprüfungen der Klasse A und nahm am Bundeschampionat teil.

FS Dior de Luxe (DR) Palomino *2003	**FS Don't Worry (DR)**	**FS Dacapo Doro (DR)**	**v. Derano Gold (DR)**
		St.Pr.St. FS Golden Highlight (DR)	**v. Golden Dancer (DR)**
	St.Pr.St. FS Golden Fleur (DR)	**Golden Dancer (DR)**	**v. Dancer (DR)**
		Petit Fleur (DR)	**v. Power Boy (DR)**
Verb.Pr.St. Nantana (DR) Fuchs *1997	**Top Nonstop (DR)**	**Nantano (DR)**	**v. Nante I (DR)**
		St.Pr.St. Lolita (DR)	**v. Leonardo (DR)**
	St.Pr.St. Valeska (DR)	**Vulkan (DR)**	**v. Vento (DR)**
		Verb.Pr.St. Nancy (DR)	**v. Nantano (DR)**

DR BAYERN
DE 484840185305
FUCHSHENGST
***26.4.2005**
STM.: 147 CM

ZÜCHTER
Gerhard Assmann
88145 Opfenbach

BESITZER
Equestrian-Center Opfenbach
Fachpraxis für Pferde
Mannsnetter Str. 28
88145 Opfenbach
Tel.: 08385-9220-0
Fax: 08385-9220-20
info@pferdeklinik-opfenbach.de
www.pferdeklinik-opfenbach.de

STATION
beim Besitzer

KÖRUNG
20.10.2007 in Alsfeld (durch Südt.)
Siegerhengst

EIGENLEISTUNG
HLP 2009 in München-Riem 8,51 (1./8)

DECKEINSATZ ÜBER FS, TG

VERERBUNGSDATEN
E-LGS 2011 744 EURO

DON JOHNSON

Familie: Der Vater Dow Jones, 2002 Siegerhengst der Süddeutschen Körung, absolvierte seine HLP in Neustadt/D. mit der Gesamtnote 8,28. 2003 gewann er den Freispringcup in Pfaffenhofen. Seine Sportkarriere startete er mit Siegen und Platzierungen in Reitpferdeprüfungen und A- und L-Springpferdeprüfungen sowie mit Platzierungen in A-Springen. 2005 nahm er am Bundeschampionat (5j. Spr.) teil. Mittlerweile ist er siegreich in L-Springen. Mit seinem ersten Jahrgang 2005 stellte Dow Jones mehrere Siegerfohlen auf Fohlenschauen. Der Vater von Dow Jones, Douglas, wurde 1993 Siegerhengst seiner Körung und anschließend Reservesieger seiner HLP in München-Riem. Im Springen erhielt er die 10,0. Diese Einschätzung bestätigte er durch seine Sporterfolge: 1997 wurde er Vizebundeschampion (6j.). Inzwischen stehen Siege bis M-Springen zu Buche. Sein Sohn Douglas Junior gewann 2004 und 2005 das Bundeschampionat (5j. u. 6j. Spr.).

Die Mutter St.Pr.St. Creston's Orchidee erhielt die Staatsprämie. Sie war 2004 Siegerstute ihrer Klasse bei der bayerischen Landesstutenschau in München-Riem (3j. St.), Endring-Teilnehmerin und 2. Reservesiegerin ihrer SLP in München-Riem (Gesamtnote 7,45, Fremdreiternote 8,5).

Der Muttervater Creston Dundee wurde 1998 in Münster gekört, 1999 in Baden-Württemberg als Prädi- katshengst und 2002 in Hessen als Prämienhengst anerkannt. Seine HLP legte er 1999 in München-Riem als Siegerhengst mit der Gesamtnote 8,8 ab. 2000 war Creston Dundee Bundeschampionatsfinalist bei den fünfjährigen Springponys. Seine Lebensgewinnsumme beträgt 1.188 Euro. Die Creston Dundee-Söhne Carus, Singold's Cavalin und Chardonnay wurden gekört. Sieben seiner Töchter erhielten die Staatsprämie. So ist Creston Dundee Vater der Klassensieger-, der Reservesieger- und der 2. Reservesiegersstute 2004 bei den dreijährigen Stuten auf der Bayerischen Landesschau in München-Riem Creston's Orchidee, Singold's Cherie und Bonita. Alle drei Stuten waren auch Endring-Teilnehmerinnen. Seine Tochter Cassandra G vertrat den Verband Baden-Württemberg 2005 bei der Bundesstutenschau in Warendorf.

Eigenleistung: Don Johnson wurde 2007 Siegerhengst der Süddeutschen Körung. 2009 wurde er vom Pferdestammbuch Schleswig-Holstein/Hamburg anerkannt. Im November 2009 absolvierte er seine HLP in München-Riem als Sieger mit der Note 8,51. In der Umgänglichkeit erhielt er die Maximalnote 10,0. Seine Leistungsbereitschaft wurde mit 9,5 beurteilt und in der Rittigkeit erhielt er eine 9,0. Es folgten Seriensiege in Springpferdeprüfungen der Klassen A und L, die 2010 in Silber beim Bundeschampionat der fünfjährigen Springponys gipfelten. Sechsjährig kamen Platzierungen bis M*-Springpferdeprüfungen hinzu. 2011 gehörte Don Johnson zu den erfolgreichsten Springponys in Bayern.

Dow Jones (DR) Dunkelbraun *2000	Douglas (DR)	Dublino (DR)	v. Donnerkiel (DR)
		St.Pr.St. Nibelungensage (DR)	v. Nobel (DR)
	St.Pr.St. Ninive (DR)	Nedo II (DR)	v. Nijm ox
		Natascha (DR)	v. Nalet ox
St.Pr.St. Crestons Orchidee (DR) Fuchs *2001	Creston Dundee (DR)	FS Cocky Dundee (NiPo)	v. Cocky Dundas xx
		Disneyland (DR)	v. Dschingis-Khan (DR)
	Odessa (DR)	Admiral (WB)	v. Arthur-O-Fon (WB)
		Odette (DR)	v. Candy-Carel R (DR)

Nachkommen: Don Johnsons erste Fohlen wurden 2009 geboren. Auf dem Bayerischen Fohlen- und Jugendchampionat 2009 in Finning stellte Don Johnson mit Ginger das Reservesiegerstutfohlen der zweiten Abteilung.

Tackmann's Donut

© Hagemeister

DR SCHLESW.-HOLST.
DE 422220015409
FUCHSHENGST
*14.6.2009
STM.: 148 CM

TACKMANN'S DONUT

ZÜCHTER
Nanni Tackmann
24598 Boostedt

BESITZER
Familie Tackmann
Rosenhof 1
24598 Boostedt
Tel.: 04393-2917
Mobil: 0171-7751996
Fax: 04393-979033
tackmann-boostedt@t-online.de

STATION
beim Besitzer

KÖRUNG
12.2.2012 in Neumünster (durch SHH)

DECKEINSATZ ÜBER NS

Familie: Der Vater Denver wurde 2006 in Redefin für Mecklenburg-Vorpommern gekört und als Siegerhengst ausgezeichnet. 2007 wurde er in Neumünster für Schleswig-Holstein anerkannt. Er legte seinen Kurztest in Schönhorst mit der Gesamtnote 8,14 ab. Im Sport ist er siegreich bis zu Dressuren der Klasse L. 2009 qualifizierte er sich für das Bundeschampionat der fünfjährigen Dressur- und der Vielseitigkeitsponys und erfüllte damit die Anforderungen für die Eintragung ins Hengstbuch I. Mit Tackmann's Donut wurde sein erster Sohn gekört. Seine Tochter Distel wurde mit der Staatsprämie ausgezeichnet.

Die Mutter Bellis ist erfolgreich in A-Dressuren und A-Dressurpferdeprüfungen.

Der Muttervater FS Golden Highlight war 1999 Siegerhengst seiner Körung im Rheinland. 2000 wurde er Rheinischer Meister und Bundeschampion der dreijährigen Hengste, 2001 Bundeschampion der vierjährigen Hengste und Siegerhengst der Hengstleistungsprüfung in Neustadt/Dosse mit der Gesamtnote von 8,78. Im Sport ist er in L-Dressuren erfolgreich, seine Lebensgewinnsumme beläuft sich auf 1.851 Euro. 2003 gewann er bei der 14. Internationalen Welsh Schau in Aachen alle Klassen und wurde Internationaler Supreme Sieger Partbred. FS Golden Highlight hat bisher 18 gekörte Söhne und 12 Staatsprämienstuten geliefert. Im Sport sind seine Nachkommen in allen Disziplinen sehr erfolgreich. FS Golden Highlight ist Vater des Vize-Bundeschampions 2010 der dreijährigen Reitponys, G-Star, vom Fahrweltmeister von 2007 und 2011 und Deutschen Meister 2006, 2007 und 2008, Joldis Guiseppe, von Tobias Bücker, des bis M-Dressuren siegreichen The Black Highlight, des M-erfolgreichen Brantops Go for Gold, des Teilnehmers an der DM 2011 und L-siegreichen Gentleman. Golden Sunshine belegte 2008 Platz vier beim Bundeschampionat der vierjährigen Reitponys und wurde 2009 bei den fünfjährigen Dressurponys Vierte. Sein Sohn Golden Avalon ASS nahm 2011 am Bundeschampionat der fünfjährigen Dressurponys teil. Seine Nachkommen gewannen 22.496 Euro bis 2011.

Die Großmutter Bella Bene war 2001 Siegerstute der Weser-Ems-Bezirksstutenschau in Höven.

In dritter Generation steht der Weser-Ems-Hengst Barrichello, der selbst 122 Erfolge in Viereck bis zur Klasse L verbuchte. Zwei seiner Söhne wurden gekört: Holsteins Bonito, 2009 Zweiter bei der Sichtung für das Bundeschmpionat der dreijährigen Hengste, und Holsteins Jakata.

Denver (DR) Fuchs *2004	**Desperado K (DR)**	**Dornik B (DR)**	**v. Derano Gold (DR)**
		St.Pr.St. Solaris K (DR)	**v. Losander (DR)**
	St.Pr.St. Carmen (DR)	**Brillant (GB)**	**v. Piran John Halifax (GB)**
		Carina (WB)	**v. Southend Caruso (WB)**
Bellis (DR) Fuchs *2005	**FS Golden Highlight (DR)**	**FS Golden Moonlight (DR)**	**v. Golden Dancer (DR)**
		Petty Smooth (DR)	**v. Power Boy (DR)**
	Bella Bene (DR)	**Barrichello (DR)**	**v. Bayus (DR)**
		Bologna (DR)	**v. Bilbao x**

Eigenleistung: Tackmann's Donut wurde 2012 in Neumünster gekört und als Prämienhengst ausgezeichnet.

DR SCHLESW.-HOLST.
DE 422220051909
FALBHENGST
*23.2.2009
STM.: 147 CM

ZÜCHTER
Petra Kudlinski
24562 Bordesholm

BESITZER
Finja Gothner
Sonthofenerstr. 2 b
24146 Kiel
Tel. 0176-66005318

STATION
Peter Böge
Steendiek 2
24220 Schönhorst
Tel.: 04347-3382
Mobil: 0171-9915069
Fax: 04347-709752
info@gestuet-steendiek.de
www.gestuet-steendiek.de

KÖRUNG
11.2.2012 in Neumünster (durch SHH)

DECKEINSATZ ÜBER NS

DON JUAN DE MARCO

Familie: Der Vater Donnerhall wurde 2008 in Neumünster vom Pferdestammbuch Schleswig-Holstein/Hamburg gekört und als Prämienhengst ausgezeichnet. Er geht siegreich in Reitpferdeprüfungen und Dressurpferdeprüfungen der Klasse A. 2008 belegte er den fünften Platz beim Bundeschampionat der dreijährigen Hengste, nachdem er sich zuvor beim Schleswig-Holstein-Schaufenster an vierter Stelle platzieren konnte. Seinen Kurztest legte er 2009 in Schönhorst mit der Note 8,29 ab. Damit war er Fünfter von 18 Teilnehmern. 2009 folgte der Titel des Vize-Landeschampions in Schleswig-Holstein/Hamburg. 2010 konnte er sich beim Schleswig-Holstein-Schaufenster auf Platz zwei bei den fünf- und sechsjährigen Hengsten behaupten. Mit Don Juan de Marco wurde sein erster Sohn gekört.

Die Mutter Isgaar ist siegreich und platziert in Spring- und Springpferdeprüfungen der Klasse L. Sie wurde 2010 beim Schleswig-Holstein-Schaufenster Vierte bei den fünf- und sechsjährigen Stuten und Wallachen und belegte Rang neun beim Bundeschampionat der fünfjährigen Springponys. Für Isgaar ist Don Juan de Marco das erste Fohlen.

Der Muttervater, der Welsh B-Hengst Tilo, lieferte der Zucht zwei gekörte Söhne, Terence Hill und Tequila Sunrise. Im Sport überzeugen Tilo Junior und Isgaar mit Erfolgen in L-Springen, Isgaar konnte sich 2010 auf Platz neun beim Bundeschampionat der fünfjährigen Springponys platzieren.

Die Großmutter Immaculada brachte auch die drei gekörten Hengste Mad Max (v. Horsegate Minstrel; M-Dr., siegr. L-Spf., 2007 FN-Bundesprämie), Goldfever (v. Gerardus; A-Spf.) und Champion (v. Constantin; = Steendieks Con Capitol; 2008 3. Pl. SH-Schaufenster 5- u. 6-j. H., A-Spr., A-Dpf.). Immaculada wurde weiterhin Mutter von Inaara (v. Synod Nickelcoin), 2003 Dritte beim Bundeschampionat der sechsjährigen Springponys und platziert bis M-Springen, von Na Capitol v. (Synod Nickelcoin), 2009 15. bei der DM der Vielseitigkeitsreiter; und von den beiden L-Springponys Ikebana (v. Horsegate Minstrel) und Infinity (v. Sando Paso).

Die Urgroßmutter Selika brachte die Stute Accola (v. Caribo GL), von der der gekörte Hengst Chateau de Brion (v. Cassini; siegr. L-Spf.) und die Sportpferde Cristobal (v. Coriander; 2004 19. Pl. Bch.5j. Dr., 2011 1. Pl. EM d. Junioren/Annabel Frenzen, 2. Pl. EM-Kür, 4. Pl. EM-Ez, Grand Prix), Mäe (v. Cassini; siegr. M-Dr.), Centerfold K (v. Cassini; M-Spr.) und Champ ut Brünch (v. Champion Du Lys; L-Spf.) abstammen. Die Accola-Tochter Gaccola (v. Lord) wurde Mutter des gekörten Hengstes Donnerlord (v. Donnerbube I; siegr. S-Dr., Interm. I).

Holsteiner Stutenstamm 6378

Eigenleistung: Don Juan de Marco wurde 2012 in Neumünster vom Pferdestammbuch Schleswig-Holstein/Hamburg gekört und als bester Springhengst auf dem Prämienring herausgestellt.

Donnerhall (DR) Fuchs *2005	Donnertraum (DR)	Donnerwetter (DR)	v. Dancer (DR)
		Conny (DR)	v. Nurejew (DR)
	Eboli (DR)	Nordstar (DR)	v. Night-Star I (DR)
		Ebara (DR)	v. Ibar xx
Isgaar (DR) Falbe *2005	Tilo (WB)	Bel. Turks Cap (WB)	v. Bel.Zoroaster
		Moesh. Rapid 2	v. Paashaas (WB)
	Immaculada (Holst.)	Capitol I (Holst.)	v. Capitano (Holst.)
		Selika (Holst.)	v. Livorno (Holst.)

DR SCHLESW.-HOLST.
DE 422220026006
FUCHSFALBHENGST
*24.4.2006
STM.: 145 CM

© PRIVAT-

ZÜCHTER
Raimon Joesten
25770 Lieth

BESITZER
Gestüt Foelle Strandgaard
Svanevej 1
DK-8410 Rønde
Dänemark
Tel.: 0045-20253385
mle@marie-louise-ebdrup.dk
www.foelle-strandgaard.dk
und
Jonas Popp
Hoheluft 13
23795 Traventhal

STATION
beim Besitzer

KÖRUNG
6.2.2009 in Neumünster (SHH)

EIGENLEISTUNG
HLP 2011 in Dänemark/DSP 8,15 (2.)

DECKEINSATZ ÜBER TG

VERERBUNGSDATEN
E-LGS 2011 38 EURO

DR. DOOLITTLE

Familie: Der Vater FS Don't Worry Junior wurde 2004 in Wickrath für das Pferdestammbuch Rheinland gekört und als Siegerhengst herausgestellt. 2005 wurde er in Saumur/FRA für die französische Reitponyzucht gekört und wurde Bundeschampion der dreijährigen Hengste. 2006 siegte er beim NRW-Meeting in Wickrath und wurde Bundeschampion der vierjährigen Hengste. Er war siegreich bis zur Dressuren der Klasse L. Ende 2006 wurde er nach Belgien verkauft. Seine Söhne Dr. Doolittle und Don't Touch wurden gekört. Letzterer nahm 2011 am Bundeschampionat der fünfjährigen Dressurponys teil, Tochter Diadem bei den vierjährigen Reitponys. Seine Tochter St.Pr.St. FS Dori war auf der Rheinischen Elitestutenschau Klassensiegerin.

Die Mutter El.St. Stratiatelle BL war 2000 Siegerstute der Elitestutenschau und wurde erfolgreich im Sport eingesetzt. 2000 war sie Vize-Landeschampionesse, 2001 und 2002 Landeschampionesse in Schleswig-Holstein. Sie ist Mutter der beiden gekörten Hengste Dr. Doolittle (v. FS Champion de Luxe Junior) und Charlie Chaplin (v. FS Champion de Luxe), 2005 als Chalkidiki Fohlenchampionatssieger in Schleswig-Holstein, 2009 dann Prämienhengst in Schleswig-Holstein/Hamburg und siegreich in Reitpferdeprüfungen. Ihre Tochter Golden Sunshine (v. FS Golden Moonlight) war 2008 Vierte beim Bundeschampionat der vierjährigen Reitponys und 2009 Sechste beim Bundeschampionat der fünfjährigen Dressurponys und geht erfolgreich in M-Dressuren. Die Stratiatelle BL-Tochter She's Madonna (v. FS Champion de Luxe) belegte 2010 Platz vier beim Bundeschampionat der dreijährigen Reitponys.

Der Muttervater Brooklands Moonwalker war Siegerhengst, HLP-Reservesieger, mehrfacher Landesmeister, Sieger der Bremer-Pony-Trophy und gewann EM-Teambronze. Über 240 Erfolge, davon 19 Siege in Klasse M, stehen zu Buche.

Die Großmutter Viktorias Sofia wurde durch Mighty Man GH (v. Magareteau Beau Nash GH; L-Dr.), Rappenbergs Little Lord (v. Coelenhage's Lord; siegr. L-Dr.) und Rappenbergs Milky Way (v. Eiluns Milano; L-Dr., USA) dreifache Hengstmutter.

Eigenleistung: Dr. Doolittle wurde 2009 in Neumünster für Schleswig-Holstein/Hamburg gekört und im selben Jahr vom Pferdestammbuch Weser-Ems anerkannt und in die Prämienklasse II eingestuft. Außerdem ist er für den Ponyverband Hannover anerkannt. Er ist erfolgreich in Reitpferdeprüfungen. 2009 gewann er die Qualifikation für das Bundeschampionat der dreijährigen Reitponys. 2010 war er auf dem Landeschampion in Bad Segeberg platziert. Seine HLP absolvierte er 2011 in Dänemark mit dem Gesamtergebnis von 8,15. Auffallend die hohen Beurteilungen in der Rittigkeit mit 9,0, dieselbe Note im Temperament und Charakter, Benehmen im Stall, in der Dressurveranlagung, im Trab und im Galopp. Die 8,5 gab es für den Schritt.

Vererbung: 2010 wurde seine Tochter a.d. Prinzess v. Viktorias Chirac beim Deutschen Fohlenchampionat in Lienen das zweitbeste Stutfohlen. Seine in Weser-Ems gefallenen Fohlen erhielten nahezu alle die Fohlenprämie.

FS Don't Worry Junior (DR) Fuchs *2002	FS Don't Worry (DR)	FS Dacapo Doro (DR)	v. Derano Gold (DR)
		St.Pr.St. FS Golden Sunlight (DR)	v. Golden Dancer (DR)
	Chayenne (DR)	FS Cocky Dundee (NiPo)	v. Cocky Dundas xx
		Ginette (DR)	v. Golden Dancer (DR)
El.St. Stratiatella BL (DR) Fuchs *1997	Brooklands Moonwalker (DR)	Magnum (DR)	v. Balthasar (=Gerrig Brenin B.) (WD)
		Bira (DR)	v. Lombard (DR)
	Viktorias Sofia (DR)	Brillant (GB)	v. Piran John Halifax (GB)
		Sonja (WB)	v. Rhiwgoch Shot (WA)

DR WESTFALEN
DE 441411132809
DUNKELFUCHSHENGST
*27.3.2009
STM.: 148 CM

ZÜCHTER
Adolf Theo Schurf
50181 Bedburg

BESITZER
Adolf Theo Schurf
Oberembter Str. 1
50181 Bedburg
Tel.: 02272-911929
Mobil: 0172-7104022
Fax: 02272-911911
info@reitpony.com
www.reitpony.com

STATION
beim Besitzer

KÖRUNG
27.11.2011 in Münster-H. (durch Westf.)

DECKEINSATZ ÜBER FS

DREIDIMENSIONAL AT

Familie: Der Vater Dance Star AT startete seine Karriere 2006 in Münster-Handorf als Siegerhengst der Westfälischen Körung. 2008 gewann er seine HLP ebenfalls in Münster-Handorf mit 8,63. Viermal stand er bei den Bundeschampionaten auf dem Treppchen. 2007 gewann er unter Daniela Waxenberger Silber bei den dreijährigen Hengsten und wiederholte diesen Erfolg 2008 unter Desiree Schurf im Klassement. 2009 gewann er mit Bianca Nowag zunächst das Westfalen-Championat mit einer 9,0 und wiederholte diesen Erfolg auch beim Bundeschampionat der fünfjährigen Dressurponys. 2010 folgte auf das Gold in Warendorf noch einmal Bronze bei den sechsjährigen Dressurponys. Zahlreiche Siege und Platzierungen bis zu Dressurprüfungen der Klasse L gehen auf sein Erfolgskonto. Gleich aus seinem ersten Jahrgang stellte er drei gekörte Söhne, neben dem 2. Reservesieger der Westfälischen Körung 2011, Dreidimensional AT, noch die Prämienhengste Del Estero AT und Big Dresscode. Drei Töchter des Dance Star AT erhielten die Staatsprämie.

Die Mutter St.Pr.St.Darling Stella AT brachte auch die St.Pr.St. Darling Star AT (v. Don Joshi I AT), die 2010 zur 2. Reservesiegerin der Westfälischen Elitestutenschau avancierte und siegreich in A-Dressurpferdeprüfungen war. Die Darling Stella-Tochter St.Pr.St. Darling Deleila (v. Dance Star AT) absolvierte ihre SLP mit einer 8,25 und platzierte sich in Reitpferdeprüfungen.

Der Muttervater Dreamdancer wurde 1995 als Prämienhengst in Münster-Handorf gekört. 1996 legte er seine HLP ebenfalls erfolgreich in Münster-Handorf ab (Gesamtindex 111,54). Im Sport erzielte er Siege bis L-Dressuren und Platzierungen bis L-Springen. Bisher wurden vier seiner Söhne gekört: Doolittle, der Vater von Dumbledor AT wurde, Davidoff, 2010 Fünfter beim Bundeschampionat der fünfjährigen Dressurponys, der bis L-Dressuren siegreiche Duce und Diorello.

Die Großmutter Verb.Pr.St.Doreen S siegte und platzierte sich in FEI-Prüfungen.

Die Urgroßmutter Bengad Gavotte ist auch Mutter der Stute Florahof's Juliet (v. Downland Fleet Food), aus der der gekörte Patrick (v. Twickels Piraat) und die Stute Bekveld's Nancy (v. Plethni Puck) stammt, die über ihre Tochter Bekveld's Lovely (v. Cottage Love Knot) Großmutter des gekörten Hengstes Van Royc's Midnight Tango (v. Timeless) wurde.

Aus dem Stamm kommen noch die gekörte Hengste Eros F (v. Bjirmen's Wytse; L-Dpf.), Winschallan (v. Windur AA), die beiden Vollbrüder Tetworth Nijinski und Tetworth Massine (beide v. Lydstep Barn Dance) und der bedeutende Tetworth Crimson Lake (v. Lechlade Scarlet Pimpernel) .

Eigenleistung: Dreidimensional AT wurde 2011 2. Reservesieger der Westfälischen Körung in Münster-Handorf.

Dance Star AT (DR) Braun *2004	**Dressman I (DR)**	**Domingo (DR)**	**v. Derby (DR)**
		Nadin (DR)	**v. Niklas I (DR)**
	St.Pr.St. Gina (DR)	**Folklore (DR)**	**v. Pony Power Darling Boy (DR)**
		Giana (DR)	**v. Brillant (GB)**
St.Pr.St. Darling Stella AT (DR) Fuchs *2003	**Dreamdancer (DR)**	**Dublin (DR)**	**v. Durello (DR)**
		Dunja (DR)	**v. Dschingis-Khan (DR)**
	Verb.Pr.St. Doreen S	**Conquistador (NiPo)**	**v. Hamad ox**
		Bengad Gavotte (WB)	**v. Lydstep Barn Dance (WB)**

© TIRP

DR RHEINLAND
DE 443435176009
FALBHENGST
***10.6.2009**
STM.: 147 CM

ZÜCHTER
ZG Beckmann-Nolte
46459 Rees

BESITZER
Gestüt Förster
Ermen 55
59348 Lüdinghausen
Tel.: 02591-4209
Mobil: 0160-8713989
Fax: 02591-794956
info@gestuet-foerster.de
www.gestuet-foerster.de

STATION
beim Besitzer

KÖRUNG
27.11.2011 in Münster-H. (durch Westf.)

DECKEINSATZ ÜBER NS

BIG DRESSCODE

Familie: Der Vater Dance Star AT wurde 2006 Siegerhengst der Westfälischen Körung in Münster-Handorf. 2008 gewann er die Hengstleistungsprüfung in MS-Handorf mit 8,63. 2007 wurde er Vize-Bundeschampion der dreijährigen Hengste mit Daniela Waxenberger, 2008 Vize-Bundeschampion der vierjährigen Hengste mit Desiree Schurf, 2009 gewann er zunächst das Westfalen-Championat mit der Note 9,0, danach auch das Bundeschampionat der fünfjährigen Reitponys, ebenfalls mit der Gesamtnote 9,0. Seine Reiterin war Bianca Nowag. 2010 wurde er Dritter bei den sechsjährigen Dressurponys. Zahlreiche Siege und Platzierungen bis zu Dressurpferdeprüfungen der Kl. L gehen bisher auf sein Erfolgskonto.
Drei seiner Söhne wurden gleich aus seinem ersten Jahrgang gekört: der 2. Reservesieger der Westfälischen Körung 2011, Dreidimensional AT, der Prämienhengst Del Estero AT und Big Dresscode. Mit der Staatsprämie wurden drei Töchter ausgezeichnet.

Für die Mutter Verb.Pr.St.Celina ist der gekörte Big Dresscode ihr erstes Fohlen.

Der Muttervater Cassini wurde 2000 vom Rheinischen Pferdestammbuch in Aachen gekört und als Reservesieger ausgezeichnet, 2010 legte er seine HLP in Neustadt/D. mit der Gesamtnote 8,0 ab. Drei seiner Töchter wurden bisher mit der Staatsprämie ausgezeichnet. Seine Tochter Cassina wurde 2009 über die Fohlenauktion in Münster-Handorf verkauft. Einer seiner Söhne wurde in Belgien gekört .

Die Großmutter St.Pr.St. Virginia brachte das L-Dressurpony Golden Joy (v. Golden Dandy).

Die Urgroßmutter St.Pr.St. Nadin wurde als Dreijährige mit der Goldmedaille ausgezeichnet. Sie brachte in 19 Zuchtjahren 18 Fohlen. Nadin ist Mutter der gekörten Hengste Valido's Highlight (M-Dr.), Veltin (S-Dr.), Vic, 2005 2. HLP-Reservesieger in München-Riem und Tellnehmer am Bundeschampionat (4j. H.), und Valerossi (alle v. Valido), 2007 Siegerhengst in Norwegen. Weiterhin stammen aus ihr die Sportponys Valido's Junior (1996 3. Pl. Bch. 4j. St. u. W., 1997 8. Pl. Bch. 5j. Dr., 1998 8. Pl. 6j. Dr.) und Valido's Schneewittchen (L-Dr.). Acht ihrer Töchter wurden mit der Staatsprämie ausgezeichnet. Sie haben alle Valido zum Vater: Valido's Schneewittchen, Vallery, 1994 Reservesiegerstute der Rheinischen Elitestutenschau in Aachen, 1996 Dritte beim Bundeschampionat (5j. Dr.) und 2000 Platz elf bei der DM, Virginia, Valida de Montmain, Mutter des gekörten Devino Nobile (v. FS Don't Worry), Valido's Junic, von deren fünf Fohlen vier mit der Goldmedaille ausgezeichnet wurden, und schließlich Valido's Sunshine, 2007 in Elsdorf Reservesiegerin der Reitponys auf der Regionalschau der IG Welsh im Rheinland. Valido's Sunshine stellte 2006 das Siegerfohlen (v. Mariano) in Wickrath. 2007 wurde ihr Fohlen (v. Mariano) Gesamtsieger der IG-Welsh Schau im Rheinland.

Dance Star AT (DR) Braun *2004	**Dressman I (DR)**	**Domingo (DR)**	**v. Derby (DR)**
		St.Pr.St. Nadin (DR)	**v. Niklas (DR)**
	Str.Pr.St. Gina (DR)	**Folklore (DR)**	**v. Ponny Power Darling Boy (DR)**
		Giana (DR)	**v. Brillant (GB)**
Verb.Pr.St. Celina (DR) Palomino *2002	**Cassini (DR)**	**FS Cocky Dundee (NiPo)**	**v. Cocky Dundas xx**
		Go Go Girl (DR)	**v. Golden Dancer (DR)**
	St.Pr.St. Virginia (DR)	**Valido (DR)**	**v. Very Important (DR)**
		St.Pr.St. Nadin (DR)	**v. Nadler I (DR)**

Eigenleistung: Big Dresscode wurde 2011 in Münster-Handorf vom Westfälischen Verband gekört.

DR WESTFALEN
DE 341420013788
FUCHSHENGST
*1.6.1988
STM.: 148 CM

ZÜCHTER
Heinrich Sondermann
45721 Haltern am See

BESITZER
Adolf Theo Schurf
Oberembter Str. 1
50181 Bedburg
Tel.: 02272-911929
Mobil: 0172-7104022
Fax: 02272-911911
info@reitpony.com
www.reitpony.com

STATION
beim Besitzer

KÖRUNG
3.2.1991 in Münster-H. (durch Westf.)
Siegerhengst

EIGENLEISTUNG
HLP 1992 in Münster-H. 8,55 (1./30)
1991-1994 Bundeschampion

DECKEINSATZ ÜBER FS

VERERBUNGSDATEN
E-LGS 2011 11.821 EURO
N-LGS 2011 134.528 EURO

DRESSMAN I

Gekörte Hengste: 33 – u.a. D'Artagnon I u. II, Dacapo, Dancer, Dance Star AT, Daydream of Victoria, De Vito, Debussy AT, Deja Vu, Der Feine Lord AT, Destino, Doc Man, Don Carlos, Don Joseppi, Don Joshi AT, Don Joshi II, Don Pedro, Don Pepone AT, Don Philino WE, Don Quichotte AT, Dream of Victoria, Dressboy, Dressman Junior, Duvalier, Dynamik Star, Dynastie AT, Dynamit, Dark Knight
Staatsprämienstuten: 21

Familie: Der Vater Domingo brachte 14 gekörte Söhne. Die Mutter St.Pr.St. Nadin war 1992 Bundessiegerstute. Aus ihr stammen neun gekörte Söhne, neben Dressman I noch dessen Vollbrüder Dressman II, III, IV und V sowie Silvertop's As (v. Silvertop's Ricco; 1987 und 1988 Bundeschampion), Doubtless (v. FS Don't Worry; 2007 Bundeschampion), Dein Freund (v. Dornik B; Siegerhengst) und Dein Sunnyboy (v. Dressman V).
Eigenleistung: Der Siegerhengst und HLP-Sieger Dressman I stand mehr als zehn Jahre im Dressurpony-Bundeskader und verbuchte über 120 Siege in L- und M-Dressuren. Viermal gewann er das Bundeschampionat: 1991 in München mit Eva-Maria Tüpker (3j. H.), 1992 in Verden mit Bettina Hinnemann (4j. H.), 1993 in Mannheim mit Verena Happ (5j. Dr.) und 1994 in Warendorf mit Astrid Buer (6j. Dr.), mit der er im selben Jahr in Soltau auch Deutscher Meister wurde. Insgesamt neunmal gewann er bei der EM Gold: 1994 und 1995 mit Astrid Buer (Ms-Gold u. Ez-Bronze), 1996-1998 mit Desiree Schurf (Ms-Gold) und 2002 und 2003 mit Katharina Winkelhues (Ms- u. Ez-Gold). Mit Letzterer gewann er 2002 seinen zweiten DM-Titel. Neben seinen Championatstiteln sicherte er sich fünfmal den Sieg im Preis der Besten, war Sieger im Deutschen Pony Derby, der Rheinischen Meisterschaft und bei weiteren internationalen Konkurrenzen.
Nachkommen: Dressman I zeugte 33 gekörte Söhne und zahlreiche Spitzenstuten. 1998 stellte er den Prämienhengst Don Joshi AT, 2002 in Münster-Handorf den 2. Reservesieger Der feine Lord AT und den Prämienhengst Daydream of Victoria, in Verden den Reservesieger Doc Man, sowie in Weser-Ems die Siegerstute St.Pr.St. Sophie. 2003 waren seine Tochter Dancing Jamie Siegersstute und sein Sohn D'Artagnon Siegerhengst in Münster-Handorf. Der Vollbruder zu D'Artagnon, Der Feine Lord AT, wurde 2003 Vize-Bundeschampion (3j. H.) und ist Vater der Westfälischen Siegerstute 2007, Die feine Dame. Weitere Dressman-Nachkommen konnten Bundeschampionatstitel gewinnen, so 1997 Dressman-Son (3j. St. u. W.) und Daphne (3j. St. u. W.), die mittlerweile EM-Team-Silber mit Gemma Green/GBR gewann, 2002 Don Joshi AT (6j. Dr.). 2006 sicherte sich Don Philino WE Gold bei den Fahrponys. Dance Star AT war 2006 Siegerhengst der Westfälischen Körung und firmierte, nachdem er 2007 und 2008 Vize-Bundeschampion war, 2009 als Bundeschampion (5j. Dr.). 2010 gewann er die Bronzemedaille bei den sechsjährigen Dressurponys. Dream of Victoria platzierte sich mit Mandy Bürger bis St. Georges-Dressuren, Dawina mit Ann-Kristin Rauer in M-Dressuren, Dressboy u.a. mit Stephanie Kröger und Annika Schmid bis M-Dressuren und Dundee mit Annika und Andreas Kreuzer bis M-Springen. Dressman I stand auch 2011 unter den TOP 5 der erfolgreichsten Dressurpony-Vererbern in Deutschland.

Domingo (DR) Dunkelfuchs *1982	Derby (DR)	Dandy (DR)	v. Catherston Red Gold (WA)
		Britta (DR)	v. Black Magic (WB)
	Valerina (DR)	Valentino (GB)	v. Bwlch Valentino (GB)
		Downland Santolina (WB)	v. Downland Chevalier (WB)
St.Pr.St. Nadin (DR) Schimmel *1980	Niklas I (DR)	Nijm ox	v. Galan ox
		Utina (WA)	v. Upper-Ten (Welsh)
	Verb.Pr./El.St. Suleika (DR)	Shalom (WB)	v. Sir (=Downland Fleed Food) (WB)
		Narzisse (DR)	v. Narwal II (DR)

DR RHEINLAND
DE 443430019807
FUCHSHENGST
***11.4.2007**
STM.: 148 CM

ZÜCHTER
Vera Schmidt
47608 Geldern

BESITZER
Vera Schmidt
Brühlscher Weg 34
47608 Geldern
Tel.: 02831-7707
Mobil: 0172-2940921

STATION
Brauershof
A. Camp
An den Niersauen 44
47608 Geldern

KÖRUNG
15.6.2011 in Wietzendorf (durch ZfdP)

DECKEINSATZ ÜBER NS

VERERBUNGSDATEN
E-LGS 2011 356 EURO

DURANGO S

Familie: Der Vater Dinarion wurde 2004 in Aachen vom Rheinischen Pferdestammbuch gekört. Seine Eigenleistung bewies er mit zahlreichen Siegen und Platzierungen in Dressurprüfungen der Klasse L. 2003 wurde er Bundeschampion der dreijährigen Hengste. 2004 belegte er bei den vierjährigen Hengsten Rang drei. 2005 gewann er die Bronzemdaille bei den fünfjährigen Dressurponys. Mit Durango S wurde sein erster Sohn gekört. Seine Tochter Djamila wurde mit der Staatsprämie ausgezeichnet. Seine ersten Nachkommen sind im Dressursport erfolgreich.

Die Mutter Bahia de Sol platzierte sich in A-Springen. Ihre staatsprämierte Tochter Djamila (v. Dinarion) war in A-Dressuren erfolgreich.

Der Muttervater Bon Jovi wurde 1997 in Oldenburg für Weser-Ems gekört. Im selben Jahr wurde er Oldenburger Landeschampion und Vize-Bundeschampion der dreijährigen Hengste. 1998 belegte er Platz sieben bei den vierjährigen Hengsten. Bon Jovi ist Vollbruder zu Black Dancer und Branduardi M sowie Halbbruder zu Bonjour. Seine Schwester St.Pr.St. Golden Felina wurde Bundeschampionesse und Mutter des Bundeschampions und gekörten Hengstes Pilgrim's Red und der Vize-Bundeschampionesse 2011, Golden Graciella WE.

Auch die Urgroßmutter Verb. Pr.St. Prinzess ging im Sport und platzierte sich in A-Dressuren. Sie brachte die A-Springstute Minouche (v. Merlan), die ihrerseits Mutter der Stute Velvet Brown (v. Bavarottie) wurde. Diese wiederum wurde Mutter des S-Fahrponys Lovely Dream (v. Lateran) von Fahrer Marcus van't Oever.

In dritter Generation steht der Spitzenhengst Durello, der selbst im Sport zu höchsten Meriten kam, und ab 1984 die FN-Vererberliste der Ponyhengste anführte. Von 2006 an hatte er über Jahre hinweg die mit Abstand höchste Nachkommen-Lebensgewinnsumme, die sich bis 2011 auf über 240.00 Euro beläuft. 24 gekörte Söhne gehen auf sein Konto, darunter der Siegerhengst Dublin und der Reservesieger Dasti.

Die vierte Mutter Nieta (v. Nantano) brachte die S-Fahrponys Prinz (v. Poseidon) und Belissima (v. Burstye Orpheus), mit über 200 Siegen und Platzierungen vor dem Wagen von Marcus van't Oever. Belinda (v. Burstye Orpheus) kam auf 170 Siege und Platzierungen bis zur Klasse S-Fahren mit Marcus van't Oever.

Eigenleistung: Durango S wurde 2011 in Wietzendorf vom ZfdP gekört und als Prämienhengst ausgezeichnet. Bei nahezu jedem Start in Reitpferde- und A-Dressurpferdeprüfungen kehrten er und Nina Blindenmacher mit einem Sieg oder einer Platzierung zurück.

Dinarion (DR) Fuchs *2000	**FS Don't Worry (DR)**	**FS Dacapo Doro (DR)**	**v. Derano Gold (DR)**
		St.Pr.St. FS Golden Sunlight (DR)	**v. Golden Dancer (DR)**
	St.Pr.St. Peppermint (DR)	**Parino B (DR)**	**v. Power Boy (DR)**
		St.Pr.St. Elfe (DR)	**v. Elrado (DR)**
Bahia de Sol (DR) Dunkelfuchs *2000	**Bon Jovi (DR)**	**Black Boy (DR)**	**v. Black Grannus (Old.)**
		Gloria (DR)	**v. Valentino (GB)**
	Noblesse (DR)	**Durello (DR)**	**v. Duktus (DR)**
		Verb.Pr.St. Prinzess (DR)	**v. Poseidon (DR)**

DR THÜRINGEN
DE 467000182906
DUNKELBR. HENGST
***6.5.2006**
STM.: 144 CM

© DUSCHEL

ZÜCHTER
Jürgen Schmitz
99631 Günstedt

BESITZER
AMD Reitponys Deparade
Dorfstr. 25
99441 Lehnstedt
Tel.: 036453-81370
Mobil: 0173-2014177
gerhard.deparade@vodafone.de

STATION
beim Besitzer

KÖRUNG
2.4.2009 in Prussendorf (durch Thür. u. Sachs.-Anh.)

EIGENLEISTUNG
HLP 2011 in Neustadt/D. 7,4

DECKEINSATZ ÜBER NS

DYNAMIT HARRY

Familie: Der Vater D'Acord wurde 2004 in Gera vom Thüringer Verband gekört. Seine Hengstleistungsprüfung legte er 2005 in Radegast mit der Gesamtnote 7,71 ab. Er ist sieggreich in L-Dressur- und A-Springpferdeprüfungen. Seine Eigen-Lebensgewinnsumme betrug 950 Euro. 2006 stellte er auf dem Thüringer Fohlenchampionat das Siegerfohlen. Insgesamt stellte er 18 Championatsfohlen, davon zwei Siegerfohlen. Zwei seiner Söhne konnten bisher gekört werden: Friedrichshof Dr. No und Dynamit Harry. Sein Sohn AMD Dextro geht erfolgreich in M-Fahrprüfungen. Seine Tochter AMD La Oh la la war 2005 Championatsfohlen und wurde später mit der Staatsprämienanwartschaft in Brandenburg-Anhalt ausgezeichnet.

Die Mutter Loreley Lady wurde in den Niederlanden gezogen. Sie ist Mutter von zwei Championatsfohlen von Auenhof's Allstar und vier Championatsfohlen, die von dem Prämienhengst*** Da Capo abstammen. Ihr Sohn De Luxe gewann 2002 das Fohlenchampionat. Loreley Lady ist auch Mutter der St.Pr.A. Lively Lady (v. Da Capo).

Der Muttervater Orchard D'Avranches stellte 2006 auf der Dragon Welsh Show in Oldebroek/NED die Siegerstute der achtjährigen und älteren Stuten und Reservechampionesse der älteren, Anmiklage's Sungmi. Orchard D'Avranches ist auch Vater der gekörten Hengste Marck B.S. , Beukenhof's Jordy, Lady's Wise Guy, Speyksbosch Naturel, Thriantas Norman und Gerlof sowie Muttervater der gekörten Hengste Montblanc (v. Monte Christo), 2009 beim Bundeschampionat der sechsjährige Springponys an siebter Stelle platziert, De Goede Ree's Metall (v. Aester El Nino), Heidehofs Don Diego (v. Morgenlands Fabian) und Woldhoeve's Naughty Boy (v. Molenhorn's Pasja).
Die Großmutter South End Ladybird, eine Welsh B-Stute, war eine erfolgreiche Schaustute im Zuchtgebiet Hannover. Sie brachte den gekörten Hengst Rainman (v. Roderick) und die Verb. Pr.St. Woldhoeve's Fronie (v. Anjershof Rocky).
Aus der Urgroßmutter Mynach Coral stammt der gekörte Hengst Kompass (= Southend Caruso v. Whatton Copper Beech).

Eigenleistung: Dynamit Harry wurde 2009 in Prussendorf vom Thüringischen und Sachsen-Anhaltinischen Verband gekört. Seine HLP legte er 2011 in Neustadt/D. mit der Gesamtnote 7,4 (inklusive Altersabzug) ab. Bei der Welsh-Bundesschau belegte er Rang drei im Klassement der Partbred Hengste.

Nachkommen: Alle Fohlen aus dem ersten Jahrgang des Dynamit Harry waren Championatsfohlen. 2010 stellte er das Siegerstutfohlen des Thüringischen Fohlenchampionats in Gera. Zweite Reservesiegerin wurde seine Tochter AMD Nonchalance. AMD Daddy Cool wurde das am höchsten bewertete Reitponyfohlen beim Fohlenchampionat in Stadl Paura/AUT mit der Endnote 9,67. Auch auf dem Fohlenchampionat Brandenburg-Anhalt in Neustadt/D. 2010 stellte er mit Dynamite of the Dark das viertplatzierte Brillantringfohlen. 2011 gehörte seine Tochter mit zu den Brillantring-Fohlen und belegte den fünften Platz.

D'Acord (DR) Schwarzbraun *2001	**Da Capo (DR)**	**Durello (DR)**	**v. Duktus (DR)**
		Mary (DR)	**v. Merafic ox ox**
	Rosi (DR)	**Apslau xx**	**v. Kaiseradler xx**
		Rosepark Pelude (GB)	**v. Centurion Torreador (GB)**
Lorely Lady (DR) Fuchs *1994	**Orchard D'Avranches (NiPo)**	**Vita Nova's Golden Boris (NiPo)**	**v. Downland Folklore (GB)**
		Orchard's Bonne Louise	**v. Cocky Dundas xx**
	South End Ladybird (WB)	**Whatton Copper Beech (WB)**	**v. Whatton Lord Bruce (WB)**
		Mynach Coral (WB)	**v. Brockwell Cobweb (WB)**

DR WESTFALEN
DE 441411132709
BRAUNER HENGST
***21.3.2009**
STM.: 148 CM

ZÜCHTER
Adolf Theo Schurf
50181 Bedburg

BESITZER
Katharina Freifrau von Salmuth
Gestüt Lilienhof
Obermeckenhof 4
88213 Ravensburg
Tel.: 0751-7694949
Mobil: 0173-3711561
katharina.salmuth@gmx.de
www.der-lilienhof.de

STATION
beim Besitzer

KÖRUNG
27.11.2011 in Münster-H. (durch Westf.)

DECKEINSATZ ÜBER FS

DYNASTIE AT

Familie: Vater ist der über alle Grenzen hinweg bekannte Dressman I, der nicht nur im Sport, sondern auch in der Zucht für Furore sorgt. Dressman I war Siegerhengst seiner Körung 1991, Siegerhengst der HLP 1992 in Münster-Handorf, vierfacher Bundeschampion, zweifacher Deutscher Meister, siebenfacher Dressur-Mannschafts-Europameister und zweifacher Einzel-Europameister. Er stand über zehn Jahre im Bundeskader. 2007 wurde er aus dem Sport verabschiedet. Er lieferte 33 gekörte Söhne und 21 Staatsprämienstuten. Seine Nachkommen, die im Sport für ihn Meriten sammeln, verdienten eine Lebensgewinnsumme von 123.494 Euro (2011).

Die Mutter St.Pr.St. Gina war Reservesiegerstute der Weser-Ems Elite-Stutenschau und brachte mit Dressman I sieben gekörte Vollbrüder: den Siegerhengst und Bundeschampion Dance Star AT, den Team-Europameister Der Feine Lord AT, den Siegerhengst D'Artagnon AT I, D'Artagnon II, den Prämienhengst Dark Knight sowie Dynamik Star AT und zuletzt besagten Dynastie AT. Aus der Gina stammt weiterhin die El.St. Gina D, die Mutter des gekörten Prinz Piccolino (v. Pilgrim's Red) und dessen Vollschwester St.Pr.St. Grazia WE (2009 3. Pl. Bch. 6j. Dr.) wurde, die 2006 2. Reserve-Siegerstute der Elite-Stutenschau in Hude-Wüsting wurde und Platz fünf beim Bundeschampionat belegte. Aus der Gina D stammt außerdem der Weser-Ems-Landeschampion 2007 und 2008 in Rastede, Rainman WE (v. Ruby Gold I).

Der Muttervater Folklore wurde 1990 vom Hannoverschen Ponyverband gekört. Seine HLP legte er 1992 als 2. Reservesieger in Medingen ab mit der Gesamtnote 7,70. Acht seiner Söhne wurden gekört, drei Töchter mit der Staatsprämie ausgezeichnet. Zu diesen gehört die bereits erwähnte Gina und die Stute Burghofs Diana, die das in M-Springen erfolgreiche Sportpony Du weißt schon brachte, das 2003 Vizebundeschampion der fünfjährigen Springponys wurde und 2004 Platz vier im Finale des Sechsjährigen belegte. Folklores Nachkommen sind außerordentlich erfolgreich im Sport, sie bescherten ihrem Vater bisher eine Nachkommen-LGS von 47.692 Euro, dazu gehören sechs M-Springen- und zwei S-Fahren-erfolgreiche Ponys.

Dressman I (DR) Fuchs *1988	**Domingo (DR)**	**Derby (DR)**	**v. Dandy (DR)**
		Valerina (DR)	**v. Valentino (GB)**
	St.Pr.St. Nadin (DR)	**Niklas I (DR)**	**v. Nijm ox**
		Verb.Pr./El.St. Suleika (DR)	**v. Shalom (WB)**
St.Pr.St. Gina (DR) Dunkelbraun *1991	**Folklore (DR)**	**Ponny Power Darling Boy (DR)**	**v. Downland Folklore (GB)**
		Brigitte (NiPo)	**v. El Malaak ox**
	Giana (DR)	**Brillant (GB)**	**v. Piran John Halifax (GB)**
		Gina (WB)	**v. Chirk Caradoc (WB)**

Die Großmutter Giana war 1986 DLG-Siegerstute und wurde Mutter der gekörten Hengste Friedrichshof Dark Gigolo (v. AMD D'Agostino) und FH Maverick (v. Markgraf), der St.Pr.St. Auenhof's Grace (v. Mozart), die den gekörten Hengst Auenhof's Allstar (v. Alexander) lieferte, und der zweifachen Hengstmutter Gracia (v. Alexander), aus der die gekörten Vollbrüder Friedrichshof Night Gun (v. Nightfire; 2003 Springpony-Bundeschampion) und Friedrichshof Kaisergun (v. Kaiserwalzer) stammen.

Aus enger Verwandtschaft kommen die gekörten und im Sport hoch erfolgreichen Hengste Ekras Brillant Edition, Kaiser Konrad, Kennedy WE, Kaiserwalzer, Kiribati, Don Kelly, Bayard, Bayus, Brentano, Kronprinz, Liquore, Manchester United, Manchester City, Vicco und der ebenfalls auf Gestüt Lilienhof stationierte Headliner.

Eigenleistung: Dynastie AT wurde 2011 in Münster-Handorf für das Westfälische Pferdestammbuch gekört.

DR RHEINLAND
DE 343440472893
FUCHSHENGST
*11.5.1993
STM.: 147 CM

© FOTO ALTENHOFER

ZÜCHTER
Hans-Georg Bönniger
47918 Tönisvorst

BESITZER
Dr. Stefanie Rothenberger-Krause
Gestüt Erlenhof/Jährlingsstall
61350 Bad Homburg v.d.H.
Tel.: 06172-36348
Mobil: 0170-2729356
Fax: 06172-36348
ro4xs@aol.com
www.gestuet-erlenhof.de

STATION
W. Steinheuer
Hilgenort 26
45768 Marl
Tel.: 02365-72151
Mobil: 0162-2359940
www.Reitponyzucht-Steinheuer.de

KÖRUNG
4.11.1995 in Aachen (durch Rhld.)
Siegerhengst

EIGENLEISTUNG
HLP 1997 in Münster-H. 123,49 (3./29)

DECKEINSATZ ÜBER FS, TG

VERERBUNGSDATEN
E-LGS 2011 6.589 EURO
N-LGS 2011 7.918 EURO

GOING EAST

Gekörte Hengste: 5 – u.a. Gismo, Going Top, Good Guffi, Good One

Staatsprämienstuten: 6

Familie: Der Vater Golden Dancer steht für die gelungene Synthese aus Zucht und Sport. Die Mutter Verb.Pr.St. Dubary brachte den überragenden Dornik B (v. Derano Gold) und die DM-Neunte Penelope B (v. Pan Tau).

Eigenleistung: Going East wurde 1995 in Aachen Körsieger und 2004 bei der Bayerischen Körung ebenfalls als Siegerhengst herausgestellt. 1997 legte er seine HLP als 2. Reservesieger ab. Jeweils die 9,0 erhielt er für seine Umgänglichkeit, den Trab, seine Leistungsfähigkeit und Rittigkeit. 1996 belegte er Platz acht beim Bundeschampionat (3j. H.) und ging auch 1997 in Warendorf an den Start. 1999 wurde er Vize-Bundeschampion (6j. Dr.) und gewann 2000 seine erste internationale M-Dressur in Lanaken/BEL. Going East stand mit drei verschiedenen Reitern im Bundeskader. 2002 und 2003 belegte er Platz zehn bzw. elf bei der DM. Ab 2005 setzte Going East seine Karriere unter Nicola Krause fort. 2007 belegte das Paar Platz elf bei der DM in Steinfeld und Platz zwei beim internationalen Ponyturnier in Weikersdorf/AUT und siegte bei den European Youngster Classics in Bonn. 2008 wurde er unter Florine Kienbaum in Avenches/SUI Mannschafts-Europameister und siegte im Nationenpreis von Saumur/FRA, gewann DM-Bronze und wurde in Avenches/SUI Europameister. 2011 setzte er seine Karriere mit der jungen Nadine Krause auf FEI-Niveau erfolgreich fort. Bald 200 Platzierungen stehen für Going East zu Buche, davon 38 Siege in L-Dressuren.

Golden Dancer (DR) Palomino *1987	Dancer (DR)	Dandy (DR)	v. Catherston Red Gold (WA)
		Valerina (DR)	v. Valentino (GB)
	Golden Charm (DR)	Valentino (GB)	v. Bwlch Valentino (GB)
		Goldina (DR)	v. Eckley (GB)
Verb.Pr.St. Dubary (DR) Fuchs *1986	Derbino (DR)	Derby (DR)	v. Dandy (DR)
		Valerina (DR)	v- Valentino (GB)
	Vienna (DR)	Valentino (GB)	v. Bwlch Valentino (GB)
		Ballerina (WB)	v. Black Magic (WB)

Nachkommen: Going East ist Vater von fünf gekörten Söhnen. Der gekörte Going Top war 2000 Körreservesieger in Münster-Handorf, 2002 HLP-Sieger und Vizebundeschampion (4j. H.) und belegte 2004 beim Bundeschampionat Platz sieben (6j. Dr.). Inzwischen gelangen Going Top internationale Erfolge und er gewann das Deutsche Pony-Derby. Going Tops Sohn Ghost wurde Deutscher Meister und qualifizierte sich zweimal für die EM. Der gekörte Going East-Sohn Good Guffi war If-Prämienhengst und wurde 2004 Zehnter beim Bundeschampionat (6j. Dr.). Der ebenfalls gekörte Gismo geht siegreich bis L-Dressuren, nachdem er 2003 am Bundeschampionat teilnahm (6j. Dr.). Going East lieferte auch Gigolo, der bei der EM Rang vier belegte und der seit Jahren unter dem jetzt dritten Reiter im britischen Nationalteam mehrfach Teambronze holte. Auch sein vierter gekörter Sohn Good one befand sich im Britischen EM-Springteam. Seine Sportponys treten ebenfalls in die Fußstapfen ihres Vaters und sind erfolgreich vor allem im Dressursport, wie Garnett mit Diana Legat (L-Dr.), Grandy-Man mit Jasmin Herzog (L-Dr.), Gianna (L-Dr.), Gambler (L-Spr.) und Don, der im Zweispänner von Jörn Rennebach bis zur Klasse S geht. Bovey Good Life war EM-Teilnehmer für die Schweiz.

Going East ist Vater der Reservesiegerstute der Elitestutenschau in Münster-Handorf 2000, St.Pr. St. Gina, die auf der Bundesstutenschau in Aachen 2000 im Endring stand und Mutter der gekörten Hengste Gandalf (v. FS Golden Highlight) und A Gorgeous (v. Golden Atreju) wurde. Going East ist auch Muttervater zu Tullynessle Fiscal Surprise (v. Domingo), der im März 2008 zur schottischen Körung anstand und im Hengstregister der Scottish Sport Horse registriert wurde.

ZÜCHTER
Gestüt Hesselteich GmbH
33775 Versmold

BESITZER
Sächsische Gestütsverwaltung
Schlossallee 1
01468 Moritzburg
Tel.: 035207-890101
Mobil: 0173-9616651
Fax: 035207-890102
poststelle.sgv@smul.sachsen.de
www.saechsische-gestuetsverwaltung.de

STATION
beim Besitzer

KÖRUNG
27.11.2011 in Münster-H. (durch Westf.)
Siegerhengst

DECKEINSATZ ÜBER FS

DR WESTFALEN
DE 441411152409
ISABELLHENGST
*11.7.2009
STM.: 145 CM

HESSELTEICHS GRIMALDI

Familie: Der Vater Gandalf wurde 2004 in Münster-Handorf vom Westfälischen Verband gekört. 2004 und 2005 platzierte er sich in Reit- und Dressurpferdeprüfungen der Klasse A, wobei er auch für die Bundeschampionate nominiert wurde. Seine HLP legte er 2006 in Münster-Handorf ab. Die ersten seiner Nachkommen gehen erfolgreich in Reitpferdeprüfungen. Mit Hesselteichs Grimaldi wurde sein erster Sohn gekört.

Die Mutter St.Pr.St. Hesselteichs Dancing Queen, 2004 If-Prämienstute auf dem Endring der Westfälischen Elitestutenschau in Münster-Handorf, brachte den 2. Reservesieger der Westfälischen Körung, Hesselteichs Blue Angel (v. A Gorgeous).

Der Vater Donnerblitz war 1999 Reservesieger in Münster-Handorf und nahm 2002 am Bundeschampionat teil. 2004 schlossen sich Seriensiege in L-Dressuren an. Seine Söhne Steendieks Donnerschall und Golden Dream wurden gekört. Golden Dream war 2005 NRW-Frühjahrs- und Westfalenchampion und stellte Siegerstute und Bundeschampionesse St.Pr.St. Golden Daydream und die Vize-Bundeschampionesse St.Pr.St.Golden Graciella WE. Donnerblitz ist auch Muttervater des gekörten Coldplay (v. Calvin Klein). 2005 wurde Donnerblitz nach Großbritannien verkauft und stand 2007 im Britischen EM-Bronze-Team.

Aus der Urgroßmutter Colista stammen mehrere Hengstmütter. Die St.Pr.St. Time is Money (v. Rosedale Tiberius) brachte die gekörten Hengste Merlot (v. Morino; S-Dr.), Aladin (v. Hamrik's Golden Arak; 1996 2. Reservesiegerhengst, siegr. L-Dr.), Lucky Lao (v. Lucky Strike; 1998 Prämienhengst, L-Dr.), Golden Dream (v. Donnerblitz; siegr. L-Dr.) und Lucky Lao II (v. Lucky Strike). Die Verb.Pr.St. Maike (v. Merlin) brachte die gekörten Hengste Memphis (v. Mac Benedict; L-Dpf.) und Lemberg (v. Lukas; 2007 u. 2008 Teiln. DM, M-Dr.). Maikes Sohn Moglie (v. Mandingo) belegte 2003 Platz zwei beim Bundeschampionat der dreijährigen Reitponys und im Jahr darauf Rang sieben im Klassement der Vierjährigen. Aus der Colista-Tochter St.Pr.St. Nadja (v. Nadler I) stammt der Prämienhengst Lancer (v. Lucky Strike), der 1996 Neunter beim Bundeschampionat der fünfjährigen Dressurponys war. Die Colista-Tochter St.Pr.St. Perle (v. Padischah ox) brachte das S-Fahrpony Nina (v. Nadler), das 1993 und 1994 an der DM teilnahm. Aus der St.Pr.St. Tanja (v. Rosedale Tiberius) stammt das M-Dressurpony St.Pr.St. Hamrik's Golden Girl (v. Hamrik's Golden Arak), das L-Dressurpony Viktor (v. Valiant Starlight) und Hesselteichs Lion King (v. Langar), 2011 im Einspänner von Dieter Baackmann Doppel-Weltmeister von Lipica/SLO.

Eigenleistung: 2011 wurde Hesselteichs Grimaldi in Münster-Handorf vom Westfälischen Verband gekört und als Siegerhengst herausgestellt. Noch in Münster-Handorf ging er in den Besitz des Sächsischen Landgestüts in Moritzburg über. 2012 wurde er Siegerhengst und Prämienhengstanwärter der Süddeutschen Hengstanerkennung in Prussendorf.

Gandalf (DR) Fuchs *2002	FS Golden Highlight (DR)	FS Golden Moonlight (DR)	v. Golden Dancer (DR)
		Petty Smooth (DR)	v. Power Boy (DR)
	St.Pr.St. Gina (DR)	Going East (DR)	v. Golden Dancer (DR)
		St.Pr.St. Pia (DR)	v. Spanenland's Patrick (NiPo)
St.Pr.St. HET Dancing Queen (DR) Falbe *2001	Donnerblitz (DR)	Donnerwetter (DR)	v. Dancer (DR)
		St.Pr.St. Night-Beauty (DR)	v. Night Star I (DR)
	St.Pr.St. Dancing Girl (DR)	Davis Cup (DR)	v. Desteny (DR)
		Colista (WA)	v. Camillo (WA)

DR HANNOVER
DE 434340242209
PALOMINOHENGST
*12.4.2009
STM.: 144 CM

ZÜCHTER
Lydia Wilkens
27419 Gr. Meckelsen

BESITZER
Lydia Wilkens
Dorfstr. 10
27419 Gr. Meckelsen
Tel.: 04282-3764
www.reitponyzucht-wilkens.de

STATION
Gestüt Goldberg
Schaftrift 6
31311 Uetze/Altmerdingsen
Tel.: 05147-1029
Mobil: 0170-1626048
info@reitponyzucht-goldberg.de
www.reitponyzucht-goldberg.de

KÖRUNG
22.10.2011 in Verden (durch Hann.)

DECKEINSATZ ÜBER NS

GROOVY JACK FLASH

Familie: Der Vater Hesselteich's Golden Dream wurde 2003 bei seiner Körung vom Westfälischen Verband mit der Id-Prämie ausgezeichnet. 2005 schloss sich mit 8,63 der HLP-Sieg in Münster-Handorf an, wobei er hohe Bewertungen für Interieur und Rittigkeit erhielt (jeweils 9,0). Er gewann das NRW-Frühjahrschampionat in Wickrath und wurde in Münster mit Julia Packeiser Westfalenchampion. Neun Siege in Reitpferdeprüfungen, davon vier gegen Großpferde, sowie Erfolge in A-Dressurpferdeprüfungen stehen zu Buche. 2007 wurde er Bundesdressurchampion der IG-Welsh. Mittlerweile geht er siegreich in L-Dressuren. Seine Söhne Dragon Heart (2007 Prämienhengst westfälische Körung), Golden Rock (2010 Reservesieger der Westfälischen Körung, 2011 Pl. 8 BC d. 3-j. Hengste, jetzt Australien) und Groovy Jack Flash (2011 bester Springhengst der hannoverschen Körung) wurden gekört. Fünf seiner Töchter wurden mit der Staatsprämie ausgezeichnet, darunter die Siegerstute der Westfälischen Elitestutenschau und Bundeschampionesse 2011 der dreijährigen Reitponys St.Pr.St. Golden Daydream.

Die Mutter El.St. D-Fourty-Five B brachte die St.Pr.St. Delta Dawn (v. Heidbergs Nancho Nova; A-Dpf.). Ihre Tochter Dancing Queen (v. Anno Domini) wurde Mutter der Verb.Pr.St. Davida Blue (v. Golden Dancer).
Der Muttervater Flying Dream wurde 1995 in Aachen gekört. Seine HLP legte er 1998 in Münster-Handorf ab mit einem Index von 117,53. Knapp 20 Siege und zahlreiche Platzierungen in L-Dressuren stehen zu Buche. 1997 und 1998 gewann er Silber beim Bundeschampionat der vierjährigen Reitponys bzw. fünfjährigen Dressurponys. 2002 und 2003 nahm er an der DM teil. Gekört wurde sein bis M-Dressuren erfolgreicher Sohn Flamenco Star. Im Sport sind seine Nachkommen hauptsächlich in der Dressur unterwegs, wie der Vize-Europameister Danny Boy B.

Die Großmutter St.Pr.St. Danny Girl wurde dreifache Hengstmutter: Macintosh (v. SM Martino B; L-Dpf.), Flamenco Star (v. Flying Dream; 2002 5. Pl. Bch. 5j. Dr., 2006 4. Pl. DM u. 1. Pl. EM-Ms, 10. Pl. EM-Ez, 2007 Teiln. DM, M-Dr.) und De Angelo B (v. Dornik B; L-Dr.). Außerdem stammen aus ihr die drei Sportponys Pirat B (v. Pernod Black; über 20 Siege L-Dr.), For Pleasure B (v. Pan Tau; siegr. L-Spr., platz. L-Dr.) und Dujardin B (v. Deinhard B; 2011 7. Pl. Bch. 5j. Dr.). Danny Girls Tochter El.St. Dancing Girl B (v. Derano Gold) brachte ebenfalls drei gekörte Söhne: Sir Martino (v. SM Martino B), Campari W WE (v. Champagner W; 2005 2. Pl. Bch. 3j. H., 2009 3. Pl. DM, 2010 3. Pl. EM-Ms, 2011 3. Pl. EM-Ms) und Chacka W WE (v. Champagner W; siegr. L-Dr.). Aus der Anpaarung mit Champagner W stammen Chiara W (2002 4. Pl. Bch. 4j. St. u. W, siegr. L-Dr.), Charlett W (2004 11. Pl. Bch. 5j. Dr., 2005 3. Pl. Bch. 6j. Dr., L-Dr.) und Cocktail W (A-Dr.).

Ebenfalls aus dem Stamm kommen die gekörten Hengste Derbino B, Dancer, Domino Dancing und Dancing Fox B.

Hesselteichs Golden Dream (DR) Isabell *2001	**Donnerblitz (DR)**	**Donnerwetter (DR)**	**v. Dancer (DR)**
		St.Pr.St. Night-Beauty (DR)	**v. Night Star I (DR)**
	St.Pr.St. Time Is Money (DR)	**Rosedale Tiberius (WB)**	**v. Tanlan Julius Caesar (WB)**
		Colista (WA)	**v. Camillo (WA)**
El.St. D-Fourty-Five B (DR) Fuchs *1998	**Flying Dream (DR)**	**Golden Dancer (DR)**	**v. Dancer (DR)**
		Valentina (DR)	**v. Valentino (GB)**
	St.Pr.St. Danny Girl (DR)	**Danny Black (DR)**	**v. Derby (DR)**
		Valerina (DR)	**v. Valentino (GB)**

Eigenleistung: Groovy Jack Flash wurde 2011 vom Hannoverschen Ponyverband in Verden gekört und als Prämienhengstanwärter und bester Springhengst mit der Idealnote 10,0 im Freispringen ausgezeichnet.

Headliner

DR WESER-EMS
DE 435350021607
FUCHSHENGST
*12.3.2007
STM.: 146 CM

HEADLINER

© PFERDKREATIV

ZÜCHTER
Gestüt Kastanienhof
26197 Sage-Haast

BESITZER
Katharina Freifrau von Salmuth
Gestüt Lilienhof
Obermeckenhof 4
88213 Ravensburg
Tel.: 0751-7694949
Mobil: 0173-3711561
katharina.salmuth@gmx.de
www.der-lilienhof.de

STATION
Zuchthof Graefe
Feldstrasse 9
48499 Salzbergen
Mobil: 0171-6048372
info@g-horses.de
www.g-horses.de
(sonst beim Besitzer)

KÖRUNG
14.11.2009 in Vechta (durch W-Ems)

DECKEINSATZ ÜBER NS

VERERBUNGSDATEN
E-LGS 2011 50 EURO

Familie: Der Vater Halifax, ein als Elitehengst eingestufter Welsh B-Hengst, stellte 22 gekörte Söhne, darunter die Siegerhengste Hakuna Matata, Harry Potter und Highlight sowie die Reservesieger Hakkon, Hip Hop und Holiday. Zwölf Töchter erhielten die Staatsprämie. 2004 wurde die St.Pr.St. Sandy's Girl Gesamtsiegerstute der Weser-Ems-Elite-Stutenschau. 2006 avancierte Symphonie zur Siegerstute der Weser-Ems-Elite-Stutenschau in Hude-Wüsting und zur Vize-Bundeschampionesse (3j. St.). 2008 wurden St.Pr.A. Philenas Touch und St.Pr.A. Charlotta Siegerstuten auf der Weser-Ems-Elite-Stutenschau in Hude-Wüsting. Mit Have Ready, Roy's Pialotta und Hallo Robby bereicherte Halifax das Auktionslot in Vechta. Auch im Sport lassen seine Nachkommen immer wieder aufhorchen. So gewann Haribo 2009 unter Victoria Klatte das Bundeschampionat der fünfjährigen Springponys, nachdem bereits 2005 Hollywood Vize-Bundeschampion geworden war.

Headliners Stutenfamilie der Gina, der übrigens auch der ebenfalls auf dem Lilienhof stationierte Dynastie AT entspringt, gehört zu den leistungsstärksten in der Ponyzucht überhaupt.
Seine Mutter St.Pr.St. Glitter Girl war 2003 Reserve-Siegerstute der Elite-Stutenschau in Vechta und brachte den Weser-Ems-Siegerhengst Manchester United (v. The Braes My Mobility) sowie dessen Vollbruder Manchester City.

Muttervater Losander genießt längst den Ruf eines Stempelhengstes. Er wurde 1985 in Schleswig-Holstein gekört. Seine HLP legte er 1987 in Münster-Handorf mit gesamt 8,35 ab. Im Sport stehen Erfolge in L-Dressuren und M-Springen zu Buche. 1998 belegte er Platz acht bei den Deutschen Meisterschaften in Salzwedel.

Aus der Großmutter El.St. Golfy stammen die gekörten Hengste Kronprinz (v. Kaiserjäger xx) und Liquore (v. Losander) sowie die Reserve-Siegerstute und beste Springstute St.Pr.St. Gotika (v. Losander) und das international erfolgreiche Fahrpony Leo/Steffen Abicht.
Die Urgroßmutter Gina, ein Import aus Großbritannien, brachte die El.St. Grace Kelly (v. Brillant), Ihrerseits Mutter der gekörten Hengste Kennedy WE, Kaiserwalzer, Kiribati und Don Kelly. Ebenfalls Hengstmütter wurden die Gina-Töchter Ganna (Bayard, Bayus, Brentano), Giletta (Kaiser Konrad) und Giana (Friedrichshof Maverick, Friedrichshof Dark Gigolo). Letztere brachte außerdem die St.Pr.St. Gina, die ihrerseits Mutter der sieben gekörten Vollbrüder Dynastie AT, Dance Star AT, Der Feine Lord AT, D'Artagnon AT I und II, Dark Knight sowie Dynamik Star AT wurde.

Eigenleistung: Mit ersten Siegen in Reitpferdeprüfungen (8,16 gegen Großpferde) und Platzierungen in Springpferdeprüfungen der Klasse A stellte der 2009 in Vechta durch Weser-Ems gekörte Headliner seine Doppelveranlagung unter Beweis. 2012 übernimmt die im Deutschen Kader stehende Fabienne Graefe die weitere Förderung von Headliner.

Halifax (WB) Braun *1995	**Hasko (WB)**	**Heros (WB**	**v. Cusop Hoity-Toity (WB)**
		Katja (WB)	**v. Bobb (WA)**
	El.St. Steehorst Love Bird (WB)	**Bronllwyn Cha-Cha (WB)**	**v. Criban Recorder (WB)**
		Roman Copelia (WB)	**v. Rebel Tobias (WA)**
St.Pr.St. Glitter Girl (DR) Braun *2000	**Losander (DR)**	**Lombard (DR)**	**v. Lydstep Reward=Liverpool (WB)**
		Merc. Delight (DR)	**v. Coon Can ox**
	El.St. Golfy (DR)	**Brillant (GB)**	**v. Piran John Halifax (GB)**
		Gina (WB)	**v. Chirk Caradoc (WB)**

WB WESER-EMS
DE 335350309595
BRAUNER HENGST
***24.4.1995**
STM.: 142 CM

ZÜCHTER
Hermann Kraemer
49809 Lingen

BESITZER
Gestüt Kastanienhof
Garreler Str. 10
26197 Sage-Haast
Tel.: 04435-970935
Mobil: 0173-8930935
Fax: 04435-916675
info@gestuet-kastanienhof.com
www.gestuet-kastanienhof.com

STATION
beim Besitzer

KÖRUNG
18.11.1997 in Oldenburg (durch W-Ems)

EIGENLEISTUNG
HLP 1999 in Neustadt/D. 7,65 (16./27)

DECKEINSATZ ÜBER FS

VERERBUNGSDATEN
E-LGS 2011 1077 EURO
N-LGS 2011 22.408 EURO

HALIFAX

Gekörte Hengste: 22 – Best Heartbreaker, Haddaway, Hakkon, Hakuna Matata, Han Solo, Haribo, Harry Potter, Hatfield, Have Ready, Headliner, Helius, Hemmingway, Highlight, Hightrick, Highway Kajenda, Hip Hop, Schierensees Hocus Pocus, Holiday, Hot Chocolate, Hot Cream, Hugo Boss, Humfrey-Me, VAG Harvey.

Staatsprämienstuten: 15

Familie: Der Vater Hasko wurde 1980 gekört. 1981 legte er seine HLP als Mindestleistung ab. Er wurde erfolgreich im Fahrsport eingesetzt.

Eigenleistung: Halifax wurde 1997 in Oldenburg für Weser-Ems gekört. 1999 legte er seine HLP in Neustadt/D. ab. Auffallend seine hohe Umgänglichkeits- und Leistungsfähigkeitsnote (9,0), seine hohe Note für sein Springvermögen (9,0) und seine gute Rittigkeit (8,0). Die Note 8,0 erhielt er auch im Trab und Galopp. Im gleichen Jahr wurde er von Hannover anerkannt. 2003 wurde er Siegerhengst der Weser-Ems-Hengstschau in Vechta und in die Prämienklasse I eingestuft. Er hat Turniererfolge unter Kindern in A- Springen und A- und L-Dressuren. Aufgrund seiner Vererbungsleistung wurde er 2004 als Elitehengst des Pferdestammbuchs Weser-Ems ausgezeichnet.

Nachkommen: Halifax stellte bisher 22 gekörte Söhne, darunter die Siegerhengste Hakuna Matata (2003 Siegerhengst Weser-Ems), Harry Potter (WB-Siegerhengst 2003 Mecklenburg-Vorpommern) und Highlight (2001 Siegerhengst Weser-Ems) sowie die Reservesieger Haddaway (2011 Reservesieger Weser-Ems), Holiday (2004 Reservesieger Weser-Ems, verkauft über die ESI-Auktion April 2006 für 15.000 Euro in die USA), Hip Hop (2008 Reservesieger Weser-Ems), Hot Cream WE (2007 Reservesieger Weser-Ems, 2009 Vize-Landeschampion), der Hannoversche Doppellandeschampion Humpfry-Me und der Bundeschampion der fünfjährigen Springponys 2009, Haribo.

Von seinen Töchter wurden bisher 15 mit der Staatsprämie ausgezeichnet, darunter die Gesamtsiegerstute der Weser-Ems-Elitestutenschau 2004 in Vechta, Sandys Girl. Die St.Pr.St. Symphonie wurde 2006 Weser-Ems-Siegerstute in Hude-Wüsting und Vize-Bundeschampionesse der dreijährigen Reitponys. Die St.Pr.A. Philenas Touch wurde 2008 Weser-Ems-Siegerstute in Hude-Wüsting. Im Klassement der Welsh B-Stuten stand 2008 die St.Pr.St. Charlotta bei der Elitestutenschau in Hude-Wüsting ganz vorn. Die St.Pr.St. Carmen nahm 2005 an der Bundesstutenschau in Warendorf teil. Die St.Pr.St. Doris war 2007 Id-Brillantring-Stute in Hude-Wüsting (SLP Freispringen 10,0). St.Pr.A. Madeira K wurde 2011 Reservesiegerin der Weser-Ems-Elitestutenschau in Hude-Wüsting und erhielt den Id-Preis auf dem Endring des Deutschen Elitestutenschampionats in Lienen.
Aus der Schar seiner sporterfolgreichen Nachkommen ragt besonders der mittlerweile in M-Dressuren erfolgreiche, gekörte Hatfield WE heraus, der 2004 Fünfter beim Bundeschampionat der dreijährigen Hengste wurde. Rang sieben beim Bundeschampionat der fünfjährigen Dressurponys erreichte 2009 Haya WE.

Hasko (WB) Braun *1977	Heros (WB)	Cusop Hoity-Toity (WB)	v. Coed Coch Pawel (WB)
		Cosy (WB)	v. Bron Auryn (WB)
	Katja (WB)	Bobb (WA)	v. Bonwey (WA)
		Beauty (WB)	v. Coed Coch Pedestr (GB)
El.St. Steehorst Love Bird (WB) Braun *1987	Bronllwyn Cha-Cha (WB)	Criban Recorder (WB)	v. Bolgoed Automation (WB)
		Coed Coch Perwyr (WB)	v. Coed Coch Blaen Lleuad (WB)
	Roman Copelia (WB)	Revel Tobias (WA)	v. Revel Crusader (WA)
		Chirk Coronet (WB)	v. Chirk Caradoc (WB)

DR SCHLESW.-HOLST.
DE 422220049300
RAPPHENGST
***29.4.2000**
STM.: 148 CM

ZÜCHTER
Karl Heinz Bumann
24214 Gettorf

BESITZER
Julia Näder
Hans-Hansen-Weg 9
25999 Kampen

STATION
Dr. Silke Hopf-Jensen
Tannenweg 6
25926 Ladelund
Tel. u. Fax: 04666-304
Mobil: 0152-01531920
silke.hopf@freenet.de

KÖRUNG
8.2.2003 in Neumünster (durch SHH)

DECKEINSATZ ÜBER NS

VERERBUNGSDATEN
E-LGS 2011 3.235 EURO
N-LGS 2011 1.103 EURO

HOLSTEINS HARLEKIN

Gekörte Hengste: 2- Havana Jack V, Holsteins Herold

Familie: Der Vater Hattrick war 1997 Siegerhengst seiner Körung in Weser-Ems. Er gewann auch seine HLP 1998 in Neustadt/D. mit dem Gesamtindex von 138,00. Im Sport ging er siegreich bis M-Dressuren. Sieben seiner Söhne wurden gekört, darunter der Siegerhengst Crown Heartbreaker und der Reservesiegerhengst und bis M-Dressuren erfolgreiche Crown High Society. Sieben seiner Töchter wurden mit der Staatsprämie ausgezeichnet.

Die Mutter Jade brachte drei gekörte Söhne, neben Holsteins Harlekin noch Holsteins Number One (v. Holsteins Newcomer; L-Dr.) und Holsteins Charmeur (v. Fehkamps Cöstelin). Der 1973 geborene Muttervater Waldemar lieferte der Zucht sechs gekörte Söhne.
Die Großmutter Joki wurde Mutter des gekörten Wimbledon (v. Waldemar): Seine sportliche Karriere startete dieser 1998 mit Platz fünf beim Bundeschampionat (4j. H.). 2000 wurde er Siebter (6j. Dr.). 2002 bis 2005 nahm er an der DM teil und wurde 2005 mit dem damals zehnjährigen Sönke Rothenberger Siebter. Siege und vordere Platzierungen in Weert/NED, Weikersdorf/AUT sowie beim Süddeutschen Ponychampionat in Walldorf, dem CHIOP in Aach, dem CDIP in Kaiserhof und beim CHIOP in Stadl-Paura/AUT, beim Süddeutschen Hallenchampionat in Sulzbach, der Hessischen Meisterschaft in Niederzeuzheim und der Süddeutschen Ponymeisterschaft in Nürnberg stehen für Wimbledon und Sönke Rothenberger zu Buche. Das Pferdestammbuch Schleswig-Holstein/Hamburg zeichnete Wimbledon 2004 als Elitehengst aus. Jokis Tochter Jana (v. Waldemar) wurde Mutter des Sportponys General (v. Genius; über 140 Platz. bis M-Dr.). Drei weitere Joki-Nachkommen gingen im Sport: Waldersee (v. Waldemar; M-Dr.), Windspiel (v. Waldemar; 1997 4. Pl. Bch.4j. st. u. W., L-Dr.) und Holsteins Weltmeister (v. Waldemar; siegr. L-Dr.).

Eigenleistung: Holsteins Harlekin wurde 2003 in Neumünster vom Pferdestammbuch Schleswig-Holstein/Hamburg gekört und als Reservesieger ausgezeichnet. Im selben Jahr belegte er Platz vier beim Bundeschampionat der dreijährigen Hengste unter seiner Besitzerin Dr. Silke Hopf-Jensen. 2004 folgte Silber beim Bundeschampionat der vierjährigen Hengste. Zu Buche stehen Siege und Platzierungen in M-Dressuren. 2010 wurde er mit zwei zweiten Plätzen in M*-Dressuren und einem Sieg in einer M**-Dressur gegen Großpferde Kreismeister im nordfriesischen Niebüll.

Nachkommen: Holsteins Harlekin stellte bisher zwei gekörte Söhne: Havana Jack V und Holsteins Herold. Holsteins Herold belegte 2009 Platz neun beim Bundeschampionat der fünfjährigen Dressurponys und wurde 2011 im Rahmen der Bundeshengstschau in Berlin Doppel-Bundessieger. Er gewann sowohl die Konkurrenz der dressurbetonten als auch die der vielseitig-veranlagten Hengste in der Altersklasse der sieben- bis zwölfjährigen Hengste, zudem erhielt er die Bundesprämie. Holsteins Herold ist erfolgreich in L-Dressuren und im L-Springen, er konnte sich auch in M-Springpferdeprüfungen platzieren. Havana Jack V ist in L-Dressurpferdeprüfungen erfolgreich.

Hattrick (DR) Braun *1994	Henry (DR)	Heros (WB)	v. Cusop Hoity-Toity (WB)
		Codina (DR)	v. Aviso AA
	Flocke (DR)	Balthasar (=Gerrig Brenin B.)(WD)	v. Hewid Cardi (WD)
		Flicka (DR)	v. Caid AA
Jade (DR) Braun *1989	Waldemar (WB)	Wotan (WB)	v. Twyford Miller (WA)
		Odette (WB)	v. Gredington Mynedydd (WB)
	Joki (DR)	Patrick (DR)	v. El Khafif ox
		Jessie (WB)	v. Cawdor Sea Breeze (WB)

© Schwöbel

Kick Down

DR HANNOVER
DE 434340078007
BRAUNER HENGST
***11.4.2007**
STM.: 147 CM

KICK DOWN

ZÜCHTER
Joachim Völksen
30449 Hannover

BESITZER
ZG Dr. Birgita u. Henrike Habermann
Maschstr. 1
31311 Hänigsen
Tel.: 05147-8911
Mobil: 0171-7992136
Fax: 05147-8941
henrike_habermann@web.de
www.team-ixes.de.ki

STATION
beim Besitzer

KÖRUNG
17.10.2009 in Verden (durch Hann.)

EIGENLEISTUNG
HLP 2011 in Münster-H. 8,10 (5./15)

DECKEINSATZ ÜBER NS

VERERBUNGSDATEN
E-LGS 2011 414 EURO

Familie: Der Vater Kennedy WE, 1999 2. Reservesieger seiner Körung in Oldenburg, platzierte sich dreimal in den Finals der Bundeschampionate: 2001 an vierter Stelle bei den vierjährigen Hengsten, 2002 an siebter Stelle bei den fünfjährigen Dressurponys und 2003 an sechster Stelle bei den sechsjährigen Dressurponys. 2003 wurde er auch auf der 1. Bundesschau für Sportponyhengste in Berlin Reservesieger und Vizechampion der dressurbetonten Ponyhengste, mit einer Bewertung der Rittigkeit von 10,0. Er erhielt die Bundesprämie. Auf der Hengstschau des Pferdestammbuches Weser-Ems 2003 in Vechta folgte die Auszeichnung als Siegerhengst und die Einstufung in Prämienklasse I. Unter Julia Coldewey verbuchte er Siege bis St. Georges-Dressuren. Auf FEI-Niveau wurde er erfolgreich von Theresa Meyer vorgestellt, die sich mit ihm 2009 die Weser-Ems-Meisterschaft sicherte und international in Saumur/FRA an den Start ging. Kennedy WE stellte sieben gekörte Söhne, darunter der Siegerhengst Keerlke und der 2. Reservesieger der Weser-Ems-Körung, Kaiser Bonaparte. 2011 wurde Kennedy WE nach Australien verkauft.

Die Mutter St.Pr./El.St. Bari brachte auch die Stute Be My Snowflake (v. Online Ixes), 2011 IG Bundesjugendsiegerin der Welsh Partbreds und Reserve Bundes-Jugendsiegerin aller Sektionen. Aus der Bari stammen weiterhin Rex The Yellow Ixes (v. Stukhuster Ricardo go for gold; Rpf.) und One For All Ixes (v. Online Ixes; Rpf.).

Der Muttervater Display II wurde beim Züchter von Kick Down, Joachim Völksen, gezogen. 1999 folgte in Verden die Körung. 2001 legte er seine HLP in Radegast ab. Seine Tochter Bari wurde als Staats- und Elitestute vom Hannoverschen Ponyverband ausgezeichnet. Seine Mutter Enjoy Day-Dream nahm am Bundeschampionat der dreijährigen Reitponys teil.

Die vierte Mutter (v. Black Magic) wurde Mutter der Stute Vienna (v. Valentino), die den gekörten und in M-Dressuren erfolgreichen Denver B (v. Derbino) brachte und die Verb.Pr.St. Dubary (v. Derbino). Letztere wurde Mutter des gekörten Dornik B (v. Derano Gold), viermaliger Bundeschampion, dreimaliger Deutscher Meister, zwölfmaliger Europameister und siegreich bis S-Dressuren, und des Rheinischen Siegerhengstes und bei den Bundeschampionaten, Deutschen und Europameisterschaften hoch erfolgreichen Going East (v. Golden Dancer).

Eigenleistung: Kick Down wurde 2009 in Verden vom Hannoverscher Ponyverband gekört. 2010 war er Hannoverscher Landeschampion und nahm am Bundeschampionat der dreijährigen Hengste teil. 2011 war er Teilnehmer an der Bundeshengstschau in Berlin, wobei er Platz sechs bei den vier- bis sechsjährigen Hengsten belegte. Sein HLP in Münster-Handorf absolvierte er mit einer Gesamtnote von 8,1. Im selben Jahr gewann er unter seiner Besitzerin Henrike Habermann außerdem die Bronzemedaille beim Landeschampionat in Hannover und nahm erneut am Bundeschampionat der vierjährigen Hengste teil. Es folgte die Auszeichnung als Prämienhengst seitens des Hannoverschen Ponyverbandes. Kick Down geht siegreich in Reitpferde- und Dressurpferdeprüfungen der Klasse A.

Kennedy WE (DR) Rappe *1997	**Kaiserjäger xx**	**Windwurf xx**	**v. Kaiseradler xx**
		Katja xx	**v. Cher xx**
	El.St. Grace Kelly (DR)	**Brillant (GB)**	**v. Piran John Halifax (GB)**
		Gina (WB)	**v. Chirk Caradoc (WB)**
St.Pr./El.St. Bari (DR) Fuchs *2002	**Display II (DR)**	**Diplomat (DR)**	**v. Domingo (DR)**
		Enjoy Day-Dream (DR)	**v. Marquis AA**
	Bali (DR)	**Ibn Mohafez ox**	**v. Mohafez ox**
		Babsi (DR)	**v. Candy-Carel (DR)**

DR WESER-EMS
DE 435350252509
BRAUNER HENGST
***13.4.2009**
STM.: 144 CM

ZÜCHTER
Hans Menke
49762 Lathen-Wahn

BESITZER
Wilma Mazeland
Exloo (NED)

STATION
Gestüt Kastanienhof
Garreler Str. 10
26197 Sage-Haast
Tel.: 04435-970935
Mobil: 0173-8930935
Fax: 04435-916675
info@gestuet-kastanienhof.com
www.gestuet-kastanienhof.com

KÖRUNG
12.11.2011 in Vechta (durch W-Ems)

DECKEINSATZ ÜBER FS

KAISER BONAPARTE WE

Familie: Der Vater Kennedy WE war 1999 2. Reservesieger seiner Körung in Oldenburg. 2001 belegte er beim Bundeschampionat Platz fünf (4j. H.), 2002 Platz sieben (5j. Dr.) und wurde 2003 Sechster (6j. Dr.). 2003 wurde er auch auf der 1. Bundesschau für Sportponyhengste in Berlin Reservesieger und Vizechampion der dressurbetonten Ponyhengste (Rittigkeit 10,0). Er erhielt die Bundesprämie. Auf der Hengstschau des Pferdestammbuches Weser-Ems 2003 in Vechta wurde er zum Siegerhengst gekürt und in Prämienklasse I eingestuft. Inzwischen kann er mit Julia Coldewey Siege bis St. Georges-Dressuren vorweisen. Auf FEI-Niveau wurde er erfolgreich von Theresa Meyer vorgestellt, die sich mit ihm 2009 die Weser-Ems-Meisterschaft sicherte und international in Saumur/FRA an den Start ging. Kennedy WE stellte sieben gekörte Söhne, darunter der Siegerhengst Keerlke und der Landeschampion Kick Down. 2011 wurde Kennedy WE nach Australien verkauft.

Für die Mutter Bounty M, die 2008 einen Id-Preis bei der Weser-Ems-Bezirksstutenschau in Vechta erhielt, ist dieser Junghengst das erste Fohlen.

Der Muttervater Desperado K WE war 2000 mit der Gesamtnote 8,65 Reservesieger seiner HLP in Radegast. Damit knüpfte er an den Gewinn von Bronze 1999 beim Landeschampionat in Rastede an. 2003 belegte er Rang zehn beim Bundeschampionat (6j. Dr.). Es schlossen sich Siege und Platzierungen bis M-Dressuren an. Desperado K WE wurde 2005 als Zucht- und Sporthengst nach Dänemark verleast. Er geht erfolgreich in internationalen Dressurprüfungen mit Anne Sofie Tolstrup Andersen, mit der er 14 Siege und zahlreiche Platzierungen in FEI-Prüfungen erzielen konnte und z.B. 2007 in einer Qualifikationsprüfung zum Ecco-Cup Platz fünf belegte. 2008 wurde er nach Ungarn verkauft und nahm an der EM in Avenches/SUI teil. Drei Söhne des Desperado K wurden gekört: Friedrichshof Daydream, 2006 Sieger der Mitteldeutschen Hengstschau in Magdeburg, Daiquiri Deluxe E und Denver, 2006 Siegerhengst in Mecklenburg-Vorpommern. Als Muttervater tritt Desperado K auch im Pedigree des 2. Reservesiegers der Körung 2011 in Schleswig-Holstein/Hamburg, Comme Ci Comme Ca, auf.

Die Großmutter Bonita brachte die Stute Baja (v. Bayus), die 2001 einen Ic-Preis bei der Weser-Ems-Bezirksstutenschau in Uelsen erhielt und anschließend mit einem If-Preis bei der Weser-Ems-Elitestutenschau in Vechta ausgezeichnet wurde. Bonitas Tochter Bonni M (v. Brillant) sichert sich 2002 einen Id-Preis bei der Weser-Ems-Bezirksstutenschau in Uelsen. Bonni M ist ihrerseits Mutter des A-Springponys Jay-C (v. Desperado K).

Die Urgroßmutter Bente brachte das L-Dressurpony Tiamo W (v. Tamino/T.), für das eine Lebens-Gewinnsumme von 2.210 Euro notiert wurde.

Kennedy WE (DR) Rappe *1997	**Kaiserjäger xx**	**Windwurf xx**	**v. Kaiseradler xx**
		Katja xx	**v. Cher xx**
	El.St. Grace Kelly (DR)	**Brillant (GB)**	**v. Piran John Halifax (GB)**
		Gina (WB)	**v. Chirk Caradoc (WB)**
Bounty M (DR) Fuchs *2005	**Desperado K WE (DR)**	**Dornik B (DR)**	**v. Derano Gold (DR)**
		St.Pr.St. Solaris K (DR)	**v. Losander (DR)**
	Bonita (DR)	**Goldfasan (DR)**	**v. Gold Eagle xx**
		Bente (DR)	**v. Calderon II (DR)**

Stutenfamilie der Butterfly.

Eigenleistung: Kaiser Bonaparte wurde 2011 vom Pferdestammbuch Weser-Ems gekört und als 2. Reservesieger ausgezeichnet.

DR SACHSEN-ANHALT
DE 437000139103
FUCHSHENGST
***11.4.2003**
STM.: 147 CM

ZÜCHTER
Christine Klappauf
39624 Zethlingen

BESITZER
Norbert Büscherhoff
Oberrecht 31 a
25436 Neuendeich
Tel.: 04122-927892
Mobil: 0172-9529958
reitpony-nb@gmx.de
www.reitponystation.de

STATION
beim Besitzer

KÖRUNG
11.2.2006 in Neumünster (durch SHH)

EIGENLEISTUNG
HLP 2007 in Neustadt/D. 8,27

DECKEINSATZ ÜBER NS

VERERBUNGSDATEN
E-LGS 2011 236 EURO

KRONPRINZ

Gekörte Hengste: 1 - Kitano

Familie: Der Vater Kaiserstolz wurde 1999 bei der Körung der Verbände Berlin-Brandenburg und Sachsen-Anhalt zum Siegerhengst gekürt. 2001 legte er seine HLP in Neustadt/D. mit der Gesamtnote 8,36 als Reservesieger ab. Kaiserstolz stellte 2001, 2003 und 2005 jeweils die Reservesieger der Hengstfohlen auf den Fohlenchampionaten Berlin-Brandenburg und Sachsen-Anhalt, 2004 das Siegerstutfohlen. Kaiserstolz hat zwei Vollbrüder: Kaiser As (v. Kaiserjäger xx, Reservesieger seiner Körung) und Churchill (v. Columbo), der 2004 Vizebundeschampion wurde. Seine Schwester St.Pr.St. Polly (v. Kaiserjäger xx), mit der Note 8,74 Reservesiegerin ihrer SLP, ist Mutter des Reservesiegers der Körung 2005 in Prussendorf, Chamberlain (v. Columbo), sowie der Siegerstute der Staatsprämienschau 2005, Penny Lane (v. Columbo). Kaiserstolz ist auch Vater des gekörten Elin's Kampari, der 2007 Platz drei beim Landeschampionat in Hannover belegte. 2010 gewann die Kaiserstolz' Tochter Sissi bei den vierjährigen Reitponys den Freispringwettbewerb des Zuchtvereins Osthavelland/Brandenburg-Anhalt.

Die Mutter Schayien brachte noch ein Hengstfohlen, das wie Kronprinz Reservesieger des Fohlenchampionats in Neustadt/D. wurde.
Muttervater Navajo gewann 1979 beim ersten Bundeschampionat für Ponys in Münster-Handorf die Bronzemedaille. Seine Nachkommen gewannen bis 2011 bald 90.000 Euro. Er zeugte neun gekörte Söhne und fünf Staatsprämienstuten. 1994 siegte sein gekörter Sohn Nico the Champ beim Bundeschamionat (Spr.).
Ein Halbbruder zur Großmutter Sandfee, Nino Nantano (v. Nordlicht), geht siegreich in A-Springen sowie erfolgreich in A-Dressur- und –Geländeprüfungen.
Der vierte Vater Opal B ist auch Muttervater zur Siegerstute 2007 in Magdeburg im Rahmen der Staatsprämienschau, Steinmarie (v. Merlin).

Eigenleistung: Kronprinz war 2003 Reservesieger des Fohlenchampionats in Neustadt/D. und wurde 2006 in Neumünster durch Holstein zum 2. Reservesieger gekürt. Seine HLP legte er mit einer Gesamtnote von 8,27 ab, wurde wegen einer Verletzung aber nicht rangiert. Für sein Interieur (Umgänglichkeit, Leistungsbereitschaft und Leistungsfähigkeit) erhielt er eine 9,0. Sein Springen, seine Rittigkeit, sein Galopp und Schritt wurden jeweils mit 8,0 bewertet. Für seine Geländeeignung vergaben die Richter die 8,5. Gegen Großpferde siegte er in A-Springpferdeprüfungen und konnte sich mehrfach in Dressur- und Springprüfungen platzieren.

Nachkommen: Kronprinz lieferte 2007 seinen ersten Jahrgang, aus dem alle Fohlen prämiert wurden. Auf dem Fohlenchampionat in Schleswig-Holstein/Hamburg standen sowohl bei den Hengst- als auch bei den Stutfohlen seine Nachkommen in den jeweiligen Ringen auf der Ib-Position. Sein damals an Ib rangierter Sohn Kitano wurde 2010 vom Pferdestammbuch Schleswig-Holstein/Hamburg gekört und vom Pferdestammbuch Weser-Ems anerkannt.

Kaiserstolz (DR) Fuchs *1997	**Kaiserjäger xx**	**Windwurf xx**	**v. Kaiseradler xx**
		Katja xx	**v. Cher xx**
	Prinzess (WB)	**Constantin (WB)**	**v. Whatton Copper Beech (WB)**
		Prinzessin (WB)	**v. Benedict (WB)**
Schayien (DR) Fuchs *1997	**Navajo (DR)**	**Nawarro (DR)**	**v. Narwal I (DR)**
		Amazone (DR)	**v. Nadler III (DR)**
	Sandfee (DR)	**Rekord B (DR)**	**v. Rafael B (DR)**
		Sela (DR)	**v. Opal B (DR)**

© www.sportfotos-lafrentz.de

Schierensees Mando Diao

DR SCHLESW.-HOLST.
DE 422220010709
BRAUNER HENGST
*24.5.2009
STM.: 146 CM

© HAGEMEISTER

ZÜCHTER
Kristin Rosenbaum
23714 Malente

BESITZER
Kristin Rosenbaum
Reitponygestüt Hof Schierensee
Lütjenburger Str. 105
23714 Malente
Tel.: 04523-880028
Mobil: 0177-7611306
okrumbeck@web.de

STATION
beim Besitzer

KÖRUNG
12.2.2012 in Neumünster (durch SHH)

DECKEINSATZ ÜBER NS

SCHIERENSEES MANDO DIAO

Familie: Der Vater Schierensees Micky Blue Eye wurde 2006 in Neumünster für das Pferdestammbuch Schleswig-Holstein/Hamburg gekört. Im selben Jahr wurde er Vierter beim Schleswig-Holstein-Schaufenster. Er war 2007 Siegerhengst der Kurzprüfung in Schönhorst mit der Gesamtnote 8,63. Die Note 9,0 erhielt er für seinen Galopp, für die Rittigkeit, für das Freispringen und das Parcoursspringen. 2007 konnte er seine Karriere fortsetzen, er konnte sich mehrfach hoch platzieren bzw. siegte in Eignungs-, Reitpferde- und Springpferdeprüfugen der Klasse A. Er nahm am Bundeschampionat der vierjährigen Hengste teil. 2008 gewann er die Bronzemedaille beim Bundeschamionat der Vielseitigkeitsponys und wurde Neunter im Finale der fünfjährigen Springponys. Zahlreiche Siege und Platzierungen konnte er in Dressur-, Spring- und Vielseitigkeitsprüfungen bis zur Klasse L erzielen. Sein Sohn Schierensees Mister Big wurde 2011 gekört, Schierensees Mando Diao dann 2012.

Die Mutter Olander brachte auch den gekörten Hengst Schierensees Don't Do It (v. FS Don't Worry), der Siege in L-Dressuren verbuchte. Olander wurde außerdem Mutter der beiden L-Dressurponys Talando (v. Park's Talent) und Olivia (v. Cap Cennedy) und der in Eignungsprüfungen der Klasse A platzierten Schierensees Be the Best (v. Llananrth Bonheddwr).

Der Muttervater Martell wurde 1991 in Neumünster für das Pferdestammbuch Schleswig-Holstein/Hamburg gekört. Er legte als HLP in Traventhal einen Ein-Tages-Test ab. 2000 wurde er nach Polen verkauft, dort nahm er erfolgreich an Nationenpreisen teil und war Teilnehmer an Europameisterschaften. 2008 kam er zurück und startete in Deutschland u.a. für das Weser-Ems-Team in L-Springen. Zu seinen Nachkommen zählt Rocher Rouge, der siegreich in L-Dressuren eingesetzt wird.

Schierensees Micky Blue Eye (DR) Schimmel *2003	**Monte Christo (DR)**	**The Braes My Mobility (WB)**	**v. Steehorst Maestro (WB)**
		Lizetta Vra (DR)	**v. Linaro (DR)**
	Farina (DR)	**Nightfire (DR)**	**v. Nantano (DR)**
		Wohld Farina (WD)	**v. Llenard Tywysog (WC)**
Olander (DR) Braun *1993	**Martell (DR)**	**Maritim (NF)**	**v. Marabu (NF)**
		Jenny (DR)	**v. Colorado (DR)**
	Orania (DR)	**Sesam (Wildb.)**	**v. Puschki (Wildb.)**
		Olli	**v. King (Shet.)**

Die Großmutter Orania brachte noch das L Springpony Onella (v. Lambert) und das A-Dressur- und A Springpony Mirando (v. Martell). Ihre Tochter Oline (v. Lambert) wurde Mutter der beiden M-Fahrponys Montana und Melody (beide v. Mambo Moscan) von Fahrer Holger Kröpelin.

Eigenleistung: Schierensees Mando Diao wurde 2012 in Neumünster für das Pferdestammbuch Schleswig-Holstein/Hamburg gekört und als Prämienhengst ausgezeichnet.

Steendieks Mr. Mo

ZÜCHTER
Peter Böge
24220 Schönhorst

BESITZER
ZG Wagner-Fetzer
Zum Bodenhölzle 17
73529 Schwäbisch Gmünd
Tel.: 07171-996862
Mobil: 0172-8746364
Fax:07171-996864
sabinedj@aol.com
www.Mr-Mo.de

STATION
beim Besitzer

KÖRUNG
12.2.2011 in Neumünster (durch SHH)

DECKEINSATZ ÜBER NS

VERERBUNGSDATEN
E-LGS 2011 72 EURO

DR SCHLESW.-HOLST.
DE 422220050508
DUNKELFUCHSHENGST
*5.6.2008
STM.: 146 CM

STEENDIEKS MR. MO

Familie: Der Vater The Braes My Mobility lieferte 19 gekörte Söhne, darunter die Siegerhengste Eiluns Monopoly, Montgomery, Monte Christo und Manchester United. Sein Sohn Mad Max WF wurde 2011 Bundeschampion der fünfjährigen Dressurponys. Über seinen Sohn Monsun N ist er Großvater des Bundeschampions der sechsjährigen Dressurponys, Massimiliano.

Die Mutter Sophienhöhs Vicky ist auch Mutter der zwei gekörten Hengste Steendieks Mr. Ed (v. Eiluns Monopoly), 2009 Vize-Bundeschampion der sechsjährigen Springponys und platziert bis M-Springen, und Terence Hill (v. Tilo), siegreich in A-Springpferdeprüfungen.

Der Muttervater Campari wurde 1994 in Neumünster vom Pferdestammbuch Schleswig-Holstein gekört. 1996 legte er seine HLP in Medingen mit der Gesamtnote 7,0 ab. Er ist im Sport erfolgreich in Springen bis zur Klasse L eingesetzt worden. Seine beiden Söhne Beschenhof Cavadee und Cap Cennedy wurden gekört. Seine Nachkommen gehen im Sport erfolgreich und gewannen bis 2011 26.267 Euro. 2011 gehörte Campari zu den TOP Ten der erfolgreichsten Dressurponyvererber. In Schleswig-Holstein/Hamburg war er 2011 der zweiterfolgreichste Vererber nach N-Lebensgewinnsumme. Campari ist Muttervater zum Schleswig-Holstein/Hamburg-Siegerhengst 2003, Dublin N (v. Hondrugs Don Gregory).

Die Großmutter Vitessa gewann 1985 einen Ic-Preis bei der Bundesstutenschau Münster-Handorf und platzierte sich in Reitpferdeprüfungen. Aus ihr stammen die beiden gekörten Hengste Merlin (v. Synod Matthew), der 1992 Platz 16 bei der Dressur-DM belegte und Siege in M-Dressuren verbuchte, sowie Cinzano (v. Calvados), der sich in Reitpferdeprüfungen platzierte. Weiterhin bracjte Vitessa die beiden L-Dressurponys Sophienhöhs Dornkaat (v. Proud Dandy S) und Viola (v. Valesco).

Die Urgroßmutter Acapulco Jessica brachte in Anpaarung mit Mijm ox die drei gekörten Vollbrüder Noris (*1965), Noris (*1973) und Nurmi. Ihre Tochter St.Pr.St. Kassandra wurde über die Stute St.Pr.St. Dendera (v. Dancer) Großmutter des gekörten Don Quichotte (v. Dressman I). Aus der St.Pr.St. Bastienne (v. Oakley Bubble Gold), stammen die gekörten Hengste Nabor (v. Nantario; L-Dr.), Nic Nimbo (v. Nibelungenheld I; 1996 5.Pl. Bch. 5j. Spr.) und Doolittle (v. Dreamdancer; L-Dr.). Bastiennes Tochter St.Pr.St. Bali (v. Brillant) brachte den Süddeutschen Reservesieger Dreamcatcher AT (v. Depardieu AT) und die Stute Deserty (v. Desert AT; siegr. A-Dr.), ihrerseits Mutter des gekörten Diamond Heart (v. FS Don't Worry), und die Stute Flicka (v. Dressman I), Mutter des Reservesiegers FB Gangster (v. FS Golden Moonlight).

Eigenleistung: Steendieks Mr. Mo wurde 2011 zunächst in Neumünster vom Pferdestammbuch schleswig-Holstein/Hamburg gekört, und anschließend in Weilheim für den Zuchtverband Baden-Württemberg. Er geht erfolgreich in Reitpferdeprüfungen.

The Braes My Mobility (WB) Palomino *1994	Steehorst Maestro (WB)	Eyarth Harlequin (WB)	v. Eyarth Celebration (WB)
		Roman Columbine (WB)	v. Revel Tobias (WA)
	Anja (WB)	Eastfields Emperor (Welsh)	v. Coed Coch Pawl (WB)
		Anuschka (WB)	v. Bryan Bach (WB)
Sophienhöhs Vicky (DR) Fuchs *1996	Campari (WB)	Courage (WB)	v. Constantin (WB)
		Panja (WB)	v. Artus (WB)
	Vitesssa (DR)	Valentino (GB)	v. Bwlch Valentino (GB)
		Acapulco Jessica (DR)	v. Sarnau Royal Mint (GB)

Munser II

Ein Indianerpony, das erst selbst und dann dessen Nachkommen bevorzugt im Warendorfer Busch auf Schleifenjagd gehen? Keine Frage – das kann nur Munser II sein!

Munser II unter Maximilian Wricke bei der Norddeutschen Jugendmeisterschaft 2009

Mogli, Mister Bean, Schoengreens Punika – mit nicht weniger als drei Nachkommen dominierte Munser II 2011 die Bundeschampionatsentscheidung bei den Vielseitigkeitsponys. Die Zahl der Qualifikanten für dieses Top-Event belief sich gar auf fünf. Für Sohn Mogli lief es besonders gut. Der von Tonn Volker gezogene Rappe galoppierte unter seinem Jockey Lukas Wappler zu einer Endnote von 8,7 und damit Rang vier. Mister Bean kam mit Hella Meise auf den neunten Platz. Der Rappschecke aus der Zucht von Ines Künzel hatte bereits im Jahr zuvor mit Michelle Mothes Bronze geholt, nachdem er in der Qualifikation sogar an zweiter Stelle lag. Seine väterliche Schwester Schoengreens Punika kam damals auf Rang fünf.

Dass sein Munser II der heimliche König des (Warendorfer) Geländes ist, macht seinen Züchter und Besitzer Michael Beindorf sichtlich stolz: „Wenn man bedenkt, dass wir in den neuen Bundesländern nicht gerade die Hochburg der deutschen Ponyzucht sind, dann ist das schon eine bemerkenswerte Leistung." Damit ist das Stichwort Leistung gefallen, das, laut Michael Beindorf, das offene Geheimnis des Erfolgs von Munser II ist. „Munser II selbst ist ein sehr ehrgeiziges Pony." Was aber nicht immer von Vorteil gewesen sei. „In den ersten Jahren fand die Dressur bei den Vielseitigkeits-Bundeschampionaten auf dem Grasplatz inmitten der Warendorfer Geländestrecke statt. Und so lauerte Munser II immer auf das Startzeichen fürs Cross, statt sich auf Volten und einfache Galoppwechsel zu

Mogli wurde unter Lukas Wappler 2011 Vierter in Warendorf...

... und Mister Bean Neunter.

konzentrieren. Er konnte einfach nicht begreifen, dass er nicht los durfte", lacht Michael Beindorf. Die nicht so gelungene Dressur habe er aber dann mit super Runden im Parcours und im Gelände, bewertet mit 9,0 und besser, ausgleichen können. 2003 holte er Bronze beim Bundeschampionat der Vielseitigkeitsponys und wurde Zehnter im Finale der Springponys. 2004 kam Silber bei den Vielseitigkeitsponys hinzu. Insgesamt ging Munser II nicht weniger als 134 Mal auf die Ehrenrunde, 31 Mal davon führte er sie sogar an. Bereits bei seiner HLP 2002 in Neustadt/D. ließ Munser II mit einer 10,0 für die Umgänglichkeit und jeweils einer 9,0 für seine Leistungsbereitschaft und Leistungsfähigkeit aufhorchen. Zu Buche steht weiterhin der Titel des Sachsenchampion bei den vierjährigen Reitponys. 2003 holte er sich den Landestitel im Springen und in der Dressur und 2004 in den Disziplinen Dressur, Springen und Vielseitigkeit. Sechsjährig nahm er bereits im Springen an der DM teil.

Munser II ist nur einer von vier Vollbrüdern, die Michael Beindorf aus seiner Gausi gezogen hat. Der studierte Agraringenieur, der in Graditz auch eine Bereiterlehre absolvierte, nutzte nach dem Zusammenbruch der DDR die Gelegenheit und machte sich mit einem 200 Hektar umfassenden landwirtschaftlichen Betrieb selbstständig. Neben Mutterkühen zogen damals auch Pferde auf Gut Neumühl in Beuteritz, im Tal der Schwarzen Elster am Naturpark Niederlausitz, ein. „Wir hatten die Idee, auch Kinderferien anzubieten, und da gehören Pferde oder besser gesagt Ponys nun mal einfach dazu." Auf der Suche nach geeigneten Vierbeinern für die Kids stieß Michael Beindorf auf Gausi: „Eine tolle Braunschecken-Stute, die auch heute noch mit ihren 25 Jahren ihren Dienst als Schulpferd versieht und von den Kindern wegen ihrer verlässlichen Art heiß und innig geliebt wird. Sie passt richtiggehend auf auf die Kleinen."

Als Partner für seine Gausi wählte Michael Beindorf Maccardo aus. „Der stand damals in der Nähe und schien mir bestens geeignet." Der Holsteiner, vom Linienbegründer Magnum abstammend, war Körungssieger, HLP-Sieger und Bundeschampion. Und so wurde 1996 der Rappschecke Munser I geboren, 1999 Siegerhengst seiner Körung in Redefin. 1998 folgte Munser II, der laut Aussage von Michael Beindorf zwar als Braunschecke eingetragen wurde, der aber bei weitem nicht mehr so bunt gewesen sei, wie sein älterer Bruder. Bei dem 1999 geborenen Munser III, später Körsieger, Bundeschampionatsfünfter, mehrfacher Sachsenchampion, Prämienhengst*** und eins der erfolgreichsten Vielseitigkeitsponys in seiner Altersklasse, seien „die Farbflecken dann schon fast ganz raus gewaschen gewesen. Und Munser IV war quasi einfarbig."

Ebenfalls im Busch-Finale platziert: Schoengreens Punika mit Michelle Mooethes

Gausi brachte in Anpaarung mit King Bjuti noch den braunen Koban, 2008 mit Delia Mangelkramer Fünfter beim Bundeschampionat und 2010 unter Selina Bentheimer bei der DM in Kreuzau platziert. Gausis Tochter Gina, eine Vollschwester zum Munser-Quartett, wurde in Anpaarung

Der gekörte Monet geht unter Lara Bergmann erfolgreich international an den Start.

mit Mentos Mutter des gekörten und ebenfalls bei Michael Beindorf aufgestellten **Monet**, der zuletzt unter Lara Bergmann beim Preis der Besten in Warendorf und beim Bundesnachwuchschampionat der Ponyspringreiter in Verden mit von der Partie war.

Aus Gausis Halbschwester Biene (v. Bonitos) stammt der zwölfjährige Fuchshengst Athyr (v. Alexander), der 2006 beim Geländepony-Bundeschampionat auf Platz sechs rangierte.

Zwei Söhne des Munser II, der sich mit der Auszeichnung als Prämienhengst*** schmücken darf, wurden gekört: Monty, 2004 Siegerhengst in Redefin (Mecklenburg), und der in Parcours, Viereck und Gelände gleichermaßen erfolgreiche Ma Long. Letzteren hat Michael Beindorf aus der Vollblutstute Lile de Arrogance xx (v. Perceive Arrogance xx) gezogen.

Munsers Halbbruder Koban platzierte sich mit Selina Bentheimer 2010 bei der DM

„Munser II vererbt seine Leistungsbereitschaft durchschlagend. Seine Nachkommen wollen einfach, was ihre Eignung für alle Disziplinen des Reitsports und auch ihre zahlreichen Platzierungen erklärt und ihm selbst einen Platz unter den besten Vielseitigkeitspony-Vererbern sichert", sagt Michael Beindorf .

Bleibt eigentlich nur noch die Frage, wie die Munser-Brothers wohl zu ihrem Namen kamen? „Na ganz einfach. Als unsere Ponykinder das bunte Fohlen im Stroh liegen sahen, sagten sie immer alle: ‚Meins!' Und wir haben gesagt: ‚Nein, unser(s)!'. Zusammen ergab das dann Munser."

Dr. Tanja Becker

DR BERLIN-BRANDENBURG
DE 457100003903
BRAUNER HENGST
***23.5.2003**
STM.: 148 CM

ZÜCHTER
Michael Beindorf
Gut Neumühl
04924 Beutersitz

BESITZER
Michael Beindorf
Gut Neumühl
04924 Beutersitz
Mobil: 0173-8691467
ines.bei@gmx.de
www.gut-neumuehl.de

STATION
beim Besitzer

KÖRUNG
27.1.2006 in Radegast (durch Berlin-Brandenb. u. Sachs.-Anh.)

EIGENLEISTUNG
HLP 2007 in Neustadt/D. 8,34 (6./22)

DECKEINSATZ ÜBER NS

VERERBUNGSDATEN
E-LGS 2011 2666 EURO
N-LGS 2011 62 EURO

MONET

Gekörte Hengste: 1 - Mas que nada

Familie: Der Vater Mentos (1979 – 2007) wurde 1981 in Münster-Handorf Reservesieger. 30 Siege und 75 Platzierungen bis M-Springen gehen auf sein Konto. Dreimal in Folge gewann er mit Dörthe Schulte-Geldermann die Rheinischen Meisterschaften. 30 Siege und 75 Platzierungen im Springen in den Klasse A und M gehen auf sein Konto. In der FN-Rangliste der besten Ponyvererber steht er vorn.
Die Mutter Gina brachte die drei Sportponys Colja (v. FS Champion de Luxe; L-Dr.), Cierow (v. FS Champion de Luxe; A-Dr.) und Gloria (v. King Bjuti; Rpf.).

Der Muttervater Maccardo gehört zu den erfolgreichsten Hengsten in der Ponyzucht. Er war 1993 Körungssieger in Sachsen-Anhalt, 1994 Sieger seiner HLP in Neustadt/D. (Index 126,56), wurde 1996 Vize-Bundeschampion der fünfjährigen Springponys und 1997 Bundeschampion der sechsjährigen Springponys. In seiner sportlichen Karriere erzielte er 55 Siege und etliche Platzierungen bis M-Springen und in A-Dressuren. Maccardo lieferte sechs gekörte Söhne, darunter das Brüdertrio Munser I bis III.
Die Großmutter Gausi brachte die drei gekörten Vollbrüder Munser I (1999 Siegerhengst seiner Körung in Redefin), Munser II (2002 Sachsenchampion 4j. Reitponys, 2003 der Spring- und Dressurponys, 2004 Champion in der Vielseitigkeit, in der Dressur und im Springen, 2003 Bronzemedaille beim Bundeschampionat der Vielseitigkeitsponys und Platz zehn bei den fünfjährigen Springponys, 2004 Vize-Bundeschampion der Vielseitigkeitsponys) und Munser III (2001 Siegerhengst der Körung in Prussendorf). Letzterer ging siegreich in Dressuren, Springen und Vielseitigkeiten der Klasse A, war 2004 Fünfter beim Bundeschampionat der Vielseitigkeitsponys und 2005 Vierter in Warendorf sowie mehrfacher Sachsenchampion. 2005 firmierte er laut FN-Jahrbuch als Deutschlands bestes sechsjähriges Vielseitigkeitspony und stand auf Platz elf in der Rangliste der gewinnreichsten Vielseitigkeitsponys insgesamt.
Die Großmutter Sina brachte auch die St.Pr.St. Bunja (v. Bonitos), deren Sohn Maitur (v. Munser III) gekört wurde. Ihre Tochter Verb.Pr.St. Piroschka (v. Passat) brachte den gekörten Moonlight Spirit Horse (v. Munser I).
Die vierte Mutter Maja ist auch Mutter zu dem gekörten Schelm (v. Soliman B).
Eigenleistung: Monet wurde 2006 in Radegast für die Verbände Berlin-Brandenburg und Sachsen-Anhalt gekört. Seine HLP legte er 2007 in Neustadt/D. mit der Gesamtnote 8,34 ab. 2008 nahm er am Bundeschampionat der fünfjährigen Springponys teil. 2009 belegte er beim Bundeschampionat der sechsjährigen Springponys Rang elf. 2011 wurde er mit Lara Bergmann Landesmeister der Junioren gegen Großpferde in Mecklenburg-Vorpommern. 2012 stand er im Finale des Bundesnachwuchschampionats der Ponyspringreiter in Verden. Monet ging mehrfach siegreich und international erfolgreich in M-Springen, so auch im Großen Preis in Lamprechtshausen/AUT.

Mentos (DR) Braun *1979	Merafic ox ox	Daikir ox	v. Karmin ox
		Masarrah ox	v. Haladin ox
	Sarnau Saphier (GB)	Weston Cuff Link (WB)	v.. Chirk Crogan (WB)
		Kilmeston Saphire (Welpb)	v. Gay Presto Gsb. xx
Gina (DR) Braun *1997	Maccardo (DR)	Magnum (DR)	v. Balthasar (=Gerrig Brenin Balth.) (WD)
		El Sarah (DR)	v. Lombard (DR)
	Gausi (PiLe)	Gildo (Hafl.)	v. Galib Ben Afas ox
		Sina (PiLe)	v. Satan I B (PiLe)

Nachkommen: Aus seinem ersten Jahrgang ist Monets Sohn Mas que nada bereits erfolgreich in Springpferdeprüfungen der Klasse A.

The Braes My Mobility

Warum ein Rollkragenpullover im Leben von The Braes My Mobility eine wichtige Rolle spielte, das lesen Sie hier …

„Wir waren unterwegs, um eine Quarterhorse-Stute für unsere Zucht auszusuchen. Auf dem Weg dorthin entdeckten wir auf einer Weide eine Palominostute, die allerdings nicht gerade im besten Pflegezustand war.“ Aber die ganz im ursprünglichen Typ des Coed Coch-Welsh stehende Ponydame hatte es der praktizierenden Tierärztin Eva Hübeler-Schenk aus dem nordrhein-westfälischen Remscheid sofort angetan: „Ihr archaisches Gesicht, ihre Breite und Tiefe und ihr grandioses Gangwerk …“ Schwer sei es nicht gewesen, dem Besitzer dieses Zuchtjuwel abzukaufen: „Sie hatte wohl bislang nur Hengstfohlen gebracht und so wurden wir uns schnell handelseinig.“ Das Besondere: Eva Hübeler-Schenk hatte bis dahin eigentlich gar keine Pony-Ambitionen. Zwar war die passionierte Dressurreiterin, die über ihren Mann Hartmut Schenk den Weg in die Freizeit- und Westernreiterei fand, schon immer auch an der Zucht interessiert, aber erst mit dem Kauf von Anja wurden dann auch Welshs ein Thema.

„Anja war wirklich eine bemerkenswerte Stute: zum Abfohlen stellte sie sich immer ans Weidetor, um in den Stall gelassen zu werden. Meist war dann ein paar Stunden später das Fohlen da.“ Nur The Braes My Mobility ließ auf sich warten. „Anja war damals schon 30 Jahre alt und wir hatten die Hoffnung, dass sie noch einmal ein Fohlen bringt, schon aufgegeben“, fährt Eva Hübeler-Schenk fort. Doch dann habe sie an einem kalten Oktobertag plötzlich mit einem Hengstfohlen am Tor gestanden. „Mobility war winzig. Damit er nicht fror, streiften wir ihm einen dicken Rollkragenpullover über.“ Aber dass da ein ganz Besonderer vor ihr stand, war Eva Hübeler-Schenk sofort klar. Und so heimste der Sohn des Steehorst Maestro, der selbst erfolgreich im Dressursport eingesetzt wurde, zahlreiche Schauerfolge ein. Anschließend verkaufte Eva Hübeler-Schenk den Palominohengst an Hark Arfsten in Havelberg.

The Braes My Moblilty

Montoya und Lea Clausen platzierten sich gleich zweimal im Bundesnachwuchschampionat vorn.

Der weitere Weg des Hengstes ist bekannt: in Schleswig-Holstein avancierte The Braes My Mobility zum Rasse-Siegerhengst. 2003, dann schon unter des Ägide des Ferienhofs Stücker im rheinischen Weeze, sicherte er sich bei der 1. Bundeshengstschau in Berlin den Titel des Bundessiegerhengstes. Dabei erhielt er für seinen Trab mit 9,5 und seinen Schritt mit 9,0 Spitzenbewertungen. Gesamt belief sich seine Note auf 8,6. Nach der Übersiedlung 2005 auf das Gestüt Kastanienhof von Julia und Timo Coldewey im niedersächsischen Sage-Haast kam der überlegene Sieg bei der Weser-Ems-Hengstprämierung hinzu.

„The Braes My Mobility ist so einfach zu handeln, wie ein Pony nur sein kein: absolut unkompliziert und immer gut drauf. Und das gibt er auch an seine Nachkommen weiter. Seine Fohlen sind ohne großen Aufwand an Mensch und Halfter zu gewöhnen. Und auch das Einreiten und Arbeiten später klappt problemlos", weiß Timo Coldewey aus Erfahrung zu berichten. Außerdem prädestiniere The Braes My Mobility seine Größe von gerademal 131 Zentimetern Stockmaß für die Anpaarung mit aus dem Maß gehenden Pony- oder auch kleinen Großpferdestuten.
Seit 2011 führt The Braes My Mobility den Titel des Elitehengstes, den er sich mit den zahlreichen Erfolgen seiner Nachzucht redlich verdient hat. Gleich aus seinen ersten Hengstjahrgängen stellte er fünf gekörte Söhne, darunter die drei Siegerhengste Eiluns Monopoly aus der Zucht seines Besitzers Hark Arfsten, Montgomery und Monte Christo. Über Letzteren ist er (mütterlicher) Urgroßvater zum Holsteiner Siegerhengst

Mister Snowman mit Rosanna Nienaber - Prämienhengst, Bundeschampionatsteilnehmer und Weser-Ems-Casting-Sieger

Fehkamp's Nightley und Großvater zum HLP-Sieger und Dritten des Bundeschampionats der sechsjährigen Springponys 2008, Schierensees Micky Blue Eye. Der wiederum stellte 2012 bei der Holsteiner Körung den Prämienhengst **Schierensees Mando Diao.** Der gekörte Montelino N gewann 2008 Silber beim Bundeschampionat der fünfjährigen Springponys.

Mobilitys Tochter Lissy wurde 2004 Siegerstute der Elitestutenschau in Padenstedt. Ihr 2007 geborener Sohn von Prince Perfect gewann Silber beim Fohlenchampionat in Bad Segeberg. Drei Jahre später verließ dieser Edelmann aus der Zucht von Peter Böge, Schönhorst, unter dem Namen Steendieks Prince of Glory die Holstenhalle in Neumünster als Siegerhengst. Seinem ein Jahr jüngeren Halbbruder **Steendieks Champ of Glory** (v. FS Chambertin) gelang das gleiche Kunststück. 2011 ritt Wenke Kraus den ganggewaltigen Falben dann knapp geschlagen zu Silber beim Bundeschampionat der dreijährigen Hengste. Und 2012 folgte mit dem 1. Reservesieger **Steendieks Cream of Glory** gleich der dritte Streich. Eine weitere Tochter des The Braes My Mobility absolvierte ihre Stutenleistungsprüfung mit der Traumnote 9,6. Auch die Dressurchampionesse der sechsjährigen Dressurponys in Schleswig-Holstein 2005, Celina, stammt von The Braes My Mobility ab. 2009 und 2010 platzierte sich Montoya unter Lea Clausen im prestigeträchtigen Bundesnachwuchschampionat der Ponyspringreiter in Verden vorn.

Im Rheinland stellte The Braes My Mobility den 2. Reservesieger und HLP-Reservesieger Mr. Magic unc den Prämienhengst und Rheinischen Vize-Meister FS Mr. Mobility, Vater des „gelben Totilas" **FS Mr. Right**.

Inzwischen beläuft sich die Zahl der gekörten Söhne auf über 20, darunter der Weser-Ems-Siegerhengst Manchester United, der Prämienhengst und Weser-Ems-Casting-Sieger Mister Snowman, der Prämienhengst **Steendieks Mr. Mo** und der Springhengst **Maja's Mobility.**

Aus der Zucht der Familie Coldewey vom Gestüt Kastanienhof stammt der Weser-Ems-Siegerhengst Manchester United

„The Braes My Mobility ist ein sehr kompletter Hengst, der, neben seiner Leistungsbereitschaft, mit drei überragenden Grundgangarten punkten kann." Außerdem sei er laut Timo Coldewey ein Allrounder: „Seine Nachkommen siegen im Springen, in der Dressur und in der Vielseitigkeit."

Ein besonderer Coup gelang 2011. Mit Mad Max WE bei den fünfjährigen Dressurpony und Massimiliano bei den sechsjährigen Dressurponys standen bei den Bundeschampionaten in Warendorf ein direkter Sohn und ein väterlicher Enkel des The Braes My Mobility ganz vorn. In Rastede belegte Maverick S WE Rang zwei im Landeschampionat …

Dr. Tanja Becker

© Becker

Die Bundeschampions Mad Max mit Anna-Sophie Theile und Massimiliano unter Jolan Lübbecke

Vize-Landeschampion Maverick S WE, hier unter Tanja Lammers

DR RHEINLAND
DE 443430498608
PALOMINOHENGST
*25.4.2008
STM.: 138 CM

ZÜCHTER
Ferienhof Stücker
47652 Weeze

BESITZER
Ferienhof Stücker
Brückerhöfe 3
47652 Weeze
Tel.: 02837-2324
Mobil: 0173-9770121
Fax: 02837-961861
Christiane.Wilbers@t-online.de
www.ferienhof-stuecker.de

STATION
beim Besitzer

KÖRUNG
6.11.2010 in Wickrath (durch Rheinl.)

DECKEINSATZ ÜBER FS, TG

VERERBUNGSDATEN
E-LGS 2011 138 EURO

FS MR. RIGHT

Familie: Der Vater FS Mr. Mobility wurde 2006 in Wickrath vom Rheinischen Pferdestammbuch als Prämienhengst gekört. 2007 wurde er Rheinischer Vizemeister und nahm am Bundeschampionat teil. Aus seinem ersten Jahrgang wurden seine beiden Söhne FS Mr. Right und Magic Dream gekört. 2010 stellte FS Mr. Mobility in Prussendorf das Siegerfohlen des Fohlenchampionats aus der Mutter Auenhof's Alexis III (v. Alexander).

Die Mutter St.Pr.St. FS Golden Sunlight war 1995 unter Jana Freund Vize-Bundeschampionesse (4j. St. u. W.) und gewann 1994 und 1995 das Rheinische Ponychampionat. 1996 und 2000 kamen die Titel der Bundessiegerstute hinzu. FS Golden Sunlight brachte die gekörten Hengste FS Don't Worry (v. FS Dacapo Doro; Inter I), FS Chambertin (v. FS Champion de Luxe; L-Dr.) und FS Chacco Blue (v. FS Champion de Luxe; Rpf.). Neben FS Do It (v. Dornik B; 2003 2. Pl. 6j. Spr.), der Mutter des gekörten FS Cracker Jack (v. Champion de Luxe; 2008 4. Pl. 3j. H., 2009 3. Pl. Bch. 4j. H., 2010 11. Pl. Bch. 5, 2011 FN-Bundesprämie Bundeshengstschau Berlin, Siegerhengst der Hengstprämierung Weser-Ems), nahmen noch zwei weitere Töchter der FS Golden Sunlight mit Erfolg an den Bundeschampionaten teil: St.Pr.St. FS Golden Starlight (v. Dornik B; 1999 4. Pl. 3j. St. u. W.) und FS Donna Domani (2002 7. Pl. 3j. St. u. W.). FS Golden Starlight wurde Mutter der Bundeschampionatsfünften FS Champions Starlight (v. FS Champion de Luxe) und des gekörten Hengstes FS Concorde (v. FS Champion de Luxe). FS Donna Domani lieferte mit FS Champion de Luxe den 2007 im Rheinland gekörten Cremant de Luxe (2010 10. Pl. Bch. 5j. Dr.). Die St.Pr. St. FS Coco Chanel (v. FS Champion de Luxe) wurde Mutter von zwei gekörten Hengsten: FS Danbury (v. FS Dior de Luxe) und einem noch namenlosen gekörten Hengst (v. FS Don't Worry).

Muttervater Golden Dancer gewann selbst im Sport 9.997 Euro. Er ging siegreich bis S-Dressuren und kann auf über 200 Siege und Platzierungen verweisen, darunter 1991 der Titel des Bundes-champions (4j.), 1996 Doppelgold bei der EM in Barthahus/DEN und 1999 Teamgold bei der EM in Strömsholm/SWE. Über 20 seiner Söhne wurden gekört. Ebenfalls auf sein züchterisches Konto geht die Bundesreservesiegerstute Ginette.

Die Großmutter Eileen 2 war vor ihrem Zuchteinsatz bis zur Deutschen Meisterschaft erfolgreich. In der Zucht lieferte sie drei gekörte und sporterfolgreiche Hengste: FS Golden Moonlight, FS Pour l'Amour und FS Challenger.

Eigenleistung: FS Mr. Right wurde 2010 in Wickrath vom Rheinischen Pferdestammbuch gekört und als Prämienhengst ausgezeichnet. Beim NRW-Nachwuchsmeeting 2011 wurde er Zweiter bei den dreijährigen Reitponys. Bronze kam beim Rheinischen Championat hinzu. Außerdem nahm er unter Jana Freund am Bundeschampionat der dreijährigen Hengste teil.

FS Mr.Mobility (DR) Fuchs *2004	The Braes My Mobility (WB)	Steehorst Maestro (WB)	v. Eyarth Harlequin (WB)
		Anja (WB)	v. Eastfields Emperor (Welsh)
	FS Caprice (DR)	FS Challenger (DR)	v. FS Cocky Dundee (NiPo)
		Polly (Westf.)	v. Polydor (Westf.)
St.Pr.St. FS Golden Sunlight (DR) Palomino *1991	Golden Dancer (DR)	Dancer (DR)	v. Dandy (DR)
		Golden Charm (DR)	v. Valentino (GB)
	Eileen 2 (DR)	Black Magic (WB)	v. Chirk Crogan (WB)
		Heidi (DR)	v. Eckley (GB)

DR WESER-EMS
DE 435350314709
BRAUNER HENGST
***14.3.2009**
STM.: 145 CM

ZÜCHTER
Katrin Alkenings
26180 Rastede

BESITZER
Katrin Alkenings
Oldenburger Str. 129
26180 Rastede
Mobil: 0171-7664309
katrin.alkenings@ewetel.net

STATION
beim Besitzer

KÖRUNG
12.11.2011 in Vechta (durch W-Ems)

DECKEINSATZ ÜBER NS

MAJA'S MOBILITY

Familie: Der Vater The Braes My Mobility gewann 2003 auf der 1. Bundeshengstschau im Rahmen der Grünen Woche in Berlin den Titel des Bundessiegerhengstes. Für seinen spektakulären Trab erhielt er die Note 9,5. 2007 wurde er in Schleswig-Holstein und Weser-Ems als Siegerhengst seiner Rasse herausgestellt. Er lieferte 19 gekörte Söhne, darunter die Siegerhengste Eiluns Monopoly, Montgomery, Monte Christo und Manchester United. Monte Christo ist Vater zum HLP-Sieger und Bronzegewinner beim Bundeschampionat der Vielseitigkeitsponys 2008, Schierensees Micky Blue Eye. Der gekörte Montelino N gewann 2008 Silber beim Bundeschampionat der fünfjährigen Springponys. The Braes My Mobility brachte 2004 die Siegerstute der Elite-Stutenschau in Padenstedt, Lissy, die 2007 von Prince Perfect das Reservesiegerhengstfohlen auf dem Fohlenchampionat in Bad Segeberg stellte, das 2010 in Neumünster unter dem Namen Steendieks Prince of Glory zum Siegerhengst gekürt wurde. Der Lissy-Sohn Steendieks Champ of Glory (v. FS Chambertin) avancierte 2011 in Neumünster zum Siegerhengst der Körung des Pferdestammbuchs Schleswig-Holstein/Hamburg und wurde in Warendorf Vize-Bundeschampion. 2012 wurde Steendieks Champ of Glory-Vollbruder Steendieks Cream of Glory 1. Reservesieger in Neumünster. Im Rheinland brachte The Braes My Mobility den 2. Reservesieger und HLP-Reservesieger Mr. Magic, den Prämienhengst und Rheinischen Vize-Meister FS Mr. Mobility sowie fünf Staatsprämienstuten. Sein Sohn Mad Max WE wurde 2011 Bundeschampion der fünfjährigen Dressurponys. Über seinen Sohn Monsun N ist er Großvater des Bundeschampions der sechsjährigen Dressurponys, Massimiliano.

Die Mutter Marmorett war erfolgreich in A-Dressur und A-Springen.

The Braes My Mobility (WB) Palomino *1994	Steehorst Maestro (WB)	Eyarth Harlequin (WB)	v. Eyarth Celebration (WB)
		Roman Columbine (WB)	v. Revel Tobias (WA)
	Anja (WB)	Eastfields Emperor (Welsh)	v. Coed Coch Pawl (WB)
		Anuschka (WB)	v. Bryan Bach (WB)
Marmorett (Hann.) Dunkelbraun *1995	Matcho AA	Pancho II AA	v. Nithard AA
		Timab de Fondelyn AA	v. Karikal IV AA
	St.Pr.St. Werra (Hann.)	Wanderer (Hann.)	v. Wagner (Hann.)
		Pikanterie (Hann.)	v. Pik Koenig (Hann.)

Muttervater ist der im Niedersächsischen Landgestüt in Celle für die Großpferdezucht so herausragende Veredler Matcho AA, dessen Nachkommen im Sport bis 2011 565.963 Euro verdienten. 44 gekörte Söhne bereichern verschiedene Zuchtgebiete. Sein 2010 eingegangener Sohn Marquis AA hat die Ponyzucht maßgeblich beeinflusst. Er hinterlässt 13 gekörte Söhne und vier Staatsprämienstuten.

Die Großmutter St.Pr.St.Werra brachte die St.Pr.St. Montana (v. Matcho AA), die Mutter der beiden S-Springpferde Stakkata (v. Stakkato) und Lacolina (v. Laptop), des M-Springpferdes Spontan (v. Spartan) und von drei L-Dressurpferden ist. Werra ist ebenfalls Mutter des Inter II-Dressurpferdes von Ina Saalbach-Müller, Matice (v. Matcho AA), des S-Springpferdes Lacolina (v. Laptop) und des M-Springpferdes Lollipop (v. Laptop). Werras Tochter La Paloma (v. Laptop) brachte das Grand Prix-Dressurpferd von Jessica Werndl, Renommee (v. Rotspon). Die Werra-Tochter Contendra (v. Contendro I) wurde Mutter des gekörten Hengstes Dancing Dream (v. Diamond Hit).

Eigenleistung: Maja's Mobility wurde 2011 in Vechta vom Pferdestammbuch Weser-Ems gekört.

DR HANNOVER
DE 434340169609
PALOMINOHENGST
*30.3.2009
STM.: 148 CM

ZÜCHTER
Gabi Lindemann
28865 Lilienthal

BESITZER
Jan Lindemann
Peiner Weg 9
28865 Lilienthal
Tel.: 04298-31500
Mobil: 0174-2866614
johann.lindemann@t-online.de
www.gestuet-lindemann.de

STATION
beim Besitzer

KÖRUNG
25.2.2012 in Adelheidsdorf (durch Hann.)

DECKEINSATZ ÜBER NS

NANCHO'S HIGHLIGHT

Familie: Der Vater Heidberg's Nancho Nova gewann 2002 seine HLP in Radegast mit der Gesamtnote 8,95. Die 10,0 erhielt er für seine Umgänglichkeit, sein Freispringen und seine Rittigkeit. 2001 und 2002 wurde er mit Andrea Tietze Hannoveraner Landeschampion. 2001 gewann er beim Bundeschampionat Bronze (3j. H.), 2002 wurde er Fünfter (4j.H.). Als einer der jüngsten Hengste wurde er 2005 siebenjährig vom Hannoveraner Ponyverband als Elitehengst ausgezeichnet. 20 Söhne des Heidbergs Nancho Nova wurden gekört, darunter der Siegerhengst und zweifache Bundeschampion Noir de Luxe, der Prämienhengst Immenmoor Nova Space und dessen Vollbruder, der Reservesieger, Landeschampion und Bundeschampionatsvierte Immenmoor No Limit. 2004 wurde Nickelback als Prämienanwärter auf der Körung ausgezeichnet. 2007 avancierte Northern Dancer zum Siegerhengst in Hessen. Der gekörte Negro Veneziano belegte in Warendorf Platz vier (4j. H.), nachdem er zuvor Vizelandeschampion in Hannover geworden war. Noir de Luxe war Siegerhengst und zweifacher Bundeschampion der drei- und vierjährigen Hengste. Vier seiner Töchter wurden mit der Staatsprämie ausgezeichnet, darunter St.Pr.St. Daisys Dolly, 2006 Reservesiegerin der Weser-Ems-Elitestutenschau in Hude-Wüsting und Mutter des gekörten Chico's Bunter WE, und die St.Pr.St. Enjoy, Mutter des gekörten Casanova (v. FS Chicago).

Der Muttervater FS Golden Highlight war 1999 Siegerhengst seiner Körung im Rheinland. 2000 wurde er Rheinischer Meister und Bundeschampion der dreijährigen Hengste, 2001 Bundeschampion der vierjährigen Hengste und Siegerhengst der Hengstleistungsprüfung in Neustadt/D. mit der Gesamtnote 8,78. Im Sport stehen Erfolge bis L-Dressuren. 2003 gewann er bei der 14. Internationalen Welsh Schau in Aachen alle Klassen und wurde Internationaler Supreme Sieger Partbred. FS Golden Highlight hat bisher 18 gekörte Söhne und 12 Staatsprämienstuten geliefert. Im Sport sind seine Nachkommen in allen Disziplinen sehr erfolgreich.

Die Großmutter Verb.Pr./El.St.Winnie Pooh brachte noch das A-Dressurpony Down Under (v. Day of Whisper).

Die Urgroßmutter Walina platzierte sich in L-Dressuren und A-Springen. Aus ihr stammt die El.St. Wisconsin (v. Night-Cup), die ihrerseits den gekörten Hengst Skyliner (v. Scampolo) brachte, der 2007 Platz fünf beim Bundeschampionat der fünfjährigen Dressurponys belegte und siegreich in L-Dressuren geht. Der Wisconsin-Sohn Mr. Add (v. Montego) platzierte sich in L-Dressuren. Aus der Stute Westlife (v. FS Champion de Luxe) stammen zwei gekörte Vollbrüder: Nancho's Noble Classic und ein noch namenloser, 2011 gekörter Junghengst.

Aus dem Stamm kommt auch der gekörte Ahorn (v. Arkelhof Sunlight).

Heidbergs Nancho Nova (DR) Fuchs *1998	Night-Cup (DR)	Night-Fire (DR)	v. Night-Star I (DR)
		Verb.Pr./El.St. Gina Ginette (DR)	v. Nixen (DR)
	El.St. Immenmoor Jolly Jumper (DR)	Mambo Moscan (NF)	v. Merrie Moscan (NF)
		El.St. Jota (DR)	v. Candy Man II (DR)
Wikipedia (DR) Palomino *2004	FS Golden Highlight (DR)	FS Golden Moonlight (DR)	v. Golden Dancer (DR)
		Petty Smooth (DR)	v. Power Boy (DR)
	Verb.Pr./El.St. Winnie Pooh (DR)	Night-Cup (DR)	v. Night-Fire (DR)
		Walina (DR)	v. Aron (DR)

Eigenleistung: Nancho's Highlight wurde Ende Februar 2012 in Adelheidsdorf vom Ponyverband Hannover in gekört.

DR HANNOVER
DE 434340176602
BRAUNER HENGST
***3.5.2002**
STM.: 146 CM

© PRIVAT

ZÜCHTER
Gabriele Heemsoth
27283 Verden

BESITZER
Gabriele Heemsoth
Walsroder Str. 49
27283 Verden
Tel.: 04231-62963
Mobil: 0177-3906807
info@pferde-aus-verden.de
www.pferde-aus-verden.de

STATION
beim Besitzer

KÖRUNG
24.10.2004 in Verden (durch Hann.)

EIGENLEISTUNG
KP 2007 in Adelheidsdorf 8,6
2007 Bch.-Qualifikation

DECKEINSATZ ÜBER FS, TG

VERERBUNGSDATEN
E-LGS 2011 4.884 EURO
N-LGS 2011 98 EURO

PAV NEMAX

gekörte Hengste: 2 – Nutrix, PAV Nottingham

Staatsprämienstuten: 1

Familie: Der Vater Niveau (1987 – 2007) wurde 1998 in Verden gekört und erbrachte seine Eigenleistung über Sporterfolge (M-Dr. u. M-Spr.). Drei seiner Söhne wurden gekört, neben PAV Nemax noch Now or Never und Nivius. Niveau stellte Siegerfohlen des Hannoveraner Fohlenchampionats in Steyerberg in Folge. Seine Nachkommen sind ebenso vielseitig wie er selbst und können Erfolge im Turniersport in der Dressur und im Springen vorweisen.

Die Mutter Verb.Pr./El.St. Edda-Eleisa brachte die gekörten Söhne Now or Never (v. Niveau; 2006 nominiert Bch.) und For-Pleasure (v. Folklore; M-Spr.). Edda-Eleisa ist auch Mutter von Niveau's Negro (v. Niveau; A-Dr. u A-VS) und der zwei Siegerfohlen Never Forget und Emma Peel (beide v. Niveau).

Eigenleistung: PAV Nemax war 2002 Fohlenchampionatssieger. 2004 wurde er in Verden gekört. 2005 folgten beim Landeschampionat Rang fünf und Platzierungen in Reitpferdeprüfungen auch gegen Großpferde. 2006 ging PAV Nemax erfolgreich in Dressur- und Springpferde- sowie in Eignungsprüfungen an den Start. 2007 siegte er in Qualifikationen für das Bundeschampionat, wobei er sich sowohl für die Dressur- als auch für die Springentscheidung qualifizierte. PAV Nemax war als jüngstes Pony erfolgreich im Vogeley-Dressur-Cup (mit 8er Noten). 2007 absolvierte er den Kurztest in Adelheidsdorf mit der Gesamtnote 8,6 zur Vervollständigung seiner Eigenleistung. In der Rittigkeit erhielt er sowohl von den Richtern als auch von den Fremdreitern die 9,0. Auch im Frei- und Parcoursspringen gab es eine 9,0. Für seine Grundgangarten erhielt er eine 8,0, für seinen Trab eine 8,5. 2008 platzierte sich Nemax im ÖVB-Cup-Finale beim Kampmann-Festival in Bremen. Beim Bundeschampionat der sechsjährigen Springponys gewann er die Bronzemedaille und wurde bei den sechsjährigen Dressurponys zudem Siebter im Finale. Mittlerweile siegte er mit Greta Heemsoth in S-Dressuren und absolvierte internationale Pony-Aufgaben mit über 70 Prozent.
Vom Hannoverschen Ponyverband wurde Nemax 2012 als Elitehengst ausgezeichnet.

Nachkommen: 2007 stellte PAV Nemax seinen ersten Jahrgang. Mehrere Fohlen konnten sich für den Endring beim Hannoveraner Fohlenchampionat qualifizieren. Damit erreichte PAV Nemax auf Anhieb Platz drei in der Nachwuchs-Wertung. 2008 und 2009 gewann er den Titel „Hengst mit der besten Nachzucht". 2009 wurde sein Stutfohlen Vanilla Loona zum Spitzenpreis von 17.000 Euro über die EPS-Auktion nach Frankreich verkauft. Die ersten Dreijährigen gehen bereits erfolgreich unter dem Sattel: so platzierte sich PAV Nemax Märchenprinz 2009 beim Hannoveraner Landeschampionat auf dem achten Platz. Nutrix, der erste zur Körung vorgestellte Sohn, wurde 2011 Siegerhengst der Hannoverschen Körung. PAV Nottingham Forrest wurde ebenfalls gekört. 2011 erhielt seine erste Tochter Vanilla Kiss den Titel der Staatsprämienanwärterin.

Niveau (DR) Dunkelbraun *1987	**Nadir (DR)**	**Nazim (GB)**	**v. Salih ox**
		Bienchen (DR)	**v. Wildbahnhengst (Dülm.)**
	St.Pr.St. Domira (DR)	**Dschingis-Khan (DR)**	**v. Dschinn ox**
		Maya (DR)	**v. Merafic ox**
Verb.Pr./El.St. Edda-Eleisa (DR) Braun *1993	**Nico The Champ (DR)**	**Navajo (DR)**	**v. Nawarro (DR)**
		El.St. Montana (DR)	**v. Lausbub (DR)**
	Esta (DR)	**Nadler III (DR)**	**v. Nazim (GB)**
		El.St. Elegante (WB)	**v. Weston Topper (WB)**

DR SCHLESW.-HOLST.
DE 422220011809
DUNKELBR. HENGST
*25.5.2009
STM.: 146 CM

© RECKI

ZÜCHTER
Anette Schroedter-Voss
24582 Wattenbek

BESITZER
Adolf Theo Schurf
Oberembter Str. 1
50181 Bedburg
Tel.: 02272-911929
Mobil: 0172-7104022
Fax: 02272-911911
info@reitpony.com
www.reitpony.com

STATION
beim Besitzer

KÖRUNG
12.2.2011 in Neumünster (durch SHH)
Siegerhengst

DECKEINSATZ ÜBER FS

FEHKAMPS NIGHTLEY

Familie: Der Vater Noir de Luxe war 2006 Siegerhengst seiner Körung beim Hannoverschen Ponyverband in Verden. Auf dem Hannoverschen Landeschampionat 2007 platzierte er sich auf dem sechsten Rang. Unter Jana Freund gewann er das Bundeschampionat der dreijährigen Hengste. Die Qualifikation gewann er mit der Gesamtnote von 8,8, dabei erhielt er für den Trab 9,5, für den Galopp und den Gesamteindruck die 9,0. 2008 wurde er in Wickrath vom Rheinischen Pferdestammbuch gekört. Im selben Jahr wurde er Bundeschampion der vierjährigen Hengste. Er war siegreich in Reit- und Dressurpferdeprüfungen der Klasse A. Drei seiner Söhne wurden bisher gekört: No Problem, FS Numero Uno, 2011 Siegerhengst der Rheinischen Körung, und Fehkamps Nightley. Seine Nachkommen aus dem ersten Jahrgang sind erfolgreich in Reitpferdeprüfungen. No Problem war siegreich in Reitpferdeprüfungen und PAV Non Plus Ultra wurde Vizelandeschampion in Hannover.

Die Mutter St.Pr.St. Fehkamps Mendely v. Monte Christo war erfolgreich in Reitpferdeprüfungen. Fehkamps Nightley ist ihr erstes Fohlen.

Der Muttervater Monte Christo war 2002 Siegerhengst seiner Körung in Neumünster. Im selben Jahr gewann er den Ponycup für Remonten in Schleswig-Holstein. Seine HLP in Adelheidsdorf 2003 absolvierte er als Reservesieger mit der Gesamtnote 8,25. Er erzielte zahlreiche Siege und Platzierungen bis einschließlich in L-Dressuren. 2005 stellte Monte Christo das Siegerstutfohlen auf dem Schleswig-Holstein/Hamburg-Fohlenchampionat. Fünf seiner Töchter wurden mit der Staatsprämie ausgezeichnet, darunter Petit Duebarre, sie war 2010 Siegerin des Schleswig-Holstein-Schaufensters und ihrer SLP. Bisher wurden neun Monte Christo-Söhne gekört: Schierensees Micky Blue Eye, der 2010 die Bronzemedaille beim Bundeschampionat der Vielseitigkeitsponys gewann, Madison B, 2007 Körungs-Springsieger, Petit Magic Colour, Prämienhengst, Montblanc, 2009 Siebter beim Bundeschampionat der sechsjährigen Springponys, Monroyal, Monte Miro, Hunter's Moonlight, Grenzhöhes My Ken und Moonlight Montano S. Vom Pferdestammbuch Schleswig-Holstein/Hamburg wurde er mit dem Titel des Elitehengstes ausgezeichnet.

Der in dritter Generation stehende Orchard D'Avranches zählt zu den begehrtesten niederländischen Ponyhengsten. Er führt zudem das Blut der Leistungsvererber Downland Folklore und Conquistador in seinen Adern.

Aus der Urgroßmutter Mary Ann stammt Mary-Ann Jericho (v. Chancley Narrator), die ihrerseits den gekörten Hengst Woldhoeves Colorado (v. Speyksbosch Nando; siegr. M-Dr.), und das L-Springpony Waldhoeves Nandorino (v. Speyksbosch Nando) brachte. Mary Anns Tochter Mary-Ann's My Lady (v. Orchard D'Avranches) wurde Mutter des gekörten Woldhoeve's Naughty Boy (v. Molenhorn's Pasja).

Noir de Luxe (DR) Rappe *2004	Heidbergs Nancho Nova (DR)	Night Cup (DR)	v. Night-Fire (DR)
		Immenmoor Jolly Jumper (DR)	v. Mambo Moscan (NF)
	St.Pr.St. Vollmondnacht (DR)	Valido (DR)	v. Very Important (DR)
		Cindy (DR)	v. Condor (DR)
St.Pr.St. Fehkamp's Mendely (DR) Isabell *2004	Monte Christo (DR)	The Braes My Mobility (WB)	v. Steehorst Maestro (WB)
		Lizetta Vra (DR)	v. Linaro (DR)
	Mary Ann Rochelle (NiPo)	Orchard D'Avranches (NiPo)	v. Vita Nova's Golden Boris (NiPo)
		Mary Ann (NiPo)	v. Peter Pan (NiPo)

Eigenleistung: Fehkamps Nightley wurde 2012 in Neumünster vom Pferdestammbuch Schleswig-Holstein/Hamburg gekört und als Siegerhengst ausgezeichnet. Außerdem wurde er für das Pferdestammbuch Weser-Ems und eingestuft in die Prämienklasse II .

© PRIVAT

DR HANNOVER
DE 434340293108
BRAUNER HENGST
***6.4.2008**
STM.: 147 CM

ZÜCHTER
Sabine Goldberg
31311 Uetze

BESITZER
Gestüt Goldberg
Schaftrift 6
31311 Uetze/Altmerdingsen
Tel.: 05147-1029
Mobil: 0170-1626048
info@reitponyzucht-goldberg.de
www.reitponyzucht-goldberg.de

STATION
beim Besitzer

KÖRUNG
5.2.2011 in Neumünster (durch SHH)

DECKEINSATZ ÜBER NS

NO PROBLEM

Familie: Der Vater Noir de Luxe, 2006 Siegerhengst der Hannoverschen Ponykörung in Verden, platzierte sich 2007 beim Hannoverschen Landeschampionat an sechster Stelle. Unter Jana Freund gewann er zweimal das Bundeschampionat der Reitponys: 2007 im Klassement der dreijährigen Hengste, 2008 bei den verijährigen Hengsten. 2008 wurde er in Wickrath vom Rheinischen Pferdestammbuch gekört. Von 20 Erfolgen sind sieben Siege in Reitpferdeprüfungen und einer in Dressurpferdeprüfungen der Klasse A verzeichnet. Drei seiner Söhne wurden bisher gekört: No Problem, FS Numero Uno, 2011 Siegerhengst der Rheinischen Körung, und Fehkamps Nightley. Seine Nachkommen aus dem ersten Jahrgang sind erfolgreich in Reitpferdeprüfungen. No Problem war siegreich in Reitpferdeprüfungen und PAV Non Plus Ultra wurde Vizelandeschampion in Hannover.

Für die Mutter St.Pr.St. Magenta ist No Problem das erste Fohlen.

Der Muttervater FS Champion de Luxe startete seine Karriere 2000 als Rheinischer Siegerhengst. 2001 gewann er das Rheinische Championat und seine HLP in Neustadt/D. 2001 und 2002 kamen Siege bei den NRW-Meetings und den Bundeschampionaten (3j. u. 4j. H.) hinzu. 2003 belegte er in Warendorf Rang zehn (5j. Dr.) und 2004 Platz fünf (6j. Dr.). Die 1. Bundeshengstschau 2003 in Berlin wurde zu einem FS Champion de Luxe-Festival: Er avancierte zum Siegerhengst der Dressur- und Vielseitigkeitshengste, gewann den Titel des Bundessiegerhengstes und erhielt den Titel Bundesprämienhengst. Unter seinen über 70 gekörten Söhnen befinden sich die Siegerhengste FS Golden Champ, Cezanne de Luxe, Casino Royal K WE und Cyrill WE. FS Champion de Luxe stellte bereits zehn Bundeschampions, allein fünf davon im Jahr 2009. Die Nachkommen-Lebensgewinnsumme betrug 2011 46.463 Euro. In den FN-Statistiken wird er seit Jahren in fast allen Kategorien unter den Top Ten geführt.

Die Großmutter St.Pr.St. Mara brachte den gekörten Hengst Dancing Energy (v. Golden Dancer), der sich bereits in A-Dressuren platzierte und zahlreiche prämierte Fohlen stellte, das A-Dressurpony Anno's Alabaster (v. Anno Domini) und die Stute Midnight Diamond (v. Astor), die ihrerseits Mutter der beiden Sportponys Daylight (v. Arts-Dancer-Boy; L-Dr.) und Daddy Cool (v. Arts-Dancer-Boy; siegr. L-Dr., L-Spr.) sowie der St.Pr.St. Magnolia (v. Golden Dancer) war.

Die Urgroßmutter Mischa brachte auch die beiden gekörten Hengste Nion (v. Nantan) und Capitan (v. Colonel; L-Spr.) sowie die Verb.Pr.St. Melodie (v. Marquis AA).

Eigenleistung: No Problem wurde 2011 in Neumünster vom Pferdestammbuch Schleswig-Holstein/Hamburg gekört. Im selben Jahr war er siegreich und platziert in Reitpferdeprüfungen. So belegte er unter Jessica Kreft Rang sechs beim Hannoverschen Landeschampionat.

Noir De Luxe (DR) Rappe *2004	Heidbergs Nancho Nova (DR)	Night-Cup (DR)	v. Night-Fire (DR)
		Immenmoor Jolly Jumper (DR)	v. Mambo Moscan (NF)
	St.Pr.St. Vollmondnacht (DR)	Valido (DR)	v. Very Important (DR)
		Cindy (DR)	v. Condor (DR)
St.Pr.St. Magenta (DR) Falbe *2004	FS Champion de Luxe (DR)	FS Cocky Dundee (NiPo)	v. Cocky Dundas xx
		St.Pr.St. FS Golden Fleur (DR)	v. Golden Dancer (DR)
	St.Pr.St. Mara (DR)	Nantano (DR)	v. Nante I (DR)
		Mischa (DR)	v. Silvertop's Ricco (NiPo)

DR BRANDENB.-ANH.
DE 456570210109
BRAUNSCHIMMEL-
HENGST, *30.3.2009
STM.: 145 CM

FRIEDRICHSHOF NOTRE AMOUR

© SCHROEDER

ZÜCHTER
Detlef Schwolow
14624 Dallgow

BESITZER
Daniel Lienert
Sonnenallee 1 a
14641 Wustermark
Mobil: 0176-20189918
u. 0179-9076844
NadineLienert@t-online.de
www.welsh-lienert.de

STATION
beim Besitzer

KÖRUNG
4.2.2012 in Prussendorf (durch Süddt.)
Siegerhengst

DECKEINSATZ ÜBER NS

Familie: Der Vater AMD Notre Bon wurde als Championatsfohlen ausgewählt. 2005 wurde er in Radegast von den Verbänden Sachsen, Sachsen-Anhalt und Berlin-Brandenburg gekört. Im selben Jahr wurde er Reservesieger des Mitteldeutschen Springchampionats. Seine HLP legte er 2007 in Neustadt/Dosse mit der Gesamtnote 8,4 als 2. Reservesieger ab. Im Sport wird er erfolgreich in Dressur- und Springprüfungen der Klasse A eingesetzt. Seine Söhne Notre Dame und FH Notre Amour wurden gekört.

Die Mutter, zwei Sterne St.Pr.St. Alsheilyn II, ging erfolgreich in A-Dressur- und A-Springprüfungen. Sie brachte auch das A-Springpony Friedrichshof Nightcapitol (v. Nightfire).

Der Muttervater Alexander (1981-2006) wurde 1983 für Weser-Ems gekört. 1985 legte er seine HLP in Münster-Handorf als Reservesieger ab. Alexander stammt ab vom Vollblutaraber Alex ox aus der Forge Sarabande (v. Mc Gredy xx), ein Veredler-Pedigree par excellence also. Sieben seiner Söhne wurden gekört, darunter Amadeus, Argon, Aratoss (L-Spr. u. A-Dr., LGS 2.740 Euro), Anderwill, Auenhof's Allstar und der in L-Dressurpferdeprüfungen platzierte Allbrighton (LGS 659 Euro). 75 seiner Töchter wurden eingetragen, davon 17 Staatsprämienstuten. So stellte Alexander 2007 die Reservesiegerstute der Staatsprämienschau in Magdeburg, Amelie. und die Rassesiegerin der 17. Brandenburgischen Landwirtschaftsausstellung in Paaren/Glien, Friedrichshof Angie. Zu vielen gekörten Hengsten und Sportponys ist Alexander Muttervater. Seine Tochter El.St. Shagana (L-Spr.) wurde Mutter des Prämienhengstes, Landeschampions und Bundeschampionatsteilnehmers Lambardo K (v. Losander) und zu seiner Vollschwester St.Pr.St. Solaris K, die 1998 unter Mario Stevens Bundeschampionesse der sechsjährigen Springponys wurde. Die Alexander-Tochter Gracia brachte die beiden gekörten Hengste Friedrichshof Night Gun (v. Nightfire), 2003 Bundeschampion der sechsjährigen Springponys, und Friedrichshof Kaisergun (v. Kaiserwalzer).

Die Großmutter Sheila brachte aus der Anpaarung an Alexander noch drei staatsprämierte Vollschwestern von Alsheilyn II. St.Pr.St. Alsheilyn III belegte 2000 Rang zwei beim Landesstutenchampionat in Prussendorf. Aus der Sheila-Tochter Salue (v. Brillant) stammen die gekörten Hengste Kanzler (v. Kaiserjäger xx), Labrum (v. Losander; L-Dr.), Lumes (v. Losander) und die St.Pr.St. Savage (v. Kaiserjäger xx), die ihrerseits Mutter der St.Pr.St. Simsalabim (v. Champagner W) wurde. Die Sheila-Tochter Stippa (v. Kaiserjäger xx) brachte den gekörten Lajunen (v. Losander; siegr. A-Dr. u. A-Spr.) und die Stute Santana (v. Southern Comfort), 2011 Landeschampionesse der fünfjährigen Dressurponys in Schleswig-Holstein/Hamburg. Stippas Tochter Sampa (v. Desperado K) brachte Comme Ci Comme Ca (v. FS Champion de Luxe), der 2011 2. Reservesieger der Körung in Schleswig-Holstein/Hamburg wurde und sich in Reitpferdeprüfungen platzierte.

AMD Notre Bon (DR) Braun *2002	**Notre Plaisir (DR)**	**Notre Beau (DR)**	**v. Nantano (DR)**
		Nanni (DR)	**v. Nacota (DR)**
	Little Dream (DR)	**Da Capo (DR)**	**v. Durello (DR)**
		Loreley (DR)	**v. Leonardo (DR)**
St.Pr.St. Alsheilyn II (DR) Braunschimmel *1996	**Alexander (GB)**	**Alex ox**	**v. Shazda**
		Forge Sarabande	**v. Mc Gredy xx**
	Sheila (WB)	**Eldon (WB)**	**v. Coed C. Gildas (WB)**
		Jenny	**v. Ardgr. Astronaut (WB)**

Eigenleistung: Friedrichshof Notre Amour wurde 2012 in Prussendorf süddeutsch gekört und als Siegerhengst der Deutschen Reitponys und als Gesamtsieger herausgestellt.

Hengststation Ferienhof Stücker
Bundeschampions ➲ Siegerhengste
Bundessieger ➲ HLP/SLP-Sieger
Europameister
FS Don´t Worry
FS Champion de Luxe
FS Daddy Cool
FS Mr. Right
FS Pearcy Pearson
FS Dior de Luxe
FS Numero Uno
Josef und Christiane Wilbers · Brückerhöfe 3 · 47652 Weeze
Tel.: +49 (0) 28 37 / 23 24 · Mobil: +49 (0) 173 / 9 77 01 21
www.ferienhof-stuecker.de · christiane.wilbers@t-online.de

DR RHEINLAND
DE 443430193009
FUCHSHENGST
***6.5.2009**
STM.: 148 CM

FS NUMERO UNO

ZÜCHTER
Josef Wilbers
47652 Weeze

BESITZER
Ferienhof Stücker
Brückerhöfe 3
47652 Weeze
Tel.: 02837-2324
Mobil: 0173-9770121
Fax: 02837-961861
christiane.wilbers@t-online.de
www.ferienhof-stuecker.de

STATION
beim Besitzer

KÖRUNG
13.11.2011 in Wickrath (durch Rheinl.)
Siegerhengst

DECKEINSATZ ÜBER FS, TG

Familie: Der Vater Noir de Luxe war 2006 Siegerhengst seiner Körung beim Hannoverschen Ponyverband in Verden. Auf dem Hannoverschen Landeschampionat 2007 platzierte er sich auf dem sechsten Rang. Unter Jana Freund gewann er das Bundeschampionat der dreijährigen Hengste. Die Qualifikation gewann er mit der Gesamtnote von 8,8. Dabei erhielt er für den Trab die 9,5, für den Galopp und den Gesamteindruck die 9,0. 2008 wurde er in Wickrath vom Rheinischen Pferdestammbuch gekört. Im selben Jahr wurde er Bundeschampion der vierjährigen Hengste. Er war siegreich in Reit- und Dressurpferdeprüfungen der Klasse A. Drei seiner Söhne wurden bisher gekört: No Problem, FS Numero Uno und der Siegerhengst der Schleswig-Holstein/Hamburg-Körung, Fehkamps Nightley. Seine Nachkommen aus dem ersten Jahrgang sind erfolgreich in Reitpferdeprüfungen.

Die Mutter St.Pr.St. FS Dancing Diamond war 2004 Ie-Prämienstute der Rheinischen Elitestutenschau in Wickrath und Reservistin für das Reitpony-Bundeschampionat. 2005 wurde sie Bundessiegerstute der drei- und vierjährigen in Warendorf und gehörte mit ihrer Großmutter FS Pandora und Mutter St.Pr.St. FS Golden Touch der Bundessiegerfamilie an. Sie ist Mutter des 2. Reservesiegers FS Cannavaro (v. FS Champion de Luxe). Ihre Tochter St.Pr.St. Cinderella (v. FS Champion de Luxe) avancierte 2008 zur Siegerstute der Rheinischen Elitestutenschau in Wickrath und gewann im selben Jahr Bronze beim Bundeschampionat der dreijährigen Reitponys.

Der Muttervater FS Don't Worry war 1997 Reservesiegerhengst, 1998 und 1999 Bundeschampion (3j. bzw. 4j. H.), 2000 HLP-Sieger und geht inzwischen bis Inter I siegreich. Er ist Vater von über 60 gekörten Söhnen und stellte bereits 14 Bundeschampions. Zahlreiche Turnierponys haben FS Don't Worry zum Vater. Sie lieferten bis 2011 eine Nachkommengewinnsumme von 168.040 Euro. FS Don't Worry belegt seit Jahren die vorderen Plätze in den FN-Statistiken in der Kategorie des Vererbers mit den meisten Nachkommen im Turniersport, höchste Jahresgewinnsumme, Dressurvererber und Reitponyprüfungsvererber.

Die Urgroßmutter St.Pr.St. FS Pandora erreichte 1994 Bronze beim Bundeschampionat der dreijährigen Reitponys. Sie wurde dreifache Hengstmutter: FS Chiwago (v. FS Cocky Dundee; 1998, 1999 3. Pl. Bch. 3. u. 4j. H., 2000 Bundessiegerhengst u. 8. Pl. Bch. 5j. Springponys, 2001 2. Pl. Bch. 6j. Spr., 2003 12. Pl. DM, über 300 Platzierungen bis M-Springen), FS Good Year (v. FS Golden Moonlight; 2001 5. Pl. Bch. 3j. H.; siegr. L-Dr.) und FS Chicago (v. FS Champion de Luxe; 2006 4. Pl. Bch. 3j. H., 2007 Bundessiegerhengst, 2009 Teiln. Bch. 6j. Spr., siegr. M-Spr.). Die Pandora-Tochter FS Carmelita (v. FS Champion de Luxe) brachte Delphi (v. FS Don't Worry), 2011 2. Reservesiegerin der Rheinischen Elitestutenschau in Wickrath.

Eigenleistung: Numero Uno wurde 2011 in Wickrath vom Pferdestammbuch Rheinland gekört und als Siegerhengst ausgezeichnet.

Noir de Luxe (DR) Rappe *2004	**Heidbergs Nancho Nova (DR)**	**Night Cup (DR)**	**v. Night-Fire (DR)**
		Immenmoor Jolly Jumper (DR)	**v. Mambo Moscan (NF)**
	St.Pr.St. Vollmondnacht (DR)	**Valido (DR)**	**v. Very Important (DR)**
		Cindy (DR)	**v. Condor (DR)**
St.Pr.St. FS Dancing Diamond (DR) Fuchs *2001	**FS Don't Worry (DR)**	**FS Dacapo Doro (DR)**	**v. Derano Gold (DR)**
		St.Pr.St. FS Golden Sunlight (DR)	**v. Golden Dancer (DR)**
	St.Pr.St. FS Golden Touch (DR)	**FS Golden Moonlight (DR)**	**v. Golden Dancer (DR)**
		St.Pr.St. FS Pandora (DR)	**v. Power Boy (DR)**

Nutrix

© Becker

DR HANNOVER
DE 434340280709
RAPPHENGST
*28.4.2009
STM.: 147 CM

ZÜCHTER
Christiane Lindhorst
27305 Bruchhausen-Vilsen

BESITZER
Gabriele Heemsoth
Walsroder Str. 49
27283 Verden
Tel.: 04231-62963
Mobil: 0177-3906807
info@pferde-aus-verden.de
www.pferde-aus-verden.de

STATION
beim Besitzer

KÖRUNG
22.10.2011 in Verden (durch Hann.)
Siegerhengst

DECKEINSATZ ÜBER FS, TG

NUTRIX

Familie: Der Vater PAV Nemax wurde 2004 in Verden gekört. 2005 folgten beim Landeschampionat Rang fünf und Platzierungen in Reitpferdeprüfungen auch gegen Großpferde. 2007 siegte er in Qualifikationen für das Bundeschampionat, wobei er sich sowohl für die Dressur- als auch die Springentscheidung qualifizierte. PAV Nemax war als jüngstes Pony erfolgreich im Vogeley-Dressur-Cup (mit 8er Noten). 2007 absolvierte er den Kurztest in Adelheidsdorf mit der Gesamtnote 8,6. zur Vervollständigung seiner Eigenleistung. 2008 platzierte sich Nemax im ÖVB-Cup-Finale beim Kampmann-Festival in Bremen. Beim Bundeschampionat der sechsjährigen Springponys gewann er Bronze und wurde bei den sechsjährigen Dressurponys zudem Siebter im Finale. Mittlerweile siegte er mit Greta Heemsoth in S-Dressuren und absolvierte internationale Pony-Aufgaben mit über 70 Prozent. Vom Hannoverschen Ponyverband wurde Nemax 2012 als Elitehengst ausgezeichnet. Aus seinen ersten Jahrgängen wurden zwei Hengste gekört.

Für die Mutter My Darling ist Nutrix das zweite Fohlen.

Der Muttervater Benetton S wurde 1998 Siegerhengst der Hannoverschen Körung in Verden. 1999 wurde er Sechster beim Bundeschampionat (3j. H.) und gewann 2000 das Landeschampionat. Ein Jahr später folgte der HLP-Sieg in Radegast (Gesamtnote 8,89) und Bronze beim Bundeschampionat (5j. Dr.). 2002 gab es in Warendorf Silber (6j. Dr.). 2007 wurde Benetton S bei der Bundeshengstschau in Berlin der Titel des Bundessiegers der dressurbetonten Hengste (Altersklasse II: sieben- bis zwölfjährige Hengste) und die FN-Bundesprämie verliehen. Elf seiner Söhne wurden gekört, darunter der Siegerhengst Bergerac und die Bundeschampionats-Teilnehmer Bodyguard P und Benevito HS. Fünf seiner Töchter erhielten die Staatsprämie, wie Daisy Dee, 2006 Siegerstute (alt) auf der 13. Wolfgang Beindorff-Schau in Steyerberg. Beim Hannoverschen Fohlenchampionat 2006 wurde Benetton S Reservesieger in der Hengstnachzuchtgruppen-Wertung. Seine Fohlen belegten durchgängig vordere Plätze und standen auch 2007 mit vorn.

Die Großmutter Madonna (v. Bünteeichen-Manolito) war vor ihrem Zuchteinsatz selbst erfolgreich in Reitpferde- und Dressurpferdeprüfungen der Klasse A. Sie brachte das L-Dressurpony Rajano (v. Renoir).

Die vierte Mutter Stella (v. Emperor) wurde zweifache Hengstmutter: Champino (v. Capello; A-Spr.) und Chicago (v. Capello). Ihre Sohn Vivaldi (v. Vulkan) wurde 2002 Vize-Bundeschampion der fünfjährigen Springponys.

Eigenleistungen: Nutrix wurde 2011 in Verden vom Hannoverschen Ponyverband gekört und zum Siegerhengst und Prämienhengstanwärter ausgerufen.

PAV Nemax (DR) Braun *2002	Niveau (DR)	Nadir (DR)	v. Nazim (GB)
		St.Pr.St. Domira (DR)	v. Dschingis-Khan (DR)
	El.St. Edda-Eleisa (DR)	Nico The Champ (DR)	v. Navajo (DR)
		Esta (DR)	v. Nadler III (DR)
My Darling (DR) Dunkelbraun *2004	Benetton S (DR)	Burlington S (DR)	v. Brillant (GB)
		Jadine (DR)	v. Nantan (DR)
	Madonna (DR)	Bünteeichen-Manolito (DR)	v. Matcho AA
		Sandy (DR)	v. Navajo (DR)

DR HANNOVER
DE 434340169409
SCHWARZBR. HENGST
***22.3.2009**
STM.: 152 CM

NOAH DE LUXE

ZÜCHTER
Frauke Lindemann
28865 Lilienthal

BESITZER
Angelika Löwer
34302 Guxhagen
Tel.: 05665-40131
Mobil: 0171-8124345

STATION
Schenkluhn
Melsunger Str. 26
34277 Fuldabrück
Mobil: 0171-4020613

KÖRUNG
22.10.2011 in Verden (durch Hann.)

DECKEINSATZ ÜBER NS

Familie: Der Vater Heidbergs Nancho Nova, 2002 HLP-Sieger in Radegast, gewann zweimal das Hannoveranersche Landeschampionat. 2001 kam beim Bundeschampionat der dreijährigen Hengste Bronze, 2002 bei den vierjährigen Hengsten ein fünfter Platz hinzu. Als einer der jüngsten Hengste wurde er 2005 siebenjährig vom Hannoveraner Ponyverband als Elitehengst ausgezeichnet. 20 Söhne des Heidbergs Nancho Nova wurden gekört, darunter der Prämienhengst Immenmoor Nova Space und dessen Vollbruder, der Reservesieger, Landeschampion und Bundeschampionatsvierte Immenmoor No Limit. 2004 wurde Nickelback als Prämienanwärter auf der Körung ausgezeichnet. 2007 avancierte Northern Dancer zum Siegerhengst in Hessen. Der gekörte Negro Veneziano belegte in Warendorf Platz vier (4j. H.), nachdem er zuvor Vizelandeschampion in Hannover geworden war. Noir de Luxe war Siegerhengst und zweifacher Bundeschampion der drei- und vierjährigen Hengste. Vier seiner Töchter wurden mit der Staatsprämie ausgezeichnet, darunter St.Pr.St. Daisys Dolly, 2006 Reservesiegerin der Weser-Ems-Elitestutenschau in Hude-Wüsting und Mutter des gekörten Chico's Bunter WE, und die St.Pr.St. Enjoy, Mutter des gekörten Casanova (v. FS Chicago).

Die Mutter St.Pr.St. Vollmondnacht brachte noch drei weitere Hengste. Noir de Luxe (v. Heidbergs Nancho Nova) war 2006 Siegerhengst der Hannoverschen Körung und gewann 2007 und 2008 das Bundeschampionat der drei- und vierjährigen Hengste. Nebelmond (v. Heidbergs Nancho Nova) siegte in M-Fahrprüfungen. D'Artagnan (v. Day of Whisper) wurde 2007 als Prämienhengstanwärter eingestuft und platzierte sich in L-Dressurpferdeprüfungen. Vollmondnachts Tochter Via Mala (v. Immenmoor Nova-Space) erhielt die Staatsprämie.

Der Muttervater Valido wurde 1988 in Aachen gekört. Seine Leistungsprüfung legte er 1989 in Sonsbeck als Mindestleistungsprüfung ab. 1989 wurde er auch auf der DLG-Ausstellung in Frankfurt mit einem I.-Preis ausgezeichnet. Valido's Nachkommen sind auf allen Turnierplätzen im In- und Ausland siegreich. Seine Nachkommen gewannen bis 2011 bald 76.000 Euro. Er stellte Bundeschampionatsteilnehmer und -sieger und bis zur Klasse S erfolgreiche Reitponys. In der jährlich erscheinenden FN-Rangliste gehört er seit Jahren zu den Top-Hengsten. Valido ist ein Vertreter der weltberühmten Hengstlinie des Bwlch Valentino.

Die Großmutter Cindy wurde Mutter der bis L-Springen erfolgreichen Pania (v. Principal Boy), die ihrerseits das Sportpony Pass Auf (v. Pour l'Amour) brachte, das 2004 und 2005 an fünfter Stelle bei den Bundeschampionaten der fünf- und sechsjährigen Springponys platziert wurde und bis M-Springen erfolgreich war. Es erzielte eine Lebensgewinnsumme von 4.728 Euro. Die Cindy-Tochter Cosima (v. Campari) platzierte sich in M-Dressuren und L-Springen.

Heidbergs Nancho Nova (DR) Fuchs *1998	**Night-Cup (DR)**	**Night-Fire (DR)**	**v. Night-Star I (DR)**
		Verb.Pr./El.St. Gina Ginette (DR)	**v. Nixen (DR)**
	El.St. Immenmoor Jolly Jumper (DR)	**Mambo Moscan (NF)**	**v. Merrie Moscan (NF)**
		El.St. Jota (DR)	**v. Candy Man II (DR)**
St.Pr.St. Vollmondnacht (DR) Rappe *1998	**Valido (DR)**	**Very Important (DR)**	**v. Valentino (GB)**
		Chamonie (DR)	**v. Chameur (WB)**
	Cindy (DR)	**Condor (DR)**	**v. Forge Cirrus (DR)**
		Marry (DR)	**v. Merafic ox ox**

Eigenleistung: Noah de Luxe wurde 2011 in Verden vom Ponyverband Hannover gekört und als Prämienhengstanwärter und 1. Reservesieger ausgezeichnet.

DR BAYERN
DE 484840213308
RAPPHENGST
*3.5.2008
STM.: 147 CM

ZÜCHTER
Stutenmilchgestüt Schwarz GbR
82291 Mammendorf

BESITZER
Stutenmilchgestüt Schwarz GbR
Egg 4
82291 Mammendorf
Tel.: 08145-286
Mobil: 0172-8438286
Fax: 08145-94528
schwarz@stutenmilchprodukte.com
www.stutenmilchprodukte.com

STATION
beim Besitzer

KÖRUNG
15.10.2010 in München-R. (durch Bay.)
Siegerhengst

DECKEINSATZ ÜBER FS

OKY DOKY

Familie: Der Vater Okay Big Bambu wurde 1999 in Verden vom Ponyverband Hannover als Siegerhengst gekört und 2001 in Hessen anerkannt. Seine Hengstleistungsprüfung absolvierte er 2001 als Sieger in Radegast mit der Gesamtnote 8,86. Er wurde erfolgreich in A-Dressur- und –Springprüfungen eingesetzt: Außerdem nahm er an den Bundeschampionaten der drei- und vierjährigen Hengste teil. 2002 startete er beim Bundeschampionat der fünfjährigen Springponys. Fünf seiner Söhne wurden gekört: der bis St. Georges-Dressuren siegreiche Online Ixes, Oky Doky, Okay Little Bandit, One More Time und der Süddeutsche Siegerhengst und Bundeschampionatsteilnehmer Omlor's Kiesboy. Seine Nachkommen im Sport sind vor allem in der Dressur erfolgreich.

Die Mutter St.Pr.St. Dark Angel gewann ihre Stations-SLP mit der Note 8,0 in München-Riem. Sie erhielt in der Umgänglichkeit und der Lern- und Leistungsbereitschaft jeweils die 10,0. Die Springanlage wurde mit der 8,0 beurteilt, auch der Fremdreiter vergab die 8,0.

Der Muttervater Domingo war Kör-Reservesieger und brachte 14 gekörte Söhne, darunter das Vollbrüder-Quintett Dressman I bis V und den Westfälischen Siegerhengst Top Dubidu. Aus seinen 17 Staatsprämienstuten ragen die Siegerstuten Dorina, die 1989 in Münster-Handorf vorn und auch bei der DLG-Ausstellung in Frankfurt nicht zu schlagen war, St.Pr.St. Do it yourself, 1994 in Münster-Handorf die Jahrgangsbeste, und die St.Pr.St. Desiree heraus. Die Siege und Platzierungen der sportlichen Nachkommen des Domingo summierten sich bis 2011 zu über 72.100 Euro. Er selbst wurde im Springen, in der Dressur und in der Vielseitigkeit erfolgreich eingesetzt. 1985 belegte er Platz vier beim Bundeschampionat (3j. H.), nachdem er die Qualifikationsprüfung gewonnen hatte. 1988 wurde er Westfalenmeister in der Vielseitigkeit.

Aus der fünften Mutter Heidi (v. Hannibal) stammen die gekörten Hengste Mirco (v. Merafic ox; L-Spr., siegr. A-VS), Calypso (v. Croupier; siegr. A-Spr.) und Body Guard (v. Bolero; A-Dr., A-Spr.) sowie die St.Pr.Stuten Karina (v. Kasimir I) und Mary (v. Merafic ox). Letztere wurde Mutter des gekörten Da Capo (v. Durello) und der Stute Madlena (v. Nantano), aus der der gekörte Hengst Darino (v. Durello) stammt, der sich in allen drei Disziplinen des Reitsports platzierte und auf eine Lebensgewinnsumme von über 3.000 Euro kam. Die Heidi-Tochter Merry (v. Merafic ox) brachte die Stute Casablanka D (v. Croupier; 1995 10. Pl. Bch. Dr., M-Dr., L-Spr.).

Aus dem Stamm kommen noch die gekörten Hengste Darlington (v. Golden Dancer), Brillant's Golden Boy (v. Brillant) und Nancho's Brilliant (v. Heidbergs Nancho Nova).

Eigenleistung: Oky Doky wurde 2010 in München-Riem für den Ponyverband Bayern gekört und als Prämien- und Siegerhengst der Sportponyrassen herausgestellt. 2011 nahm er unter Daniela Waxenberger am Bundeschampionat der dreijährigen Hengste teil.

Okay Big Bambu (DR) Braun *1997	**Obsession Balu (DR)**	**Burstye Orpheus (WB)**	**v. Oakley Bubbling Spring (GB)**
		Carolin (DR)	**v. Croupier (DR)**
	Josta (DR)	**Feldhof's Oberon (NF)**	**v. Heidhof's Primeur (NF)**
		Jorinde (DR)	**v. Zaran ox**
St.Pr.St. Dark Angel (DR) Dunkelbraun *2003	**Domingo (DR)**	**Derby (DR)**	**v. Dandy (DR)**
		Valerina (DR)	**v. Valentino (GB)**
	Nele (DR)	**Nansen (DR)**	**v. Nalet ox**
		Meike (DR)	**v. Merafic ox ox**

Olivier K

DR WESER-EMS
DE 435350104809
BRAUNER HENGST
*28.4.2009
STM.: 146 CM

ZÜCHTER
Hermann Koopmeiners
49692 Cappeln

BESITZER
Hermann Koopmeiners
Cappelner Damm 1
49692 Cappeln
Tel.: 04478-563
www.gestuetvomkaiserhof.com

STATION
Gestüt Drei Kronen GmbH
Fördestraße 3
24159 Kiel
Tel.: 0431-3209558
Fax: 0431-3209557
www.gestuetdreikronen.de

KÖRUNG
12.11.2011 in Vechta (durch W-Ems)
Siegerhengst

DECKEINSATZ ÜBER FS

OLIVIER K WE

Familie: Der Vater Ombri B wurde 2001 vom Hannoverschen Ponyverband gekört. 2004 legte er seine Hengstleistungsprüfung (8,32) in Radegast ab. Er ging erfolgreich in Dressurprüfungen der Klasse A. Fünf seiner Söhne wurden bisher gekört. Erste Nachkommen sind im Sport erfolgreich, wie Passionata, die 2009 beim Bundeschampionat der sechsjährigen Springponys 13. wurde und mittlerweile in M*-Springen siegreich ist. Der gekörte Ocean-Boy ist in L-Springen hochplatziert. Der ebenfalls gekörte Olli B wurde 2009 Vize-Bundeschampion der Vielseitigkeitsponys, 2010 belegte er Platz fünf. Auf der Deutschen Meisterschaft wurde er Elfter.

Die Mutter St.Pr.St. C-Dur war 2007 Siegerstute der Weser-Ems-Elitestutenschau in Hude-Wüsting, und im gleichen Jahr Westfalen- und Bundeschampionesse. 2010 wurde sie Siegerstute der älteren Reitponystuten der 1. Norddeutschen Stutenschau in Vechta. Olivier K ist ihr zweites Fohlen.

Der Muttervater FS Champion de Luxe, selbst Siegerhengst, HLP-Sieger, zweifacher Bundeschampion, Bundessieger- und Bundesprämienhengst, gehört zu den derzeit einflussreichsten Hengsten in der deutschen Reitponyzucht. Seine Nachkommen dominieren die Kör-, Elite-Stutenschau- und Championatsplätze nach Belieben. Über 70 seiner Söhne wurden gekört, darunter zahlreiche Siegerhengste.

Die Großmutter St.Pr./El.St. Desiree war 1996 Siegerstute der Elite-Stutenschau in Münster-Handorf und der Bundesstutenschau in Warendorf. Sie brachte den Reservesiegerhengst Going Top (v. Going East), der 2001 Vierter beim Reitpony-Bundeschampionat (3j. H.) wurde, ein Jahr später zum Vize-Bundeschampion avancierte (4j. H.) und 2004 Platz sieben bei den Dressurponys (6j.) belegte, sowie die Endringstute St.Pr.St. Juliet (v. Jacobs. Rocky) und die St.Pr.St. Dakota B (v. FS Don't Worry).

Aus der Urgroßmutter Verb.Pr.St. Tanja stammt die St.Pr.St. Diana (v. Domingo), die die gekörten Hengste Brentano (v. Bavarottie; L-Dr.), Jil's Jungle Prince (v. Jacobss. Rocky; M-Spr.), Good One (v. Going East) und Lagos (v. Langar; 2. Reservesiegerhengst u. L-Spr.) und die Endringstute St.Pr. St. Chakira (v. FS Champion de Luxe) brachte.

Aus der vierten Mutter Verb.Pr.St. Olivia stammen der gekörte Hengst Thoran (v. Rosedale Tiberius) und die in S-Fahrprüfungen erfolgreiche Nadine (v. Nadler I), die ihrerseits Mutter des gekörten Montgomery (v. Merlin) und seiner im Fahren bis hin zur Deutschen Meisterschaft erfolgreichen Vollschwester Madonna sowie des L-Dressurponys Pablo Picasso (v. Playback) wurde.

Eigenleistung: Olivier K WE wurde 2011 in Vechta vom Pferdestammbuch Weser-Ems) gekört und als Siegerhengst ausgezeichnet. 2012 folgte die Anerkennung für das Pferdestammbuch Schleswig-Holstein/Hamburg, den Ponyverband Hannover und das Pferdestammbuch Westfalen.

Ombri B (DR) Braun *1999	Ombre (DR)	Burstye Orpheus (GB)	v. Oakley Bubbling Spring (GB)
		Valentine (DR)	v. Valentino (GB)
	St.Pr./El.St. Moonlight Lady (DR)	Boss (DR)	v. Brillant (GB)
		St.Pr./El.St. Moonlight (DR)	v. Night Star I (DR)
St.Pr.St. C-Dur (DR) Falbe *2004	FS Champion de Luxe (DR)	FS Cocky Dundee (NiPo)	v. Cocky Dundas xx
		St.Pr.St. Golden Fleur (DR)	v. Golden Dancer (DR)
	St.Pr./El.St. Desiree (DR)	Domingo (DR)	v. Derby (DR)
		Verb.Pr.St. Tanja (DR)	v. Rosedale Tiberius (GB)

© SCHWOEBEL

DR HANNOVER
DE 434340366001
SCHIMMELHENGST
***3.4.2001**
STM.: 148 CM

ZÜCHTER
Joachim Völksen
30449 Hannover

BESITZER
ZG Dr. Birgita u. Henrike Habermann
Maschstr. 1
31311 Hänigsen
Tel.: 05147-8911
Mobil: 0171-7992136
Fax: 05147-8941
henrike_habermann@web.de
www.team-ixes.de.ki

STATION
beim Besitzer

KÖRUNG
24.10.2004 in Verden (durch Hann.)

EIGENLEISTUNG
HLP 2005 in Prussendorf 8,63 (2./23)

DECKEINSATZ ÜBER NS

VERERBUNGSDATEN
E-LGS 2011 5.139 EURO
N-LGS 2011 63 EURO

ONLINE IXES

Familie: Der Vater Okay Big Bambu, 1999 Hannoverscher Siegerhengst, 2001 HLP-Sieger und zweifacher Teilnehmer an den Reitpony-Bundeschampionaten, stellte fünf gekörte Söhne: neben Online Ixes noch den Prämien- und Siegerhengst Oky Doky, Okay Little Bandit, One More Time und den Süddeutsche Siegerhengst und Bundeschampionatsteilnehmer Omlor's Kiesboy.

Der Muttervater Folklore wurde 1990 vom Hannoverschen Ponyverband gekört und legte 1992 seine HLP als 2. Reservesieger in Medingen ab. Acht seiner Söhne wurden gekört, drei Töchter mit der Staatsprämie ausgezeichnet. Folklores Nachkommen sind außerordentlich erfolgreich im Sport, sie bescherten ihrem Vater bisher eine Nachkommen-Lebensgewinnsumme von 47.692 Euro.

Eigenleistung: Online Ixes wurde 2004 in Verden vom Ponyverband Hannover gekört und als Prämienanwärter herausgestellt. Seine HLP legte er 2005 als Reservesieger in Prussendorf mit der Gesamtnote 8,63 ab. Die 9,0 erhielt er für die Kriterien Umgänglichkeit, Lern- und Leistungsbereitschaft, Leistungsfähigkeit, Galopp und seine Rittigkeit. Von den Fremdreitern erhielt er eine 9,5. 2003 und 2004 nahm er am Bundeschampionat der drei- und vierjährigen Hengste teil. Unter Dr. Birgita Habermann belegte er 2004 den vierten Platz beim Landeschampionat in Hannover. Bis 2006 wurde er von der jungen Henrike Habermann auch erfolgreich in Spring- und Vielseitigkeitsprüfungen eingesetzt und so qualifizierte er sich für die Bundeschampionate in den Disziplinen Dressur, Springen und Vielseitigkeit. Ab 2007 spezialisierten sich Henrike Habermann und Online Ixes auf die Dressur und wurden 2007 Vierte beim Landeschampionat in Hannover und Sechste beim Bundeschampionat der sechsjährigen Dressurponys. Zahlreiche Siege und Platzierungen in den Klassen A und L folgten, 2008 dann auch erste erfolgreiche Starts in der Klasse M sowie 2009 erste Siege in dieser Klasse. 2010 und 2011 war er siegreich und vielfach platziert in schweren Dressuren und gewann auf dem Landeschampionat in Hannover die Bronzemedaille im Klassement der Jungen Reiter. Insgesamt kann er über 100 Siege und Platzierungen vorweisen bis St. Georges-Dressuren. 2007 wurde er auf der Bundeshengstschau in Berlin Reservesieger der vielseitig veranlagten Hengste und 2. Reservesieger der springbetonten Hengste.

Nachkommen: Bislang stand vor allem der Sport bei Online Ixes im Vordergrund. Von seinen wenigen Nachkommen konnte aus seinem ersten Jahrgang One For All Ixes in Reitpferdeprüfungen siegen. Shayenna M wurde 2011 Vierte beim Hannoverschen Landeschampionat der dreijährigen Reitponys und nahm am Bundschampionat teil. 2011 wurde die Online Ixes-Tochter Be My Snowflake Bundesjugendsiegerin der Partbreds und Reservebundessiegerin über alle Sektionen auf der Bundes-Welsh-Schau in Neustadt/Dosse.

Okay Big Bambu (DR) Braun *1997	**Obsession Balu (DR)**	**Burstye Orpheus (GB)**	**v. Oakley Bubbling Spring (GB)**
		St.Pr.St. Carolin (DR)	**v. Croupier (DR)**
	Josta (DR)	**Feldhof's Oberon (NF)**	**v. Heidhof's Primeur (NF)**
		Jorinde (DR)	**v. Zaran ox**
Indra (DR) Fuchsschimmel *1997	**Folklore (NiPo)**	**Ponny Power Darling Boy (NiPo)**	**v. Downland Folklore (GB)**
		Brigitte (NiPo)	**v. El Malaak ox**
	Inja (DR)	**Shagar ox**	**v. Ghazal ox**
		Imrah (DR)	**v. Zargo ox**

NIEDERL. REITPONY
DE 302021714292
FUCHSHENGST
*4.5.1992
STM.: 144 CM

MOLENHORN'S PASJA

© PRIVAT

ZÜCHTER
E.T. Moedt
9915 TJ T Zandt GN

BESITZER
ZG Hirschfeld/Reiss
Ortsstr. 21
66879 Niedermohr-Reuschbach
Tel.: 06383-1627
Mobil: 0176-99098061
postmaster@reuschbachhof.de
www.reuschbachhof.de

STATION
beim Besitzer

KÖRUNG
1995 in den Niederlanden

EIGENLEISTUNG
HLP 1995: 50-Tage-Test Niederlande

DECKEINSATZ ÜBER NS

VERERBUNGSDATEN
E-LGS 2011 46 EURO
N-LGS 2011 24.231 EURO

Gekörte Hengste: 3 – Persico, Picasso, Woldhoeve's Naughty Boy
Staaatsprämienstuten: 3
Familie: Der Vater Anjershof Rocky wurde in den Niederlanden erfolgreich in Zucht und Sport eingesetzt. Im Sport wird er mit großem Erfolg in Z2-Dressur und M-Springen eingesetzt. Seine Nachkommen sind ebenfalls im Springen und in der Dressur bis zur Klasse M erfolgreich, wie z.B. Simply Red und Vorwijks Zen. In der Zucht hat er sehr gute Stuten geliefert, sowie elf gekörte Söhne, die europaweit zuchtaktiv sind. Hierzu zählen Stukhuster Ricardo go for Gold, Top King, Andexer und Oosteind's Ricky.
Die Mutter ster pref. Pursha war 1986 und 1987 Championesse der Jährlings- und Zweijährigen Stuten in den Niederlanden. 1988 wurde sie 2. Reservesiegerin der dreijährigen Stuten. Sie ist auch Mutter des gekörten Hengstes Molenhorn's Claudius (v. Florahof Minstrel).
Der Muttervater Oakley Bubbling On (v. Wingrove Minkino) ist ein mütterlicher Halbbruder zu den die Reitponyzucht maßgeblich beeinflussenden Valentino (v. Bwlch Valentino) und Oakley Bubble Gold (v. Gauld. Gadabout). Oakley Bubbling On hat in Deutschland die beiden gekörten Söhne Winner W und Madam's Minkino gestellt. Er ist auch Vater zu Bokkesprong Czardas, einem in den Niederlanden hoch angesehenden Vererber, sowie Dandy W und Pavarotti.
Die Großmutter Sparky ist eine Tochter des Vollblutarabers Purpur ox, dieser wiederum ein Sohn des Pomeranets ox, der auch Vater zu Hockey/T ist. Dieser wiederum ist Muttervater zu dem unter Dr. Rainer Klimke im internationalen Dressursport hoch erfolgreichen Biotop/T.

Anjershof Rocky (NiPo) Dunkelfuchs *1988	**Silvertop's Ricco (NiPo)**	**Catherston Red Gold (GB)**	**v. Bubbly (GB)**
		Rhoslan Lively Lady (NiPo)	**v. Robin Adair of Kingsholm ox**
	Daisy (NiPo)	**Conquistador (NiPo)**	**v. Hamad ox**
		Rosalien (NiPo)	**v. Fair Daymond ox**
ster pref. Pursha Fuchs *1985	**Oakley Bubbling On (NiPo)**	**Wingrove Minkino (GB)**	**v. Bwlch Valentino (GB)**
		Bubbles (GB)	**v. Count Dorsaz ox**
	Sparky (DR)	**Purpur ox**	**v. Pomeranets ox**
		Shaundi (WB)	**v. Waweald Revolt (WB)**

Eigenleistung: Molenhorn's Pasja wurde 1995 in den Niederlanden als Reservesieger gekört. Seine HLP leistete er ebenfalls in den Niederlanden als Sieger ab, im Springen und im Interieur erhielt er jeweils die 9,0. 1996 wurde er nach Deutschland verkauft, hier von den Verbänden Hannover, Berlin-Brandenburg und Sachsen-Anhalt in das Hengstbuch I eingetragen. 2007 stand er wieder in den Niederlanden, 2008 kehrte er nach Deutschland zurück. 2011 erhielt er die Anerkennung in Standenbühl vom Verband Rheinland-Pfalz-Saar.

Nachkommen: Bisher wurden drei Söhne von Molenhorn's Pasja gekört: Persico (L-Spr.), Picasso und Woldhoeve's Naughty Boy. Drei seiner Töchter wurden mit der Staatsprämie ausgezeichnet. Molenhorn's Pasjas Nachkommen sind v.a. im Fahrsport erfolgreich. Morioka und Merlin haben über 200 Siege und Platzierungen bis zur Klasse S im Gespann von Hubert Häringer zu verzeichnen, Picco und Paris sind in S-Prüfungen platziert. Marquis ist ebenfalls siegreich in der Klasse S und international erfolgreich, in M-Fahrprüfungen United Prisca und United Paja. In der FN-Statistik 2011 gehört er zu den TOP Ten der erfolgreichsten Fahrponyvererber. Aber auch im Springsport konnten sich seine Nachkommen etablieren. Auf der internationalen Bühne sind Emily in M-Springen (u.a. Teilnehmerin am Finale der National Pony league 2011 in Irland) und Stella Luna (M*-Springen erfolgreich) zu finden.

Proud Raffaelo

DR ZFDP
DE 410100116709
BRAUNER HENGST
***7.5.2009**
STM.: 148 CM

ZÜCHTER
Karin Stolz
24576 Hitzhusen

BESITZER
Reitponygestüt Stolz
Glückstädterstr. 4
24576 Hitzhusen
Tel.: 04192-1804
Mobil: 0170-4516171
Fax: 04192-201948
katrinstolz@aol.com
www.reitponies-stolz.de

STATION
beim Besitzer

KÖRUNG
12.2.2012 in Neumünster (durch SHH)

DECKEINSATZ ÜBER NS

PROUD RAFFAELO

Familie: Der Vater Proud Rocketti gewann 2005 seine HLP in Adelheidsdorf mit der Gesamtnote 8,82. In der Rittigkeit erhielt er die 9,15, in der Springanlage die 8,92 und in der Geländeeignung die 8,75 - in allen drei Merkmalen stand er an der Spitze des Prüfungslots. Er konnte unter Karin Stolz Siege und Platzierungen von Reitpferdeprüfungen bis einschließlich Inter I-Dressurprüfungen erzielen. Proud Rocketti war auch wieder 2011 der erfolgreichste Nachkomme des Rotspon. Vier Söhne des Proud Rocketti wurden bisher gekört: Bünteeichen Ricardo, der mehrfache Medaillengewinner der Schleswig-Holsteinischen Landeschampionate und platzierte Bundeschampionatsfinalist Proud Rhett Bull, Grenzhöhes Rio Negro und Proud Raffaelo. Die ersten Nachkommen des Proud Rocketti sind bereits in M-Dressuren erfolgreich.

Für die Mutter Verb.Pr.St. Proud Sweet Candy war Proud Raffaelo das zweite Fohlen.

Der Muttervater Dexter wurde 1990 in Neumünster für das Pferdestammbuch Schleswig-Holstein/Hamburg gekört. Seine HLP absolvierte er 1992 in Münster-Handorf als Reservesieger (8,25). Dexter kann auf über 100 Platzierungen im Sport zurückblicken. In der Dressur stellte ihn Karin Stolz erfolgreich in S-Dressuren vor, zudem platzierte er sich in L-Springen. 1990 nahm er am Bundeschampionat der dreijährigen Reitponys in Verden teil und 1993 am Bundeschampionat der Springponys in Mannheim. Dexter stellte fünf gekörte Söhne: Derrek, Dunhill S (im Schwedischen Dressurkader), Darius, Proud Doug und Darius v. Herrenhof. Dexter erhielt den Titel des Elitehengstes zuerkannt.

Die Großmutter Proud Sweet Valentina brachte den gekörten Hengst Proud Doug (v. Dexter), der 2006 das Landeschampionat Schleswig-Holstein gewann und 2007 am Bundeschampionat der fünfjährigen Dressurponys teilnahm. 2008 gewann er das Landeschampional der sechsjährigen Dressurponys.

Die Urgroßmutter Suse brachte den gekörten und in M-Dressuren siegreichen Derrek (v. Dexter), das M-Dressurpony Domeniko (v. Dublin), die Verb.Pr.St. Proud Solitaire (v. Proud Rocketti; 2008 5. Pl. Bch. 3j. St. u. W., 2010 Landeschampionesse SHH, 7. Pl. Bch. 5j. Dr., M-Dr.) und die Stute Sunny (v. Brinckhoff's Vincent), aus der die Stute Siesta (v. Dublin) stammt. Letztere wurde Mutter von Proud Dunhillo (v. Dunhill S), 2010 Sieger im LVM-Cup und 2010 sowie 2011 Teilnehmer an der DM unter Johanna Horstmann, und von dem M-Springpony Proud Dolomity (v. Dexter).

Aus der vierten Mutter Ramblers Selina (v. Merrie Micael) stammt der gekorte Hengst Percy (v. Pattrick; siegr. L-Spr. u. A-Dr.) und St.Pr.St. Stina (v. Patrick), die ihrerseits dreifache Hengstmutter wurde: Dexter S (v. Donauwind; S-Dr.), Dustin (v. Donauwind; L-Dr.) und Dundee S (v. Dublin; S-Dr.).

Proud Rocketti (DR) Dunkelbraun *2000	**Rotspon (Hann.)**	**Rubinstein I (Westf.)**	**v. Rosenkavalier (Westf.)**
		St.Pr.St. Antalia (Hann.)	**v. Argentan I (Hann.)**
	Laurena (Hann.)	**Lauries Crusador xx**	**v. Welsh Pageant xx**
		St.Pr.St. Gardena (Hann.)	**v. Grande (Hann.)**
Verb.Pr.St. Proud Sweet Candy (DR) Fuchs *2003	**Dexter (DR)**	**Donauwind (DR)**	**v. Downland (DR)**
		St.Pr.St. Stina (DR)	**v. Patrick (DR)**
	Proud Sweet Valentina (DR)	**Doolittle (DR)**	**v. Diadem (DR)**
		Suse (DR)	**v Patrick (DR)**

Eigenleistung: Proud Raffaelo wurde 2012 in Neumünster vom Pferdestammbuch Schleswig-Holstein-Hamburg gekört und als Prämienhengst ausgezeichnet.

© JULIA PACKEISER

DR WESTFALEN
DE 441410907807
DUNKELFUCHSHENGST
***9.5.2007**
STM.: 143 CM

ZÜCHTER
Willi Ehlerding
439271 Petershagen

BESITZER
Diane Wallrodt
Hoffmannstr. 45
71229 Leonberg
Mobil: 0162-2080047
info@dw-reitponys.de
www.dw-reitponys.de

STATION
Gestüt Gründleinshof
Im Gründlein 2
91719 Degersheim
Tel.: 09833-989483
gruendleinshof@gmx.de
www.gestuetgh.de

KÖRUNG
16.10.2010 in Verden (durch Hann.)

DECKEINSATZ ÜBER NS

VERERBUNGSDATEN
E-LGS 2011 20 EURO

PAYMAN

Familie: Der Vater Principal Boy gehört mit zu den erfolgreichsten Ponyvererbern überhaupt. Er wurde 1989 in Münster-Handorf gekört. 1991 legte er an derselben Stelle seine HLP ab. 1994 war er Bundessiegerhengst der IG Welsh. Die Lebensgewinnsumme seiner Nachkommen beläuft sich auf über 94.000 Euro. Einen großen Anteil daran hat Playback, einer der insgesamt 18 gekörten Söhne des Principal Boy. Zuletzt platzierte sich der gekörte Prince Charming im Bundeschampionatsfinale der sechsjährigen Springponys an siebter Stelle. Bei den Bundeschampionaten trumpfen die Principal Boys bereits mehrfach auf: der gekörte Pilgrim's Red gewann 1999 das Bundeschampionat der dreijährigen Hengste, Pamira W gewann 2004 das Bundeschampionat der sechsjährigen Springponys und 2011 holte sich Pico Gold beim Bundeschampionat der sechsjährigen Springponys.

Die Mutter Whitney brachte das L-Springpony Casimir (v. Confetti), das A-Dressur- und A-Springpony Vanilla (v. Valido's Boy) und das A-Springpony Mc Pleasure (v. Mac Namara).

Der Muttervater Vulkan wurde 1984 in Münster-Handorf gekört. Sieben seiner Söhne erhielten ein positives Körurteil: der Westfälische Reservesieger Vagabund, der 2. Westfälische Reservesiegerhengst Varus, die Vollbrüder Vis-à-vis I und Vis-à-vis II, Vesuv, der bis M-Dressur siegreiche Varell und Volltreffer. Letzerer gewann 1989 Bronze beim Bundeschampionat der dreijährigen Reitponys in Mannheim, war Vize-Bundeschampion der vierjährigen Reitponys in Verden und wurde 1993 Mannschafts-Dressur-Europameister mit Jana Kun. Vulkans Nachkommen sind in allen Disziplinen erfolgreich. Seine Tochter Simply the Best geht siegreich in M-Springen. Sie war unter Armin Schäfer jun. 1993 Bundeschampionesse der sechsjährigen Springponys, gewann den Preis der Nationen in Donaueschingen, war 1995 und 1996 Deutsche Meisterin, nahm 1996 an der Europameisterschaft in Achselschwang teil und wurde 1996 in Bartahus/DEN Mannschaftseuropameisterin. Die N-LGS beträgt 23.821 Euro. Zehn Töchter erhielten die Staatsprämie.

Die Urgroßmutter Tanja (v. Tabor) brachte auch die Stute Nancy (v. Nante II), aus der vier erfolgreiche Sportponys stammen: die zwei L-Dressurponys Mayon SC (v. Monte-Negro) und Babalu Beh (v. Ballentines), das A-Spring- und –Dressurpony Solero B (v. Sympatico) und das A-Spring- und Vielseitigkeitspony Dorado (v. Dublin). Die Tanja-Tochter Nadja (v. Navarino) brachte das L-Dressurpony Nobody (v. Naphcal).

Die vierte Mutter Nora v. Numir stammt aus der Dülmener von Croy'schen Wildbahnherde.

Eigenleistung: Payman wurde 2010 in Verden vom Hannoverschen Verband gekört, 2011 folgte die Süddeutsche Körung in Prussendorf und die Auszeichnung mit der Junghengstprämie. Payman verbuchte mit Jörg Widmaier Erfolge in Springpferdeprüfungen der Klasse A**

Principal Boy (DR) Fuchs *1986	**Tetworth Crimson Lake (WB)**	**Lechlade Scarlet Pimpernel (WB)**	**v. Solway Master Bronze (WB)**
		Tetworth Swan Lake (WB)	**v. Lydstep Barn Dance (WB)**
	Koihuster Wintsje (Welpb)	**Downland Folklore (GB)**	**v. Downland Mohawk (WB)**
		Atje (Welpb)	**v. Conquistador (NiPo)**
Whitney (DR) Rappe *1994	**Vulkan (DR)**	**Vento (DR)**	**v. Valentino (GB)**
		Nadja (DR)	**v. Nazim (GB)**
	Tizijana (DR)	**Till the Champ (DR)**	**v. Rosedale Tiberius (WB)**
		Tanja (DR)	**v. Tabor (WB)**

DR ZFDP
DE 410101323506
RAPPHENGST
*11.5.2006
STM.: 148 CM

© ARCHIV STOLZ

ZÜCHTER
Karin Stolz
24576 Hitzhusen

BESITZER
Reitponygestüt Stolz
Glückstädterstr. 4
24576 Hitzhusen
Tel.: 04192-1804
Mobil: 0170-4516171
Fax: 04192-201948
katrinstolz@aol.com
www.reitponies-stolz.de

STATION
beim Besitzer

KÖRUNG
7.2.2009 in Neumünster (durch SHH)

DECKEINSATZ ÜBER NS

VERERBUNGSDATEN
E-LGS 2011 1.025 EURO

PROUD RHETT BULL

Familie: Der Vater Proud Rocketti wurde 2003 in Lentföhrden vom ZfdP gekört und später für das Pferdestammbuch Schleswig-Holstein/Hamburg und den Ponyverband Hannover anerkannt. Er gewann 2005 die HLP in Adelheidsdorf mit der Gesamtnote von 8,82. In der Rittigkeit erhielt er die 9,15, in der Springanlage die 8,92 und in der Geländeeignung die 8,75 - in allen drei Merkmalen stand er an der Spitze des Prüfungslots. Er konnte bisher Siege und Platzierungen von Reitpferdeprüfungen bis einschließlich Inter I-Dressurprüfungen erzielen. Proud Rocketti war auch wieder 2011 der erfolgreichste Nachkomme des Rotspon. Vier Söhne des Proud Rocketti wurden bisher gekört: Bünteeichen Ricardo, Proud Rhett Bull, Grenzhöhes Rio Negro und Proud Raffaelo, 2012 Prämienhengst in Schleswig-Holstein/Hamburg. Die ersten Nachkommen des Proud Rocketti sind bereits in M-Dressuren erfolgreich.

Die Mutter Verb.Pr.St. Proud Shirley brachte die Verb.Pr.St. Proud Scarlet (v. Rocketti; A-Dr.), und die Verb.Pr.St. Proud Shalimar (v. Rocketti), 2011 Bundeschampionesse des ZfdP in Altefeld und in A-Dressurpferdeprüfungen platziert.

Der Muttervater Proud Dandy S wurde 1998 in Lentföhrden vom ZfdP gekört. 1999 folgte die Anerkennung vom Pferdestammbuch Schleswig-Holstein/Hamburg. Seine HLP legte er 2000 in Neustadt/D. mit der Gesamtnote 7,7 ab. Er ist siegreich in Dressurprüfungen der Klasse A und platziert bis Dressur Klasse L. Seine Nachkommen sind erfolgreich im Dressursport, so Proud Pepperminds Boy, der erfolgreich in der Klasse M eingesetzt wird, Sophienhöhs Dornkaat ist siegreich in der Klasse L, Proud Sunset und Timmann's Piccolino platziert in der Klasse L

Die Großmutter Suse brachte den gekörten und in M-Dressuren siegreichen Derrek (v. Dexter), das M-Dressurpony Domeniko (v. Dublin), die Verb.Pr.St. Proud Solitaire (v. Rocketti; 2008 5. Pl. Bch. 3j. St. u. W., 2010 Landeschampionesse SHH, 7. Pl. Bch. 5j. Dr., M-Dr.) und die Stute Sunny (v. Brinckhoff's Vincent), aus der Stute Siesta (v. Dublin) stammt. Letztere wurde Mutter von Proud Dunhillo (v. Dunhill S), 2010 Sieger im LVM-Cup und 2010 sowie 2011 Teilnehmer an der DM unter Johanna Horstmann, und von dem M-Springpony Proud Dolomity (v. Dexter). Die Suse-Tochter Proud Sweet Valentina (v. Doolittle) brachte den gekörten Hengst Proud Doug (v. Dexter; 2006 Lch. SHH, 2007 Teiln. Bch. 5j. Dr., 2008 Lch. SHH 6j. Dr.) und die Verb.Pr.St. Proud Sweet Candy (v. Dexter), aus der der Prämienhengst Proud Raffaelo (v. Proud Rocketti) stammt.

Eigenleistung: Proud Rhett Bull wurde 2009 in Neumünster vom Pferdestammbuch Schlewig-Holstein/Hamburg gekört und vom ZfdP anerkannt. 2009 und 2010 gewann er die Bronzemedaille beim Landeschampionat in Schleswig-Holstein/Hamburg. 2011 wurde er Vize-Landeschampion in Schleswig-Holstein/Hamburg und belegte unter Johanna Horstmann beim Bundeschampionat der fünfjährigen Dressurponys den zehnten Platz. Er verbuchte Platzierungen in M-Dressurpferdeprüfungen gegen Großpferde.

Proud Rocketti (DR) Dunkelbraun *2000	Rotspon (Hann.)	Rubinstein I (Westf.)	v. Rosenkavalier (Westf.)
		St.Pr.St. Antalia (Hann.)	v. Argentan I (Hann.)
	Laurena (Hann.)	Lauries Crusador xx	v. Welsh Pageant xx
		St.Pr.St. Gardena (Hann.)	v. Grande (Hann.)
Verb.Pr.St. Proud Shirley (DR) Dunkelbraun *2001	Proud Dandy S (DR)	Power Star B (DR)	v. Power Boy (DR)
		Diva (DR)	v. Derbino (DR)
	Suse (DR)	Patrick (DR)	v. El Khafif ox
		Rambiers Selina (NF)	v. Merri. Michael (NF)

Oosteinds Ricky

Wohl kaum ein Pony kann von sich behaupten, dass eine echte Olympiasiegerin die Ausbildung übernahm. Doch bei Oosteinds Ricky stieg Nicole Uphoff persönlich in den Sattel ...

Oosteinds Ricky

Wir schreiben das Jahr 1996. Damals machte sich eine Gruppe illustrer Hengsthalter und Züchter aus Westfalen auf zur niederländischen Ponykörung. 55 Hengste seien damals aufgetrieben worden, erinnert sich Klaus Jürgen Henne, „und ich habe sofort gesehen, der kleine Fuchs ist der Beste, aber der Gelbe wird Sieger." Er sollte recht behalten. Nur fünf Hengste wurden gekört, darunter auch der kleine Fuchs - Oosteinds Ricky. „Gleich nach der Körung gingen die Hengste nach Utrecht und wurden dort, und zwar schon damals, auf Herz und Nieren geprüft." Anschließend verlor Klaus Jürgen Henne, der auf dem Hof seines Vaters und Großvaters in Ostbevern immer auch eine kleine Pferdezucht betrieb, den Hengst aus den Augen – aber nicht aus dem Sinn. „Ich fuhr dann erneut zu dem Züchter und nach einigem Hin und Her konnte ich den Hengst noch im selben Jahr kaufen."

Und was hatte ihm an dem Hengst sofort gefallen? „Ein wirklich typvoller, ausdrucksstarker Hengst, der sich unglaublich gut zu bewegen wusste und am Sprung mindestens genauso gut war", antwortet Klaus Jürgen Henne ohne zu zögern. Und dann war da natürlich noch die Abstammung: der Vater Anjershof Rocky führte sowohl auf der Vater- als auch auf der Muttervaterseite Blutelemente des Arabischen Vollbluts – für Klaus Jürgen Henne die beste Pferderasse der Welt. Und auch die Mutterlinie war mit Downland Folklore und Oakley Bubbling On leistungsgesättigt. Osteinds Rickys Mutter Another Dream brachte 1998 dann noch den gekörten und EM-erfolgreichen Vollbruder Oosteinds Rocco.

Zurück in Deutschland habe Klaus Jürgen Henne seiner Neuerwerbung allerdings dann aber erst einmal Benehmen beibringen müssen: „Das war schon ein ziemliches Wildpferd. Aber nicht ohne Grund. In den Niederlanden kamen nicht die Stutenbesitzer zum Hengst, sondern umgekehrt, luden die Hengsthalter ihre Hengste auf und fuhren sie zu den Stuten. Man kann sich in etwa vorstellen, was passierte, wenn Oosteinds Ricky einen Hänger sah, dann war wirklich Weihnachten", schmunzelt Klaus Jürgen Henne bei dem Gedanken daran.

Bei der Erziehung, aber vor allem der Ausbildung von Oosteinds Ricky half keine Geringere als die Multi-Olympiagoldgewinnerin Nicole Uphoff. „Meine Tochter Karin arbeitete damals bei der Deutschen Reiterlichen Vereinigung in Warendorf, und zwar zu einer Zeit, als auch Nicole Uphoff ihre Zelte beim Deutschen Olympiade-Komitee für Reiterei aufgeschlagen hatte. Sie war begeistert von unserem Ricky und so lernte er wirklich das ganze Programm." Damit meint Klaus Jürgen Henne fliegende Galoppwechsel, Piaffe und Passage und das „sich auf einem Teller drehen", sprich Pirouetten.

Der gekörte Oskar mit Debbie Sterzenbach

Siebenjährig gab Oosteinds Ricky sein Sportdebüt. Inzwischen zieren 53 Siege und Platzierungen in L- und M-Dressuren seine Bilanz. „Es ist nicht so einfach, die Hengste mit jungen Reitern gut beritten zu machen. Und dann muss man auch die Zeit haben, sie ständig zum Turnier

Internationale Abmessungen leicht gemacht – Ricoletto unter Maxi Emilian

zu fahren.“ Das erklärt, warum sich Oosteinds Ricky der Turnierkarawane, die Wochenende für Wochenende quer durch Deutschland und das benachbarte Ausland zieht, nie anschloss. „Aber wenn wir losgezogen sind, dann kehrten wir eigentlich immer mit einer Schleife am Kopf wieder zurück.“ Das gilt im übrigen auch für die Schauauftritte von Oosteinds Ricky. So wurde er Bundessiegerhengst über alle Pardbred-Hengste und Bundessieger über alle Klassen. 2000 wiederholte er seinen Erfolg. 2005 wurde er als Bundessieger der Welsh-Partbreds in Ostbevern ausgezeichnet, 2007 als Bundes-Reservesiegerhengst auf der Bundesschau der IG-Welsh.

Das Ricky-Motto „was wir machen, machen wir richtig“ gilt auch für seine Vererbung. Besonders zu nennen sind hier die Anpaarungen an die beiden Vollschwestern Hennes Lesly und Hennes Lehnchen (beide v. Landois). Aus ersterer zog Klaus Jürgen Henne die beiden gekörten Vollbrüder Ruby Gold I und II, von denen Ruby Gold I 2002 HLP-Reservesieger und 2003 Bundeschampion der Fahrponys wurde und sich zusätzlich im Bundeschampionatsfinale der fünfjährigen Springponys an fünfter Stelle platzierte. Die Ruby Gold- Vollschwester Hennes Ria wurde in Anpaarung mit Top Viorello Mutter der Stute Top Malla, die ihrerseits mit Top Mosaik den ZfdP-Siegerhengst **Towerlands Anglezarke** brachte.

Hennes Lehnchen fohlte 2000 noch den Dunkelfuchs Rudolfo, der im selben Jahr das Fohlenchampionat des Deutschen Hengsthalterverbandes (Vorläufer des Deutschen Fohlenchampionats) gewann. 2002 schloss sich die Körung, 2004 der Sieg im Fahrpony-Bundeschampionat an.

Insgesamt wurden acht Söhne gekört, darunter auch Oskar, mit dem Debbie Sterzenbach Anfang 2012 im Finale des Bundesnachwuchschampionats Springen in Verden stand.

Bei der DM 2011 in Freudenberg am Start: Red Sun mit Lara Weber ...

Die Rickys sind ausgesprochen vielseitig und sammeln ihre Erfolge in allen Disziplinen, angeführt von den Jumpern Ricoletto, Red Sun und Rocky, den Dressurcracks Ramira und Ruben’s

© Becker

... und Rocky mit Paulina Köster

AS sowie den Leinenspezialisten Frankenbach Reamon und Raro's As. Über 35.700 Euro sammelten sich so auf dem Gewinnsummenkonto ihres Vaters an.

Sieben Töchter des Oosteinds Ricky erhielten die Staatsprämie, wie die Endringstute Raissa, die Vollschwester zum Brüderpaar Ruby Gold I und II sowie zum bereits erwähnten M-Dressur- und M-Fahrpony Ruben's AS. Die St.Pr.St. Romanze wurde Mutter des gekörten Double Inn, 2006 Dritter im Westfalen-Championat und Teilnehmer am Bundeschampionat, der wiederum als Vater des Siegerhengstes, Hannoveraner Reitpony-champions und Vize-Bundeschampions Da Vinci HS für Schlagzeilen sorgte.

Im Frühjahr 2011 verkaufte Klaus Jürgen Henne seinen Oosteinds Ricky an Hermann Jaspers, einen ausgewiesenen Fan des damals 18-Jährigen, der ihn nun nach Haren und damit mitten ins Weser-Ems-Zuchtgebiet verpflanzte. „Mit meinen 73 Jahren war es an der Zeit, etwas kürzer zu treten." Dass Oosteinds Ricky auch 2011 wieder, wie schon die Jahre zuvor, unter den Top Ten der besten Ponyvererber geführt wird, freut ihn sehr: „Ricky macht eigentlich alles von alleine – aber man muss schon wissen, wo die richtigen Knöpfe sind. Er hat halt Charakter!"

Dr. Tanja Becker

Auch im Viereck ist Oposteinds Ricky präsent, etwa mit Ramira unter Lesley Wulff

HANNOVERANER
DE 431314601400
DUNKELBR. HENGST
*14.3.2000
STM.: 157 CM

ZÜCHTER
Heinz Katt
21682 Stade

BESITZER
Reitponygestüt Stolz
Glückstädter Str. 4
24576 Hitzhusen
Tel.: 04192-1804
Mobil: 0170-4516171
Fax: 04192-201948
katrinstolz@aol.com
www.reitponies-stolz.de

STATION
beim Besitzer

KÖRUNG
21.3.2003 in Lentförden (durch ZfdP)

EIGENLEISTUNG
HLP 2005 in Adelheidsdorf 8,82 (1./16)

DECKEINSATZ ÜBER NS

VERERBUNGSDATEN
E-LGS 2011 11.201 EURO
N-LGS 2011 6.485 EURO

PROUD ROCKETTI

gekörte Hengste: 4 – Bünteeichen Ricardo, Proud Rhett Bull, Proud Raffaelo, Grenzhöhes Rio Negro

Familie: Der Vater, der Niedersächsische Landbeschäler Rotspon, brachte 27 gekörte Söhne und 95 staatsprämierte Töchter.
Die Mutter Laurena brachte 2007 die Siegerstute der Dreijährigen der Vereinsschau in Bargstedt, St.Pr.St. Emilia Galotti, und die Siegerstute der Zweijährigen der gleichen Schau, St.Pr.St. En Vogue, ebenfalls von Earl abstammend.
Aus der Großmutter St.Pr.St. Gardena stammt der westfälische Landbeschäler Laurentianer (v. Lauries Crusador xx), 2000 in Arnheim Weltmeister der jungen Dressurpferde, erfolgreich bis Inter I.
Die 4. Mutter Magnolie brachte den gekörten Hengst Exakt (v. Eisenherz I) und die Stute Erkorene (v. Eisenherz I). Erkorene brachte Sundance Kid (v. Smaragd), 1992 und 1993 unter Marina Loheit Deutscher Meister in der Vielseitigkeit und international mit vielen Siegen und Platzierungen in der Vielseitigkeit auch in der Deutschen Mannschaft erfolgreich (z.B. Bronze auf den WEG in Stockholm 1990). Magnolie ist Halbschwester zu dem gekörten Eichbaum (v. Eisenherz I).

Eigenleistung: Proud Rocketti wurde 2003 in Lentföhrden vom ZfdP gekört und später für das Pferdestammbuch Schleswig-Holstein/Hamburg und den Ponyverband Hannover anerkannt. Er gewann 2005 die HLP in Adelheidsdorf mit der Gesamtnote von 8,82. In der Rittigkeit erhielt er die 9,15, in der Springanlage die 8,92 und in der Geländeeignung die 8,75 - in allen drei Merkmalen stand er an der Spitze des Prüfungslots. Er konnte bisher Siege und Platzierungen von Reitpferdeprüfungen bis einschließlich Inter I-Dressurprüfungen erzielen. Proud Rocketti war auch wieder 2011 der erfolgreichste Nachkomme des Rotspon.

Nachkommen: Proud Rocketti konnte auf dem Fohlenchampionat 2007 in Bad Segeberg mit Rub-A-Dub einen Ia-Preisträger der drei Hengstfohlenklassen stellen. Vier seiner Söhne wurden bisher gekört, Bünteeichen Ricardo, Proud Rhett Bull, Grenzhöhes Rio Negro und Proud Raffaelo, 2012 Prämienhengst in Schleswig-Holstein/Hamburg. Die ersten Nachkommen des Proud Rocketti sind bereits in M-Dressuren erfolgreich, wie z.B. der gekörte Proud Rhett Bull, der außerdem 2011 Platz zwei im Kleinen Finale beim Bundeschampionat der sechsjährigen Dressurponys belegte, nachdem er 2010 bereits Zehnter beim Bundeschampionat der fünfjährigen Dressurponys war. Proud Rockettis Tochter Proud Solitaire wurde 2008 Fünfte beim Bundeschampionat der dreijährigen Reitponys, 2010 Landeschampionesse in Schleswig-Holstein/Hamburg und Siebte beim Bundeschampionat der fünfjährigen Dressurponys. Proud Georgia geht in L-Dressuren siegreich. Proud Gilian nahm 2011 am Bundeschampionat der fünfjährigen Dressurponys teil, wo er Platz drei im Kleinen Finale belegte. Proud Glory Day wurde 2011 beim Bundeschampionat der fünfjährigen Dressurponys Sechste. Proud Shalimar wurde 2011 Bundeschampionesse beim ZfdP in Altefeld und nahm 2011 am Bundeschampionat der vierjährigen Reitponys teil.

Rotspon (Hann.) Rappe *1995	**Rubinstein (Westf.)**	**Rosenkavalier (Westf.)**	**v. Romadour II (Westf.)**
		Antine (Westf.)	**v. Angelo xx**
	St.Pr.St. Antalia (Hann.)	**Argentan (Hann.)**	**v. Absatz (Hann.)**
		St.Pr.St. Paragona (Hann.)	**v. Pik Bube (Hann.)**
Laurena (Hann.) Braun *1996	**Lauries Crusador xx**	**Welsh Pageant xx**	**v. Tudor Melody xx**
		Square Note xx	**v. High Top xx**
	St.Pr.St. Gardena (Hann.)	**Grande (Hann.)**	**v. Graf (Hann.)**
		Enorme (Hann.)	**v. Eisenherz I (Hann.)**

Welcome Sympatico

Der einzige, der wohl nicht genau weiß, wie groß er ist, ist Welcome Sympatico selbst. Anders sind die Erfolge des nur 1,56 Meter großen Schwarzbrannen in den Parcours beim CHIO Aachen und dem Hamburger Derby kaum zu erklären.

„Und jetzt kommt unser Top-Springer." Noch heute hat Züchter Kurt-Heinrich Böttcher den Satz im Ohr, mit dem Auktionator Friedrich Wilhelm Isernhagen seinen Sympatico im Herbst 1997 bei der Hannoveraner Eliteauktion in Verden ankündigte. Die Gebote für den damals bereits sechsjährigen und in Springpferdeprüfungen bis Klasse M serienweise siegreichen Rappen vom Linienbegründer Sandro schnellten in die Höhe. 20.000, 35.000, 70.000 … Nach hartem Duell erfolgte bei 80.000 Mark der Zuschlag – zugunsten von Karin Ernsting und ihrem damaligen Mann Heinrich-Hermann Engemann. Damit war Sympatico vierte Preisspitze – hinter der Bundeschampionesse Wahajama, die allerdings mit stolzen 510.000 Mark auch gleich eine neue Rekordmarke setzte.

© Rau

Welcome Sympatico unter Karin Ernstingaya …

© Hogrebe

Silber beim Bundeschampion der Vielseitigkeitsponys gab es für Sunny Side Up mit Paulina Herzog

„Schon die Urgroßmutter von Sympatico, die Halbblutstute Perlenband von Perser xx, war nicht die Größte", erzählt Kurt-Heinrich Böttcher, „aber Sprungfedern hatten die Nachkommen alle." Zu nennen ist da der von Diskus abstammende Sohn von Sympaticos Großmutter St.Pr.St. Goldbanner (v. Gotthard), die selbst unter Kurt-Heinrich Böttcher bis M-Springen siegte: The Natural gewann unter Kathrine Burdsall/USA 1986 Gold bei der Team-WM in Aachen und 1987 das Weltcup-Finale in Paris/FRA. Die Mutter Patella brachte zwölf Fohlen, darunter neben Sympatico auch noch den gekörten Cape Town (v. Contender), der mit Yves Houtackers/NED international für Furore sorgte, und die Stute Candela (v. Come On). Aus letzterer stammt in Anpaarung mit Goldfever I die Stute Georgia, die sich bei den Bundeschampionaten der fünf- und der sechsjährigen Springpferde platzierte

Sharan mit Thomas Bremermann bei der Norddeutschen Jugendmeisterschaften

und die Maximilian Weishaupt zuletzt zum Sieg im Großen Preis des Salut-Festivals von Aachen pilotierte.

Als Patella, die ebenfalls mit Kurt-Heinrich Böttcher bis M-Springen siegte, Anfang September des Jahres 1991 endlich fohlte, war seinem Züchter sofort klar, dass da was Besonderes auf noch wackeligen Beinen vor im stand – aber eben auch etwas besonders Kleines ... „Der Hannoveraner Verband winkte denn auch gleich dankend ab, als ich wegen einer Körung von Sympatico nachfragte." Die Idee, es einmal beim Hannoverschen Ponyverband zu versuchen, stammte von Kurt-Heinrich Böttchers Bruder, der Sympatico auch eingeritten hatte, „denn springen konnte der wirklich gewaltig." Und so startete Sympatico seine Hengstkarriere als Siegerhengst der Veredler und Spezialhengste. Bei seiner HLP 1995 in Adelheidsdorf bewies er dann, dass sich wahre Größe nicht in Zentimetern bemisst. Locker ließ er seine 49 „normal" großen Konkurrenten hinter sich und holte sich den Reservesieg im Springindex und Rang vier in der Gesamtabrechnung.

Der kleine Hengst war Familie Böttcher sehr ans Herz gewachsen. „Und entsprechend traurig waren alle, als die Auktion anstand. Aber im Nachhinein betrachtet, war es sicherlich eine richtige Entscheidung." Zweifelsohne, denn Karin Ernsting und ihr kleiner Springfloh lehrten der etablierten Parcourselite wahrlich das Fürchten. Siebenjährig verbuchte das Paar erste Erfolge in schweren Springen und dann ging es auch bald in Aachen, Hamburg, Wiesbaden, Nörten-Hardenberg, Münster und Berlin über internationale Abmessungen. 2007 und 2008 schwang sich Karin Ernstings junger Sohn Niklas in den Sattel von Welcome Sympatico und ließ sich von dem vierbeinigen Lehrmeister zu diversen Siegen leiten. 188 Erfolge weist das Jahrbuch Zucht für den kleinen Großen aus, der auch in der Zucht eine Menge zu bewegen wusste.

Sieben gekörte Söhne kann Welcome Sympatico vorweisen, aus denen der 2. Kör-Reservesieger, HLP-Sieger und amtierende Vize-Bundeschampion der Vielseitigkeitsponys, Sunny Side Up, herausragt, der selbst noch den Bayerischen Körsieger **Sirtaki BEVS** stellte. Überhaupt nutzen die Sympaticos gerne die Bundeschampionate für ihr Coming Out. So gewann der gekörte Welcome Shamrock 2002 Bronze bei den fünfjährigen und belegte 2003 Rang vier bei den sechsjährigen Springponys. Auch sein jüngerer Vollbruder Simply the Best TCF platzierte sich gleich zweimal in den Finals auf der Burandtwiese. Der Dritte im Bunde, Special Dream TCF, wurde ebenfalls gekört. Und dann gibt es da noch das gekörte Vollbrüderpaar Welcome Sharan I und Welcome Sharan II und der Hannoversche Siegerhengst Scampolo, die in den Reitpony-Bundeschampionaten erfolgreich auf Schleifenjagd gingen. Scampolo kam später noch zu EM-Ehren. Ganz vorne beim Springpony-Bundeschampionat stand 2002 Sandy Man.

Nicht nur die Kinder des Welcome Sympatico, wie Sharan, auch seine Enkel, darunter der gekörte Sampaio (v. Welcome Shamarock) und der

Der gekörte Enkel Sampaio mit Ann Christin Hartmann ...

Bundeschampionats-Fünfte Whisley (v. Welcome Sharan II), und inzwischen Urenkel stehen gerne vorne.
Dank seiner Eigen- und Vererbungsleistung erhielt Welcome Sympatico 2001 und 2002 doch noch den Ritterschlag und wurde für die Hannoveraner und Oldenburg-International-Zucht gekört.

Inzwischen hat sich der Name des Welcome Sympatico um ein SL verlängert, denn im November 2010 wurde er an das französische Vorzeige-Syndikat Linaro verkauft und damit eingereiht in einen der wohl wertvollsten Springponyvererber-Bestände überhaupt.

Bei all seinen Ruhmestaten im Sport hatte Welcome Sympatico ein Vorbild – da ist sich Guillaume Levesque, einer der zwei Partner des Syndicats Linaro, sicher: „Japelloup de Luze“. Der kleine Franzosen-Wallach gewann unter Pierre Durand/FRA 1998 bei den Olympischen Spielen in Seoul/COR mit atemberaubenden Finalrunden und geradeмal 1,25 Zeitstrafpunkten Einzelgold – und wurde zur Legende. Das Leben des 1,58 Meter großen französischen Nationalhelden auf vier Hufen wurde verfilmt – mit Welcome Sympatico SL in der Hauptrolle. Eine passendere Besetzung für dieses für Anfang 2013 angekündigte Kinospektakel hätte es kaum geben können. Wer kann wohl besser empfinden, was es im wahrsten Sinne des Wortes heißt, über sich selbst hinaus zu wachsen, als Welcome Sympatico SL?!

Dr. Tanja Becker

... und der Enkel Whisley, 2011 unter Kathrin Fehlemann-Völkers Vierter beim Bundeschampionat

© Becker

DR BAYERN
DE 484840113909
BRAUNER HENGST
*21.3.2009
STM.: 147 CM

ZÜCHTER
Barbara-Elisabeth von Stetten
87637 Seeg

BESITZER
Landesbetrieb Landwirtschaft Hessen
Landgestüt Dillenburg
Wilhelmstraße 24
35683 Dillenburg
Tel.: 02771-898313
Mobil: 0171-3644639
Fax: 02771-898322
besamungsstation@llh.hessen.de
www.landgestuet-dillenburg.hessen.de

STATION
beim Besitzer

KÖRUNG
9.10.2011 in München-R. (durch Bay.)
Siegerhengst

DECKEINSATZ ÜBER FS

SIRTAKI BEVS

Familie: Der Vater Sunny Side Up wurde zunächst in Schleswig-Holstein gekört. Bei der Bayerischen Anerkennung im Frühjahr 2008 wurde er als 2. Reservesieger herausgestellt. Auch in Hessen erhielt Sunny Side Up die Anerkennung. Seine HLP 2009 in Erbach absolvierte er als Sieger mit der Gesamtnote 8,02. 2011 wurde er Vize-Bundeschampion der Vielseitigkeitsponys. Im selben Jahr gehörte er zu den erfolgreichsten Vielseitigkeitsponys in Schleswig-Holstein/Hamburg, er geht aber auch im Springen und in der Dressur sieggreich. In Bayern stellte er gleich in seinem ersten Jahrgang (2009) mehrere Goldprämienfohlen. Mit Sirtaki BEVS wurde sein erster Sohn gekört.

Sunny Side Ups Vater Welcome Sympatico war international erfolgreich im Springsport unter Karin Ernsting.

Die Mutter St.Pr.St. Pamela ging bei der Westfälischen Elitestutenschau 2003 auf dem Endring an der Ie-Position. Sirtaki BEVS ist ihr zweites Fohlen.

Der Muttervater FS Pour l'Amour war Siegerhengst seiner Körung 1996 in Aachen und gewann 1998 die HLP in Radegast mit 8,46. 1998 wurde er Rheinischer Vizemeister und belegte Platz vier beim Bundeschampionat der vierjährigen Hengste. 1999 wurde er Zwölfter bei den fünfjährigen und 2000 Elfter bei den sechsjährigen Dressurponys. FS Pour l'Amour wird erfolgreich in Dressurprüfungen der Klasse L eingesetzt. Er stellte acht gekörte Söhne, darunter den Siegerhengst Piccolo, den Ie-Prämienhengst Popstar und den HLP-Reservesieger Pancho. 13 Töchter des FS Pour l'Amour wurden mit der Staatsprämie ausgezeichnet, darunter auch Paola, die 2001 Reservesiegerin der Elite-Stutenschau in Münster-Handorf wurde und ihre SLP gewann. Seine Nachkommen im Sport gewannen bis 2011 34.291 Euro. FS Pour l'Amour ist Muttervater der gekörten Hengste Vasques (v. Vincente), der 2006 Reservesieger der Weser-Ems-Körung wurde und 2007 erfolgreich das Pferdestammbuch Weser-Ems auf dem Bundeschampionat vertrat, sowie Cavalliere (v. Singolds Cavalin) und Vom Feinsten G (v. Valido's Boy).

Aus der Urgroßmutter St.Pr.St. Daria stammt die St.Pr.St. Natalie (v. Nobel), die ihrerseits Mutter der St.Pr.St. Amore (v. Atlantico xx) wurde, die 1993 auf dem Endring der Westfälischen Elitestutenschau an fünfter Stelle ging. Amore wiederum brachte den Endringhengst Nougat (v. Nansen; siegr. L-Dr.) und das M-Dressurpony Nautilo (v. Nansen). Natalie wurde außerdem Mutter der St.Pr.St. Amourette (v. Atlantico xx), die über ihre Tochter Nobless (v. Nansen) Großmutter des gekörten Shakespeare (v. Scampolo; 2011 11. Pl. Bch. VS) wurde. Amourettes Tochter Primavera (v. FS Pour L'Amour) brachte den gekörten Hengst Cavalliere (v. Singold's Cavalin). Natalies Tochter Atlanta (v. Atlantico xx) wurde über ihre Tochter Anny (v. Black Horse) Großmutter der Fahrpony-Bundeschampionesse 2011, Altina (v. Sir Charles).

Sunny Side Up (DR) Dunkelbraun *2005	**Welcome Sympatico (Hann.)**	**Sandro (Holst.)**	**v. Sacramento Song xx**
		Patella (Hann.)	**v. Prinz Gaylord (Westf.)**
	St.Pr./El.St. Holsteins Shirly (DR)	**Donauwind (DR)**	**v. Downland (DR)**
		St.Pr.St. Silvetta (DR)	**v. Nantario (DR)**
St.Pr.St. Pamela (DR) Dunkelbraun *2000	**FS Pour L'Amour (DR)**	**FS Picasso (DR)**	**v. Power Boy (DR)**
		Eileen 2 (DR)	**v. Black Magic (WB)**
	St.Pr.St. Chantal (DR)	**Chantre B (DR)**	**v. Catherston Night Safe (GB)**
		St.Pr.St. Daria (DR)	**v. Dulcor (NF)**

Eigenleistung: Sirtaki BEVS wurde 2011 in München-Riem für den Bayerischen Verband gekört, als Prämienhengst ausgezeichnet und als Siegerhengst der Sportponyrassen herausgestellt.

DR WESTFALEN
DE 341420209984
SCHIMMELHENGST
*17.2.1984
STM.: 150 CM

© TIRP

ZÜCHTER
Heinrich Sondermann
45721 Haltern am See

BESITZER
Gestüt Förster
Ermen 55
59348 Lüdinghausen
Tel.: 02591-4209
Mobil: 0160-8713989
Fax: 02591-794956
info@gestuet-foerster.de
www.gestuet-foerster.de

STATION
beim Besitzer

KÖRUNG
20.9.1986 in Münster-H. (durch Westf.)

EIGENLEISTUNG
1987 u. 1988 Bundeschampion

DECKEINSATZ ÜBER NS

VERERBUNGSDATEN
E-LGS 2011 824 EURO
N-LGS 2011 18.293 EURO

SILVERTOP'S AS

Gekörte Hengste: 4 – Superman I, Superman II, Silver Dream, Scoubidou
Staatsprämienstuten: 3

Familie: Der Vater Silvertop's Ricco wurde in den Niederlanden geboren, 1981 in Westfalen gekört und als Reservesieger der Anerkennung ausgezeichnet. Zehn seiner Söhne wurden gekört, u.a. Anjershof Rocky, Silvertop's Rondo und die Körreservesieger Sungold und Smarty Silver.

Die Mutter St.Pr.St. Nadin zählt zu den besten Stuten der deutschen Reitponyzucht. Sie selbst war 1992 Ia-Preisträgerin und Siegerstute der Bundesstutenschau in Cloppenburg. Neun ihrer Söhne wurden gekört: neben Silvertop's As noch die fünf Vollbrüder Dressman I, II, III, IV und V sowie Doubtless, Dein Freund und Dein Sunnyboy. Die Gewinnsumme ihrer Nachkommen liegt bei 25.592 Euro.

Eigenleistung: Silvertop's As wurde1986 in Münster-Handorf gekört und als 1. Reservesieger herausgestellt. 1987 folgte der Sieg im Bundeschampionat der dreijährigen Reitponys mit Rainer Fallenberg im Sattel. 1988 gewann das Paar das Westfalen-Championat und das Reitpferdechampionat in Hamburg-Schenefeld. 1989 avancierte Silvertop's As in Frankfurt zum DLG-Siegerhengst und siegte mit Sonja Schubek in L-Dressuren. Ab 1994 setzte er seine Viereck-Karriere erfolgreich unter Martina Förster fort. Von 1998 bis 1999 schlossen sich Siege und Platzierungen in A- und L-Dressuren mit Hella Startmann an.

Nachkommen: Silvertop's As ist Vater von vier gekörten Söhnen: Superman I (1993 HLP-Sieger, 1996 10. Pl. Bch. 6-j. Dr.), Superman II (1994 1. Reservesieger Westfälische Körung, siegr. L-Dr.), Silver Dream (Siegerhengst) und Scoubidou (1995 Siegerhengst in Rheinland-Pfalz-Saar). Aus der Schar seiner sporterfolgreichen Nachkommen ragen Skylab (siegr. S-F., 1999 4. Pl. DM, 2000 8. Pl. DM), Semprador (2003 13. Pl. Bch. 6j. Dr., 2010 15. Pl. 15 DM, M-Dr.) und Silbermond (2008 Teiln. Bch. 5j. Spr.) heraus. Seine größere Bedeutung hat Silvertop's As über seine Töchter erreicht. Drei wurden mit der Staatsprämie ausgezeichnet. Die St.Pr.St. Silver Queen ging 1992 auf dem Endring der Westfälische Elitestutenschau Münster-Handorf und wurde Mutter der vier gekörten Vollbrüder Big Boy I, II , III und IV sowie des gekörten Outlander. Die St.Pr.St. Sugar Baby erreichte 1996 Rang sechs auf dem Endring der Westfälischen Elitestutenschau in Münster-Handorf und stellte mit Big Blind Date 2011 den Vize-Westfalenchampion und erfolgreichen Teilnehmer am Bundeschampionat, mit Optimist MF 2011 den Westfalenchampion und ebenfalls erfolgreichen Bundeschampionatsteilnehmer sowie mit Beverly MF eine Endringstute bei der Westfälischen Elitestutenschau Münster-Handorf.
Als Muttervater tritt er zudem auf bei der Dressurteam-Europameisterin Velica /Kirsten Sieber, beim Endringhengst Nightlife, beim Bundeschampionatsteilnehmer Navoy, beim gekörten Steendieks Moonlight Shadow und bei der Endringstute und platzierten Bundeschampionatsfinalistin St.Pr.St. Prüsseliese.

Silvertop's Ricco (NiPo) Dunkelfuchs *1978	Catherston Red Gold (GB)	Bubbly (GB)	v. Potatoe (DR)
		Coed Coch Fisz f.S. (WA)	v. Bubbley (DR)
	Rhoslan Lively Lady (WiPo)	Robin Adair of Kingsholm ox	v. Rithan ox
		Mari Llwyd (WA)	v. Coed Coch Sadyr (WA)
St.Pr.St. Nadin (DR) Schimmel *1980	Niklas I (DR)	Nijm ox	v. Galan ox
		Utina (WA)	v. Upper-Ten (Welsh)
	Verb.Pr./El.St. Suleika (DR)	Shalom (WB)	v. Sir-Downland Fleet Foot (WB)
		Narzisse (DR)	v. Narwal II (DR)

OLDENBURGER
DE 433330380107
RAPPHENGST
***18.5.2007**
STM.: 155 CM

PAV STRAHLEMANN

ZÜCHTER
Manfred u. Edda Husch
29229 Celle

BESITZER
Gabriele Heemsoth
Walsroder Str. 49
27283 Verden
Tel.: 04231-62963
Mobil: 0177-3906807
Fax: 04231-68909
g.heemsoth@pferde-aus-verden.de
www.pferde-aus-verden.de

STATION
beim Besitzer

KÖRUNG
14.11.2009 in Vechta (durch Weser-Ems)

EIGENLEISTUNG
HLP 2011 in Neustadt/D. 8,33 (1./23)

DECKEINSATZ ÜBER FS, TG

VERERBUNGSDATEN
E-LGS 2011 372 EURO

Familie: Der Vater Sandro Hit hat eine eigene Dressurdynastie begründet. 1993 wurde der Rappe über die Oldenburger Eliteauktion als Fohlen an seinen heutigen Besitzer Paul Schockemöhle verkauft. 1995 folgte die Körung in Oldenburg. 1999 avancierte Sandro Hit unter Dr. Ulf Möller zum Weltmeister und Bundeschampion der sechsjährigen Dressurpferde. Ausgebildet ist Sandro Hit bis zur schweren Klasse. Mittlerweile sind über 170 seiner Söhne gekört, darunter mehrere Siegerhengste und die Bundeschampions Show Star, San Rubin, Sir Donnerhall I und FS Sandro Classic, und über 150 Töchter mit der Staatsprämie ausgezeichnet worden. Seine Nachkommen, darunter der Weltcupkür-Sieger Salieri OLD mit Victoria Max-Theurer/AUT, gewannen bisher über 419.000 Euro Euro im Sport.

Strahlemanns Mutter Whinny brachte noch den in A-Dressuren, A-Springpferdeprüfungen und Eignungsprüfungen erfolgreichen French Kiss (v. Fürst Heinrich).

Muttervater Weltmeyer hat sich als Stempelhengst in der modernen Dressurpferdezucht einen Namen gemacht. 1986 wurde er vom Hannoveraner Verband in Verden gekört und ging ins Niedersächsische Landgestüt in Celle. 1987 gewann er seine HLP in Adelheidsdorf mit einem Gesamtindex von 143,96. Beim Bundeschampionat in Vechta sicherte er sich die Bronzemedaille. 1989 wurde er Siegerhengst der DLG-Ausstellung in Frankfurt. 1998 folgte die Auszeichnung als „Hannoveraner Hengst des Jahres". Über 100 seiner Söhne wurden gekört, über 400 Töchter mit der Staatsprämie ausgezeichnet. Im Turniersport gewannen seine Nachkommen über 2,4 Millionen Euro.

Die Großmutter Burma ging selbst erfolgreich in A-Dressuren an den Start und brachte den gekörten Hengst Dark Dionysos (v. Dream of Glory), der 1999 Platz vier beim Bundeschampionat der fünfjährigen Dressurpferde belegte und anschließend Erfolge bis Grand Prix-Dressuren verbuchte. Forever Fritz (v. For Pleasure) siegte bis M-Springen. Aus der Burma-Tochter Gloria (v. Gardegeneral) stammen das S-Springpferd Contrast (v. Carte d'Or), das M-Springpferd Picasso (v. Phantom) sowie die ebenfalls im Sport erfolgreichen Monte Carlo (v. Mon Cherie) und Ramina O (v. Rockwell).

Aus dem Stamm der Risiko xx kommen weitere sporterfolgreiche Nachkommen und der gekörte Vollblüter Reinald xx (v. Aventin xx).

Eigenleistung: Strahlemann wurde 2009 in Vechta vom Pferdestammbuch Weser-Ems gekört. 2010 wurde er vom Pony- und Kleinpferdeverband Hannover als Prämienhengst ausgezeichnet sowie vom Hessischen Verband und vom Pferdestammbuch Schleswig-Holstein ebenfalls ins Hengstbuch I eingetragen. 2011 absolvierte er seine HLP in Neustadt/D. als Sieger mit der Note 8,33. Er ist siegreich in Reitpferde-, Eignungs- und Dressurpferdeprüfungen und konnte sich auch in Springpferdeprüfungen hoch platzieren.

Nachkommen: 2011 wurden seine ersten Fohlen geboren, die überwiegend mit der Fohlenprämie ausgezeichnet werden konnten. Er stellte Auktions- und Championatsfohlen.

Sandro Hit (Old.) Rappe *1993	**Sandro Song (Old.)**	**Sandro (Holst.)**	**v. Sacramento Song xx**
		Antenne II (Old.)	**v. Gepard (Hann.)**
	El.St. Loretta (Old.)	**Ramino (Westf.)**	**v. Ramiro (Holst.)**
		Lassie (Old.)	**v. Welt As (Old.)**
Whinny (Hann.) Braun *1998	**Weltmeyer (Hann.)**	**World Cup I (Hann.)**	**v. Woermann (Hann.)**
		St.Pr.St. Anka (Hann.)	**v. Absatz (Hann.)**
	Burma (Hann.)	**Busoni xx**	**v. Alizier xx**
		St.Pr.St. Dieta (Hann.)	**v. Dueker (Hann.)**

DR SACHS.-THÜR.
DE 455674221108
SCHWARZBR. HENGST
*12.5.2008
STM.: 144 CM

ZÜCHTER
Anna Maria Deparade
99441 Lehnstedt

BESITZER
AMD Reitponys Deparade
Dorfstr. 25
99441 Lehnstedt
Tel.: 036453-81370
Mobil: 0173-2014177
gerhard.deparade@vodafone.de

STATION
beim Besitzer

KÖRUNG
6.4.2011 in Prussendorf (durch Mitteldt.)

DECKEINSATZ ÜBER NS

AMD SUPERB

Familie: Der Vater, der Welsh B-Hengst Top Balino, vertritt über Cusop Spring die Hengstlinie des Criban Victor und wurde 2007 in Wickrath vom Rheinischen Verband gekört. Im selben Jahr wurde er Vize-Champion der dreijährigen Ponys beim Freispringchampionat in Westfalen. 2011 nahm er mit Erfolg an den Deutschen Meisterschaften im Vierspänner von Diethelm Kneifel teil. Er geht siegreich in M-Fahrprüfungen und platzierte sich auch in Klasse S siegreich. Sein Sohn Top Berlin wurde 2011 in Westfalen gekört.

Für die Mutter St.Pr.St. AMD Referenz*, die sich in Reitpferdeprüfungen platzierte, ist AMD Superb das erste Fohlen. Ihre beiden weiteren Fohlen wurden als Championatsfohlen ausgewählt.

Der Muttervater Notre Plaisier wurde 1999 in Münster-Handorf gekört. 2003 wurde er Reservesieger der Thüringer Verbandsponyschau. Er wurde mit dem Titel Prämienhengst** ausgezeichnet. Er geht siegreich in Dressur- und Springprüfungen der Klasse A. Seine Söhne Notre Noir und AMD Notre Bon wurden in Radegast gekört.

Die Großmutter St.Pr.St. AMD Raffaela platzierte sich in Reitpferdeprüfungen und war 2003 2. Reservesiegerin der Thüringer Eliteschau.

Die Urgroßmutter Verb.Pr.St. Rosi ist auch Mutter des gekörten Hengstes D'Acord (v. Da Capo), der in L-Dressuren siegte und die gekörten Hengste Dynamit Harry und Dr. No stellte sowie 18 Championatsfohlen, darunter zwei Siegerfohlen. Sie brachte außerdem die Sportponys Capriol (v. Viktorias Chirac; L-Dr., A-Spr., A-VS) und D'Avignon (v. Da Capo; M-F.).

Die vierte Mutter El.St. Rosepark Prelude wurde Mutter des dreifachen Teamdressur-Vize-Europameisters Basalt K (v. Balthasar) und der St.Pr.St. Roxana K (v. Bayus). Letztere brachte den Siegerhengst Dandelion (v. Arts-Dancer-Boy). Aus der Rosepark Prelude stammt weiterhin Ronja K (v. Viktorias Chirac), die Mutter des gekörten Bodyguard (v. Black Boy; 2005 Elite-Auktionspony in Vechta) wurde. Die St.Pr.St. Raffaela K, 2000 Bundessiegerstute der jüngeren Reitponystuten in Aachen und Gesamtsiegerstute der Elite-Stutenschau in Cloppenburg, erhielt den Titel der Elitestute und die Nachzuchtprämie. Sie wurde Mutter der gekörten Hengste Casino Royale K WE (v. FS Champion de Luxe; 2007 Siegerhengst Weser-Ems, 2008 u. 2009 1. Pl. Bch. 3j. u. 4j. H., HLP-Sieger, 2011 8. Pl. Bch. 6j. Dr.), Cream de Luxe WE (v. FS Champion de Luxe; 2007 Teiln. Bch. 3j. H.) und Compositoro WE (v. FS Champion de Luxe; 2008 Reservesieger der Hannoveraner Körung, 2009 Teiln. Bch. 3j. H.).

Eigenleistung: AMD Superb wurde 2011 in Prussendorf für die Verbände Brandenburg-Anhalt und Sachsen-Thüringen gekört. Im selben Jahr wurde er Landesschau-Sieger der Partbreds auf der IG Welsh Thüringen und Bundesreservesieger der Welsh Partbreds in Neustadt/Dosse.

Top Balino (WB) Braun *2004	**Blue Stone Swing Boy (WB)**	**Rock Grey Snob (WB)**	**v. Cusop Sprig (WB)**
		Rock Grey Girl (WB)	**v. Good Luck (WB)**
	Charisma (WB)	**Courage (WB)**	**v. Constantin (WB)**
		Kirstin (Welsh)	**v. Downland Dandini (WB)**
St.Pr.St. AMD Referenz (DR) Braun *2004	**Notre Plaisir (DR)**	**Notre Beau (DR)**	**v. Nantano (DR)**
		Nanni (DR)	**v. Nacota (DR)**
	St.Pr.St. AMD Raffaela (DR)	**Da Capo (DR)**	**v. Durello (DR)**
		Verb.Pr.St. Rosi (DR)	**v. Apslau xx**

DR ZFDP
DE 410100395108
FUCHSHENGST
***5.7.2008**
STM.: 146 CM

© BILDREPORT WAGNER

ZÜCHTER
Sascha Hahn
495675 Bramsche

BESITZER
Gestüt Fritz Ligges
Kai Ligges
Forsthövel-Merschstraße 120
59387 Herbern
Tel.: 02599-435
Fax: 02599-2874
info@gestuetligges.de
www.gestuetligges.de

STATION
beim Besitzer

KÖRUNG
27.11.2011 in Kreuth (durch ZfdP)
Siegerhengst

DECKEINSATZ ÜBER NS

TOWERLANDS ANGLEZARKE

Familie: Der Vater Top Mosaik, abstammend vom Welsh B-Hengst Marco aus einer Mutter vom Selle Francais-Hengst Zeus, sammelte unter Marie Ligges Seriensiege in Springen der Klassen A und L. 2010 verbuchte das Paar 16 Erfolge. 2011 kamen erste internationale Starts hinzu. Der Vater von Top Mosaik, der in den Niederlanden gezogene Welsh B-Hengst Marco, auf dessen Mutterseite der bedeutende Tetworth Crimson Lake steht, absolvierte seine HLP 2003 in Münster-Handorf mit der Springnote von 8,31 und stellte das S-Fahrpony Merlin.

Für die Mutter Verb.Pr.St. Top Malta ist Towerlands Anglezarke das erste Fohlen.

Der New Forest-Muttervater Top Viorello geht erfolgreich bis L-Springen und stellte sporterfolgreiche Nachkommen, wie Think about Victor, 2011 platziert im Bundeschampionatsfinale der sechsjährigen Springponys.

Die Großmutter Verb.Pr.St. Hennes Ria sammelte unter ihrem Sportnamen Ricurly Sue Schleifen in A-Springen.
In dritter Generation steht der Stempelhengst Oosteinds Ricky, siegreich bis M-Dressuren. Neben Turniereinsätzen war er auch auf Schauen hoch erfolgreich. Auf der Bundesschau der IG-Welsh in Alsfeld wurde Oosteinds Ricky Champion über alle Hengste. Zu Buche stehen weiterhin der Titel des Bundessiegerhengstes über alle Pardbred-Hengste und Bundessieger über alle Hengste. Acht seiner Söhne wurden gekört, darunter Oskar, der 2012 im Finale des Bundesnachwuchschampionats Springen in Verden stand. Sieben Töchter des Oosteinds Ricky erhielten die Staatsprämie, wie die St.Pr.St. Romanze, die Mutter des gekörten Double Inn wurde. Die Gewinnsumme seiner sportlichen Nachkommen, die in der Dressur, dem Springen, der Vielseitigkeit und im Fahrsport zu finden sind, betrug bis 2011 fast 36.000 Euro.

Die Urgroßmutter Verb.Pr.St. Hennes Lesly belegte bei der Bundesstutenschau 1996 in Warendorf Rang sieben. Aus ihr stammen die beiden gekörten Vollbrüder Ruby Gold I und II (beide v. Oosteinds Ricky), von denen ersterer Kör-Reservesieger, Fahrpony-Bundeschampion und Fünfter beim Springpony-Bundeschampionat wurde. Die Hennes Lesley-Tochter Raissa (v. Oosteinds Ricky) ging 2003 auf dem Endring der Elite-Stutenschau in Münster-Handorf. Ihre Vollgeschwister Ruben's As und Reydok siegten bis M- bzw. L-Dressuren.

Aus dem Stamm kommen noch der gekörte Rudolfo (v. Oosteinds Ricky), 2000 Sieger beim Fohlenchampionat des Deutschen Hengsthalterverbandes, dem Vorläufer des Deutschen Fohlenchampionats, 2002 dann Endringhengst seiner Körung und 2004 Bundeschampion der Fahrponys in Luhmühlen, und Dorn (v. Dornik B), 2007 Zehnter beim Bundeschampionat der fünfjährigen Dressurponys sowie 2010 und 2011 unter Celine König bei der DM platziert.

Top Mosaik (DR) Fuchs *2003	**Marco (WB)**	**Casperhof's Freddy (WB)**	**v. Woldberg's Bart (WB)**
		Sita (WB)	**v. Tetworth Crimson Lake (WB)**
	Top Zinderella (Old.)	**Zeus (Angl.N)**	**v. Arlequin AA**
		Goldperle (Hann.)	**v. Goldlack (Hann.)**
Verb.Pr.St. Top Malta (DR) Braun *2005	**Top Viorello (NF)**	**Valentino (GB)**	**v. Vernons Vineyard (NF)**
		Klazien (NF)	**v. Molenaar's Golden King (NF)**
	Verb.Pr.St. Hennes Ria (DR)	**Oosteinds Ricky (NiPo)**	**v. Anjershof Rocky (NiPo)**
		Verb.Pr.St. Hennes Lesley (DR)	**v. Landois (NiFo)**

Eigenleistung: Towerlands Anglezarke avancierte bei der Körung des ZfdP in Kreuth zum Prämien- und Siegerhengst.

DR ZFDP
DE 410100156307
RAPPHENGST
*14.6.2007
STM.: 148 CM

© BILDREPORT WAGNER

ZÜCHTER
Gudrun Gernholt
59510 Lippetal-Schoneberg

BESITZER
Gudrun Gernholt
Krimpenland 7
59510 Lippetal-Schoneberg
Tel.: 02923-389
Mobil: 0171-4569911
Fax: 02923-389
g.gernholt@t-online.de
www.hengststation-gernholt.de

STATION
beim Besitzer

KÖRUNG
27.11.2009 in Kreuth (durch ZfdP)

EIGENLEISTUNG
2011 in Neustadt/D. 8,23 (2./23)

DECKEINSATZ ÜBER NS

VERERBUNGSDATEN
E-LGS 2011 685 EURO

VOM FEINSTEN G

Familie: Der Vater Valido's Boy wurde 1993 in Aachen gekört.. Seine HLP legte er als Mindestleistungsprüfung ab und siegte unter seiner Besitzerin Gudrun Gernholt bis M**-Dressuren. Bis 1998 wurde er von Britta Lichtenberg geritten, die mit ihm 1993, 1994 und 1995 am Bundeschampionat teilnahm und ihn 1994 auf den vierten Platz ritt (5j. Dr.). 1993 gewann er das NRW-Championat in Köln-Müngersdorf, nachdem er im Jahr zuvor bereits Platz zwei in Köln-Müngersdorf belegt hatte. Valido's Boy kann 216 Siege und Platzierungen vorweisen, seine Eigen-Lebensgewinnsumme betrug 8.267 Euro. Genauso erfolgreich wie er von Erwachsenen im Sport vorgestellt wird, so erfolgreich ist er auch mit Kindern in Führzügelklassen oder bei Jugendreiterprüfungen.
Seine Nachkommen treten in die Fußstapfen ihres Vaters. Vier seiner Söhne konnten gekört werden, darunter Viersen K, der nach Frankreich verkauft wurde, V-Power G, der mit Gudrun Gernholt erste Erfolge im Dressursport verzeichnete, und Valido's Painted. Seine Vielseitigkeit demonstriert Tochter Vanilla: Sie ist erfolgreich in A-Springpferdeprüfungen.

Die Mutter Verb.Pr.St. Piccolina brachte auch die in A-Dressuren siegreiche Verb.Pr.St. Vom Allerfeinsten G (v. Valido's Boy).

Der Muttervater FS Pour l'Amour war Siegerhengst seiner Körung 1996 in Aachen und gewann 1998 die HLP in Radegast mit 8,46. 1998 wurde er Rheinischer Vizemeister und belegte Platz vier beim Bundeschampionat der vierjährigen Hengste. 1999 wurde er Zwölfter bei den fünfjährigen und 2000 Elfter bei den sechsjährigen Dressurponys. FS Pour l'Amour wird erfolgreich in Dressurprüfungen der Klasse L eingesetzt. Er stellte acht gekörte Söhne, darunter den Siegerhengst Piccolo, den Ie-Prämienhengst Popstar und den HLP-Reservesieger Pancho. 13 Töchter des FS Pour l'Amour wurden mit der Staatsprämie ausgezeichnet, darunter auch Paola, die 2001 Reservesiegerin der Elite-Stutenschau in Münster-Handorf wurde und ihre SLP gewann. Seine Nachkommen im Sport gewannen bis 2011 34.291 Euro. FS Pour l'Amour ist Muttervater der gekörten Hengste Vasques (v. Vincente), der 2006 Reservesieger der Weser-Ems-Körung wurde und 2007 erfolgreich das Pferdestammbuch Weser-Ems auf dem Bundeschampionat 2007 vertrat, sowie Cavalliere (v. Singolds Cavalin) und Vom Feinsten G (v. Valido's Boy).

Eigenleistung: Vom Feinsten G wurde 2009 in Kreuth vom ZfdP gekört. 2011 wurde er Reservesieger der HLP in Neustadt/D., mit der Gesamtnote 8,23. In der Umgänglichkeit erhielt er die 9,0, ebenso in der Leistungsbereitschaft und im Fremdreitertest. Die Grundgangarten wurden insgesamt mit der 8,28 beurteilt. 2011 wurde er unter seiner Züchterin und Besitzerin Gudrun Gernholt Bundeschampion des ZfdP in Altefeld. Er ist siegreich in Gewöhnungs- und Reitpferdeprüfungen und platzierte sich in Dressurpferdeprüfungen der Klasse A.

Valido's Boy (DR) Rappe *1989	Valido (DR)	Very Important (DR)	v. Valentino (GB)
		Chamonie (DR)	v. Chameur (WB)
	Medy (DR)	Merafic ox	v. Daikir ox
		Manola (DR)	v. Curry (DR)
Verb.Pr.St. Piccolina (DR) Dunkelbraun *1998	FS Pour l'Amour (DR)	FS Picasso (DR)	v. Power Boy (DR)
		Eileen 2 (DR)	v. Black Magic (WB)
	St.Pr.St. Andora (DR)	Atlantico xx	v. Kronzeuge xx
		Rosi (DR)	v. Rhoslan Golden Coin (GB)

Vivaldi

Vivaldi, benannt nach dem berühmten venezianischen Geistlichen, Komponisten und Violinisten Antonio Lucio Vivaldi (1678-1741), zählt auch aktuell wieder zu den Top Ten der besten Vererber.

Stolz wie Oskar stand er da – bei der Siegerehrung des Bundesnachwuchschampionats Dressur in Verden, wo er im November 2011 unter seiner jungen Reiterin Maike Fleddermann Platz sechs belegte. Dabei müsste Vivaldi das Gefühl eigentlich zur Genüge kennen, schließlich verbuchte er in seiner Sportkarriere bald 200 Platzierungen, darunter allein über 30 Siege in A- und L-Dressuren, fünf in A-Springen und zwei in A-Geländeprüfungen.

Geboren wurde Vivaldi am 16. Mai 1991 auf dem Hof von Heinrich und Antonia Thiemann im westfälischen Nordwalde - und zwar völlig unerwartet. „Mein Mann hatte die Ponystute Nica für unsere Enkel zum Reiten gekauft. Dass sie trächtig war, wussten wir zu dem Zeitpunkt nicht", erinnert sich Antonia Thiemann. Pferde hatte es immer in Nordwalde gegeben: Thiemanns nutzten sie ganz am Anfang noch zum Ackerbau, wenn der Boden etwa zum Einsatz von Maschinen zu nass war, aber auch zum Reiten und zum Handeln. Die Pferdezucht und -haltung stellte einen eigenen Betriebszweig dar. Waren es damals vier bis fünf Zuchtstuten, sind es heute noch zwei.

So ganz glücklich war Antonia Thiemann über die Wahl ihres Mannes allerdings nicht: „Nica war wirklich eine bildschöne Stute, aber schon als sie damals aus dem Hänger stieg, sah man ihre riesigen Augen. Quirlig war sie und sehr sensibel. Auf jeden Fall kein klassisches, ruhig-abgeklärtes Kinderpony." Doch ihr Mann hatte seinen Sinn für Qualität erneut bewiesen, obwohl eher die Großpferdezucht sein Metier war und u.a. die Westfälischen Siegerhengste Günstling (v. Grünhorn) und Duckstein (v. Ducker) in den 1960er Jahren aus seinem Stall kamen.

Nica stammt über ihren Vater Nathan vom großen Import-Veredler Nazim ab. Über die Mutterväter Sinton Bellhop und Sinton Money Spinner kommt begehrter Welsh-Einfluss zum Tragen. Die Großmutter Sinton Doe war Halbschwester zur Stute Sincord, aus der die beiden erfolgreichen Sportponys Nanue und Senat stammten.
Vivaldis Vater ist Valiant Starlight, ein Vertreter der berühmten Hengstlinie des Bwlch Valentino.

Der kleine Vivaldi überzeugte die Thiemanns restlos. „Vor allem mein Sohn Christoph war begeistert und so übernahm er, wie auch bei unseren Großpferden, die Vorbereitung für die Körung." Als der Tag im Januar 1994 kam, konnte Heinrich Thiemann krankheitsbedingt nicht mit dabei sein. „Unsere Tochter hatte den Körsieg von Vivaldi gefilmt und es ihm zu Hause gleich vorgespielt. Als ich dann kam, um ihm den Erfolg zu berichten, wusste er es schon." Die weiteren Erfolge seines Vivaldi konnte er allerdings nicht mehr mit erleben – er starb im April 1994.

Vivaldi unter Maike Fleddermann

Aber auch Nicas Karriere war noch nicht zu Ende. 1992 fohlte sie von Dressman I den gekörten Dressboy und 1997 von Chantré B den gekörten Champus. Wie ihre drei Söhne ging auch ihre Dressman-Tochter sehr erfolgreich im Sport. „Über die Väter kam Ruhe in die Nachkommen der Nica. Leistungsbereit waren die jedenfalls alle.“ Überhaupt ist Antonia Thiemann voll des Lobes für die Stute: „Nica brachte in sechs Zuchtjahren drei gekörte Hengste. Das schaffte keine unserer Großpferdestuten …“

Vorzeige-Sohn Voyager mit Sophie Kampmann, Sieger im Deutschen Pony-Derby

Vivaldi, inzwischen bei Anja und Michael Recker in Lienen stationiert, wurde 1994 dreijährig Vizechampion des 1. NRW-Hengstechampionats, gewann 1995 seine HLP in Münster-Handorf und wurde 1996 Achter beim Bundeschampionat der fünfjährigen Dressurponys. Später kamen weitere Erfolge in der Klasse L hinzu. 1997 firmierte er als Finalist beim prestigeträchtigen LVM-Youngster-Championat beim Rolinck-Cup in Münster: als erstes und einziges Reitpony. Vivaldi war mehrfacher Sieger auf der Welsh-Schau Westfalen sowie der Bundes-Welsh-Schau und wurde 2002 auf der Bundesschau in Aachen Bundessieger in seiner Altersklasse und Vize-Bundeschampion aller Hengste Deutschlands. Dafür erhielt er die Bundesprämie für Reitponyhengste der FN.

17 seiner Söhne wurden gekört, elf Töchter mit der Staatsprämie ausgezeichnet. Sein gekörter Sohn Van Gogh R gewann 2001 mit Ulrike Bruns das Bundeschampionat der sechsjährigen Springponys, nachdem er 2000 bereits Vierter bei den Fünfjährigen war. Vivaldis gekörter Sohn Veraldi wurde 2005 in Moritzburg mit Elke Hillebrandt Vize-Bundeschampion der Fahrponys.

Der gekörte Voyager, stationiert auf der Reitanlage Bergerhof von Christian Richter, war 2003 Dritter beim Reitpony-Bundeschampionat, gewann 2004 seine HLP und das Westfalen-Championat sowie 2005 das Bundeschampionat der Vielseitigkeitsponys und belegte im Dressurpony-Finale den zehnten Platz. 2006 schaffte er dann das Double: Sieg im Bundeschampionat der Dressur- und der Vielseitigkeitsponys. Viktoria Braun, Lena Rom und nun Sophie Kampmann ritten den bunten Fuchshengst anschließend zu internationalen Erfolgen im Dressurviereck. Zwei seiner Söhne wurden gekört, darunter der von Christian Richter gezogene 2. Rheinische Reservesieger **Voodoo CR**.

Der Vivaldi-Enkel Valentino gewann 2011 mit Christiane Seelig das Bundeschampionat

Vivaldis Sohn Vidalgo stellte mit Valentino 2011 den Bundeschampionat der vierjährigen Stuten und Wallache.

Platz neun beim Bundeschampionat der Springponys Vivus vM mit Franziska Lass

Weitere erfolgreiche Vivaldi-Nachkommen sind der Reitpony-Vize-Bundeschampion Picasso, der später Französischer Dressurmeister und EM-Teilnehmer wurde, das Fahrpony Vinchi von Tobias Bücker und die platzierten Bundeschampionatsfinalisten Voice of Spirit , Veneziano W, Gesa la Volta, Carina H, Viva, Viander Littleton, Vigo H und Vivus vM. 2010 gewann Vodka Absolut das Bundeschampionat der dreijährigen Reitponys und holte im Jahr darauf Bronze in Warendorf.

Die Vivaldis siegen in allen Disziplinen – und dabei immer gerne beobachtet von Antonia Thiemann. Das Bundeschampionat lässt sie, zusammen mit ihrer Familie eigentlich, nie aus: „das ist schon schön zu sehen, dass Vivaldi selbst und auch seine Nachkommen so viel bewegt haben und noch bewegen."

Dr. Tanja Becker

Vigo H mit Anouk Wiemer beim Dressurpony-Bundeschampionat

Gold- und Bronzegewinner Vodka absolut unter Wibke Hartmann-Stommel

DR RHEINLAND
DE 443430369409
PALOMINOHENGST
***1.6.2009**
STM.: 146 CM

ZÜCHTER
Christian Richter
40474 Düsseldorf

BESITZER
Christian Richter
Leuchtenberger Kirchweg 93
40474 Düsseldorf
Tel.: 0211-453976
Mobil: 0172-2088389
Fax: 0211-4709464
info@reitanlage-bergerhof.de
www.reitanlage-bergerhof.de

STATION
beim Besitzer

KÖRUNG
6.11.2011 in Wickrath (durch Rheinl.)

DECKEINSATZ ÜBER NS

VOODOO CR

Familie: Der Vater Voyager wurde 2003 zunächst in Vechta für das Pferdestammbuch Weser-Ems gekört und dann in Wickrath vom Rheinischen Pferdestammbuch. Seine HLP legte er 2004 in Münster-Handorf als Sieger mit der Gesamtnote 8,49 ab. 2003 wurde er Westfalen-Champion und belegte Platz vier beim Bundeschampionat der dreijährigen Hengste. 2004 wurde er Vize-Westfalenchampion. 2005 qualifizierte er sich für die Bundeschampionate in allen drei Disziplinen, was noch kein Pony vor ihm geschafft hatte. Bei den Vielseitigkeitsponys wurde er Bundeschampion, bei den fünfjährigen Dressurponys gewann er das Kleine Finale und belegte im Finale den zehnten Platz.

2006 gelang ihm als erstes Pony ein Doppeltriumph: Er wurde zweifacher Bundeschampion im Klassement der Dressur- und Vielseitigkeitsponys. 2008 belegte er in Hannover den achten Platz bei der DM, gewann die Rheinische Meisterschaft und den NRW-Fördercup. 2009 wurde er bei der DM in München-Riem Siebter und siegte in Pompadour/FRA. 2010 übernahm Lena Rom Voyager und platzierte sich u.a. beim Preis der Besten auf dem vierten Rang und war international in Zwolle /NED, Addington/GBR und Vierzon/FRA erfolgreich. Ab 2011 setzte er seine Karriere mit Sophie Kampmann fort und gewann mit ihr u.a. das Deutsche Ponyderby in Hamburg. 30 Siege in der Klasse L sowie über 100 Platzierungen in Reitpferde-, Dressur- Spring- und Vielseitigkeitsprüfungen konnte er bisher erzielen. Zwei Söhne des Voyager wurden gekört: Vito Dima, 2010 Prämienhengst der Rheinische Körung und inzwischen verkauft nach Australien, und Voodoo CR. Sieben seiner Töchter wurden bisher mit der Staatsprämie ausgezeichnet, darunter die St.Pr.St. Vogi's Victory, 2010 2. Reservesiegerin der Rheinischen Elitestutenschau in Wickrath und Bundeschampionatsteilnehmerin.

Die Mutter St.Pr.St.Charming Cassy brachte auch die St.Pr.St. Vicky CR (v. Voyager).

Der Muttervater FS Champion de Luxe startete seine Karriere 2000 als Rheinischer Siegerhengst. 2001 gewann er das Rheinische Championat und seine HLP in Neustadt/Dosse. 2001 und 2002 kamen Siege bei den NRW-Meetings und den Bundeschampionaten (3j. u. 4j. H.) hinzu. 2003 belegte er in Warendorf Rang zehn (5j. Dr.) und 2004 Platz fünf (6j. Dr). Mit seinen Nachkommen dominiert er das Geschehen in Zucht und Sport. 70 seiner Söhne wurden gekört, darunter eine ganze Reihe Siegerhengste. Über 50 Töchter erhielten die Staatsprämie.

Die Großmutter St.Pr.St.Peppina brachte auch das Sportpony Dustin (v. FS Don't Worry), 2006 Zehnter beim Bundeschampionat der fünfjährigen Dressurponys und siegreich in L-Dressuren.

Eigenleistung: Voodoo CR wurde 2011 in Wickrath vom Pferdstammbuch Rheinland gekört und als 2. Reservesieger herausgestellt. Zusätzlich erhielt er die Auszeichnung als Pony mit dem besten Galopp. 2012 folgte die Anerkennung Voodoos für das Pferdestammbuch Weser-Ems und Einstufung in die Prämienklasse II.

Voyager (DR) Fuchs *2000	Vivaldi (DR)	Valiant Starlight (DR)	v. Valentino (GB)
		Nica (DR)	v. Nathan (DR)
	Nirwana (DR)	Night-Power (DR)	v. Night-Star I (DR)
		Verb.Pr./El.St. Moni (DR)	v. Merafic ox ox
St.Pr.St. Charming Cassy (DR) Falbe *2003	FS Champion de Luxe (DR)	FS Cocky Dundee (NiPo)	v. Cocky Dundas xx
		St.Pr.St. FS Golden Fleur (DR)	v. Golden Dancer (DR)
	St.Pr.St. Peppina (DR)	FS Pavarotti (DR)	v. Power Boy (DR)
		Dilena (DR)	v. Dijon (DR)

Index

Ausgewählte Reitponyhengste Deutschlands, erschienen 2006

Stars der deutschen Reitponyzucht 1, erschienen 2008

Stars der deutschen Reitponyzucht 2, erschienen 2010

Stars der deutschen Reitponyzucht 3, erschienen 2012

	2006	Stars 1	Stars 2	Stars 3
A Gorgeous	o		o	
A new Star				o
Acado		o		
Airman *VDH* xx				o
Alexander				
Allbrighton			o	
Amarillys Sensation *D*	o			
Apslau xx	o			
Astral	o			
Auenhof's Allstar			o	
Avalon	o			
Baccarat		o	o	
Ballack *vM*			o	
Proud Ballack *WE*		o		
Balou Star			o	
Balthasar				
Baltic Dream		o		o
Baltic's Golden Boy				o
Barbara's Beau			o	
Barolo				o
Bartholomeo	o	o		
Batida de Coco		o		

	2006	Stars 1	Stars 2	Stars 3
Bavarottie				 o
Be Happy		o		
Beckenbauer		o		
Benneton Boy		o	o	
Bergarac			o	
Bernhard		o		
Big Light *WE*			o	o
Billy the King			o	
Black Boy				
Black Charming		o		
Black Dancer		o		
Hilkens Black Delight	o	o		
Blanchet		o	o	
Blickfang				o
Blue Star			o	
Bob Sinclair *R*			o	
Bodyguard *P*		o		
Bon Jovi		o		
Llaun Bonheddwr		o		
Boyfriend	o			
Frisian Brenin				o
Brillant				

	2006	Stars 1	Stars 2	Stars 3
Reitland's Cadeux *B*		o		
Caid AA	[Hengstportrait]			
Calvin Klein				o
Cap Cennedy *N*		o		
Capri Moon	o			
Casino Royal *K WE*		o	o	
Cassini				o
Singold's Cavalin			o	
Cavalliere			o	
Cezanne de Luxe			o	
FS Chambertin		o		
FS Champion de Luxe	o	[Hengstportrait + Vorstellung]		
Steendieks Champ of Glory				o
Top Champy		o		
Chantré		o	o	
Promise Charly Braun				o

	2006	Stars 1	Stars 2	Stars 3
Charm of Heiligenberg		o		
Charming Boy *M*			o	
Charming-Boy *SE.M.*			o	
Chattanooga				o
Chevallier	o			
Chico's Bunter			o	
Churchill *E*				o
Classic Dancer I		o		
Clooney *AT*		o		
Fehkamps Cöstelin		o	o	
Coldplay				o
Compliment				o
Compositoro *K WE*			o	
Steendieks Con Capitol	o			
Confetti	o			
Constantin	[Hengstportrait]			
Wagria Contigo			o	
Corbinian				o
Cordici *K WE*				o
Cornett	o			
FS Cover Boy		o		
FS Cracker Jack		o	o	o
Venustas Crazy Boy				o
Cream de Luxe *K WE*		o		
Steendieks Cream of Glory				o
Tackmann`s Cremeschnitte				o
Creston Dundee	o	o		
Tackmann`s Croissant				o
Cullerauge *MSH*				o
Cyriac *WE*		o		[Hengstportrait]
Cyrill *WE*				o
Da Capo		o	[Hengstportrait]	

Legende

[Hengstportrait] = Hengstportrait

[Hengstportrait] O = Hengstportrait + Vorstellung

St = Stammbaum

Index

	2006	Stars 1	Stars 2	Stars 3
Da Vinci *HS*			o	
FS Daddy Cool				o
Daily Pleasure			o	
Daimond			o	
Gleisberg Daiquiry				o
Hilkens Dance Forever			o	
Dance of Joy *W*		o		
Dance on Top I			o	
Dance Star *AT*		o	o	o
Dancer	o			
Dancing Dynamic			o	o
Dancing Energy				o
Steendieks Dandelion	o			
Danilo		o		

	2006	Stars 1	Stars 2	Stars 3
Friedrichshof Dark Dream			o	
Friedrichshof Dark Gigolo		o		
Darlington			o	
David *L*				o
Davidoff			o	
Day of Future			o	
Friedrichshof Daydream	o	o		
HB Daylight	o			
De Long				o
Dear Max				o
Arts-Deilahro	o			
Dein Sunnyboy		o		
Deinhard *B*		o	o	o
Del Estero *AT*				o
Del Piero				o
Der feine Lord *AT*				o
AMD Der kleine Lord			o	
Desperado *K*		o		
Destino				o
Diablo				o
Diego				o
Dimension *AT*				o
Krottenthal's Dinaldo		o		
FS Dior de Luxe	o			
Dip Be*AT*			o	o
Do it Again	o			
Steendieks Dollarprinz		o		
Domingo				
Domino Dancing				o
Don Carlos		o		
Don Davidoff		o		
WES Don Dolino			o	

	2006	Stars 1	Stars 2	Stars 3
Don Joan				o
Don Johnson		o	o	o
Don Joshi *AT*	o			
Don Joshi II			o	
Don Juan de Marco				o
Don King			o	
Donatelli			o	
Donauwind	o			
Donchester	o			
Steendieks Donnerhall		o		
Donnerwetter			o	
Don't Forget	o			
FS Don't Worry	o	o		
Tackmann's Donut				o
Dornik *B*				
Doubtless		o		
Proud Doug		o		
Douglas	o	o	o	
Dow Jones	o	o		
Dr. Doolittle				o
FS Dr. Watson		o		
Dreamcatcher *AT*		o		
Dreidimensional *AT*				o
Dressboy			o	
Big Dresscode				o
Dressman I	o	o	o	o
Top Dubidu		o		
Duplo	o			
Durango *S*				o
Durello	o			
Dynamit Harry				o
Dynasty *AT*				o

	2006	Stars 1	Stars 2	Stars 3
Lettenhof's Element of Surprise			o	
Dörnberg's Erimon II			o	
Famos *WE*	o			
Fiorano	o			
Flash Dancer xx			o	
Flying Dream	o			
For Kids Only	o	o		
Fuchur	o			
Going East	o	o		o
Hesselteich's Golden Dream	o		o	
Centauro's Golden Flashlight		o		
FS Golden Highlight	o			
Greylight		o		
Hesselteichs Grimaldi				o

©Becker

Index

	2006	Stars 1	Stars 2	Stars 3
Groovy Jack Flash				o
Hakuna Matata	o			
Halifax	o			o
Holsteins Harlekin				o
Haskar del Chapulin ox			o	
Hattrick	o			
Schierensees Have good Time			o	
Headliner				o
Hennes *H*		o		
Henry		o		
Heros		St		
Crown High Society	o	o		
Hightrick	o			
Homer		o		
Honeymoon Star	o			
Hopkins		o		
Hot Cream *WE*		o	o	
Humpfry-Me			o	
Hurrikan Heros	o		o	
Kaiser As	o			
Kaiser Bonaparte *WE*				o
Kaiser Konrad			o	
Kaiserjäger xx				
Kaiserstolz	o			
Kaiserwalzer	o	o		
Top Karetino	o			
Keerlke		o		
Kennedy *WE*	o	o	o	
Kick Down				o
King Bjuti		o		
King of Dance	o	o		
King William		o		
Frankenhoeh's Kir Royal	o			
Kitano			o	
Kronprinz		o	o	o
Kwept			o	
Laudatio	o			
Lemberg	o			
Lightning Boy von Holstenberg			o	
Rappenbergs Little Lord		o		
Coelenhage's Lord	o			
Lucky Strike	o			
Maccardo		o		
Steendieks Mad Max	o			
Madison		o		

	2006	Stars 1	Stars 2	Stars 3
Maisha		♞		
Maja`s Mobility				o
Man in Black		o		
Mandingo	o			
Schierensees Mando Diao				o
FS Maracaibo			o	
Marck *B.S.*	o			
Mariano		o		
Schierensees Marillion			o	
Marquis AA	o			
Marschall			o	
Marsvogel xx	♞			
Martell		o		
Matchello *K*		o		
Maverick	o	o		
Mentos	♞			
Mentos Chameur		o		
Mephisto	o			
Merafic ox	♞			
Schierensees Mickey Blue Eye		o		
Minigirl xx			St	
Miraculix		o		
AMD Molenew			o	
Fehkamp's Mollingyou		o		
Monet				o
Eiluns Monopoly	o			
St. Annens Monsieur *N*		o		
Montblanc	o			
Steendieks Monte Cassini			o	
Monte Christo	o			
Montgomery	o			
Brooklands Moonwalker	o	o		

© Becker

	2006	Stars 1	Stars 2	Stars 3
*H-S-*Mounty			o	
Steendieks Mr. Mo				o
Mr. Tarek		o	o	
Munser II	o			♞
FS Mr. Right				o
The Braes My Mobility				♞
Steendieks Mystic Max			o	
Nabor		o		
Nacromancer in the dark		o	o	
Nancho's Highlight				o
Nalet ox	♞			
Heidbergs Nancho Nova	o	o		
Nanchos Naseweis *WE*			o	
Nanduc			o	
Nantan		o		
Nantano	o	♞		

Index

	2006	Stars 1	Stars 2	Stars 3
Nazim	♘			
PAV Nemax		o	o	o
New Star			o	
Top Nicoletto		o		
Night-Cup	o			
Nightfire	o			
Fehkamps Nightley				o
Niveau			♘	
No Limit (v. Neckar)	o	o	o	
No Limit (v.Nobody)	o			
No Problem				o
Noah de Luxe				o
Nobelboy	o			
Nobody		o		

	2006	Stars 1	Stars 2	Stars 3
Noir de Luxe		o		
Top Nonstop I			♘	
Friedrichhof Notre Amour				o
FS Numero Uno				o
Nutrix				o
Nuts	o	o		
Offshore Energy *R*	o			
Oky Doky				o
Olivier *K*				o
Olli *B*			o	
Ombré	o	o	♘	
Ombri *B*		o		
Online Ixes				o
Orpheus Junior	o	o		
Overfly			o	
Pantani	o			
Molenhorn's Pasja				o
Paul *SG*		o		
Payman				o
Pieter Pan *B*	o			
Pilatus		o		
Pilgrim's Red		o		
Pink Floyd		o	o	
PSW Pitu	o			
Playback		o		
Calenberg's Polydor		o		
Steendieks Prince of Glory			o	
Principal Boy	o	♘		
Prinz Piccolino		o		
Puccini			o	
Proud Raffaelo				o
Mahrdorf Ranger	o			

	2006	Stars 1	Stars 2	Stars 3
Reifenstein v. Alten Grenzhof	o			
Rembrandt	o			
Renoir *WE*	o	o		
Mahrdorf Revel	o			
Reitlands Rheingold			o	
Rheinische Reitponyzucht 1965-2005				
Proud Rhett Bull				o
Oosteinds Ricky		o		
Proud Rocketti		o		o
Kantje's Ronaldo	o			
Rosenstolz	o			
Mastro's Salivan			o	
Schwalmprinz				
Shakespeare			o	
Sheraton			o	
Silvertop's As				o
Sirtaki *BEVS*				o
Solid Loys	o			
Giglberg Spotlight	o		o	
Strahlemann			o	o
Zandheuvel's Sunny Boy			o	
Sunny Side Up			o	
AMD Superb				o
Welcome Sympatico	o	o		
The Black Highlight	o	o		
Timberland	o			
Tizian	o			
Towerlands Anglezarke				o
Trentino			o	
Trouble's Boy			o	
Trussardi *D*			o	
Valentino				
Valido	o	o	o	
Valido's Boy	o	o		
Valido's Highlight		o		
Viva Voltaire			o	
Vivaldi	o			
Vom Feinsten *G*				o
Voodoo *CR*				o
Voyager	o	o		
Marienhof's Voyou			o	
Wimbledon		o		
Winner *W*	o			
Top Zento		o		

© Becker

2014 gibt es die vierte Ausgabe von

Stars der deutschen Reitponyzucht!